U0280833

大容量海上风力发电机组 奥林匹克赛场

——兴化湾样机试验风电场建设

孙强　主编

中国水利水电出版社
www.waterpub.com.cn
·北京·

内 容 提 要

三峡福清兴化湾样机试验风电场是全球首个国际化大功率、涵盖国际国内机组品牌最多的海上风电试验风电场，安装有 8 家主流机组供应商共 14 台 5MW 及以上的海上风电机组。本书详细介绍了该试验风电场的建设缘由、机型选择、项目核准、项目设计、项目建设、项目运维、机组性能评价及管理团队建设等方面的内容，系统总结了该试验风电场建设的相关技术和经验。

本书可为从事海上风电领域前期工作、勘测设计、建设管理、施工安装、运行维护和海上风电机组设计制造人员提供参考和借鉴。

图书在版编目（CIP）数据

大容量海上风力发电机组奥林匹克赛场：兴化湾样机试验风电场建设 / 孙强主编. -- 北京：中国水利水电出版社，2020.8
ISBN 978-7-5170-8763-2

Ⅰ. ①大… Ⅱ. ①孙… Ⅲ. ①海上－风力发电机－发电机组 Ⅳ. ①TM315

中国版本图书馆CIP数据核字(2020)第149509号

书　　名	大容量海上风力发电机组奥林匹克赛场 ——兴化湾样机试验风电场建设 DARONGLIANG HAISHANG FENGLI FADIAN JIZU AOLINPIKE SAICHANG——XINGHUA WAN YANGJI SHIYAN FENGDIANCHANG JIANSHE
作　　者	孙强　主编
出版发行	中国水利水电出版社 （北京市海淀区玉渊潭南路 1 号 D 座　100038） 网址：www.waterpub.com.cn E-mail：sales@mwr.gov.cn 电话：(010) 68545888（营销中心）
经　　售	北京科水图书销售有限公司 电话：(010) 68545874、63202643 全国各地新华书店和相关出版物销售网点
排　　版	中国水利水电出版社微机排版中心
印　　刷	北京印匠彩色印刷有限公司
规　　格	184mm×260mm　16 开本　20 印张　474 千字
版　　次	2020 年 8 月第 1 版　2020 年 8 月第 1 次印刷
印　　数	0001—1500 册
定　　价	158.00 元

本书编委会

主　　编　孙　强

副 主 编　王益群　雷增卷　曾建平　彭　亚

参编人员　李　智　吴加文　张鑫凯　李健英　刘东哲

　　　　　王爱国　朱义苏　黄祥声　黄　俊　李孟超

　　　　　邓柏松　陈进贵　贺天明　王　强　林毅峰

　　　　　汤筱茅　陈启民　张　华　吴佳辰　张程远

　　　　　路继宁　盛　雷　周　通　罗培森　李爱美

　　　　　杨家溢　纪理鹏　李　远　王雪松　张　权

　　　　　江　波　杨建川　吴彩虹　徐　兵　谢贤彬

　　　　　钟茗秋　李　颖

序

    风能是重要的清洁可再生能源之一，风力发电是可再生能源利用中技术比较成熟、便于规模开发、发展前景广阔的二次能源。因此，风能是能源供应和消费革命的重要组成部分，将在实现国家经济、社会可持续发展战略中发挥重要作用。

    相较于陆上风能，海洋领域广阔，海上风速稳定，风能密度更高、环境影响较小，适于大规模开发，因此，海上风电已逐渐成为风电行业发展的重要方向。但由于严峻的风、浪、流、基础与腐蚀环境，对风电机组结构设计、制造提出了更严格的要求。它涉及的学科领域更广泛，面临的技术问题更具挑战性。近十年来，我国海上风电行业得到了长足发展，技术、设备、施工安装、检测认证等全产业链逐步成熟，但在大容量机组研发制造及商业化运行方面与欧盟先进水平及行业迫切需求仍有一定差距。在此背景下，中国长江三峡集团有限公司按照奥林匹克精神和宗旨，在福建省福清市兴化湾建设样机试验风电场。它是全球首个国际化大功率，涵盖国际、国内机组品牌最多的海上风电场，安装有8家主流机组厂商的14台5MW以上的风机，以期通过新颖的技术交流平台，加快提升我国大容量海上风电机组的技术进步和商业化进程。

    本书旨在积累和总结兴化湾样机试验风电场建设技术及经验，详细介绍了风机厂商选择、项目核准、项目设计、项目建设、项目运维、机组性能评价及管理团队建设等方面内容，创新性地解决了项目中遇到的难题，例如，建立海上风电机组性能综合评价方法；提出直立式大直径钢桩与嵌岩灌注桩基相结合的技术；采用项目结合科研加速风电场建设的模式等。兴化湾样机风电场是我国大容量机组群的先行试验场，必将引领我国海上风电朝着大容量机组方向继续前行。

    鉴于本书可为海上风电场，尤其是大容量机组风电场建设者提供技术参考和实践经验，欣然为之作序。我衷心祝愿本书的出版在促进我国大容量海上风电机组的技术进步和商业化进程中发挥积极作用！

中国科学院院士 李家春

2020 年 10 月 9 日

前　言

　　奥林匹克竞赛是体育领域公平竞争的最高水平赛场，通过竞赛创造了更多的"更高、更快、更强"。中国长江三峡集团有限公司（简称：三峡集团）借用奥林匹克精神，在福建省兴化湾为国内外各主流风电机组制造厂家提供参建风电场的可能和公平竞争的赛场，以期通过同场竞赛、相互促进并加快提升我国大容量海上风电机组的技术进步和商业化进程，实现我国海上风电"更高、更快、更强"的发展：更高——竞赛各厂家更高的可靠性和更高的发电效益；更快——竞赛各厂家更快的安装方案和更快的调试运维速度；更强——竞赛各厂家更强的技术创新和更强的抗风险能力。

　　中国第一座海上风电场——东海大桥海上风电场开工建设至今已有近十年时间，在此期间，中国海上风电行业得到了长足发展，技术、设备、施工安装、检测认证等全产业链逐步成熟，然而与欧洲海上风电先进的国家相比在大容量机组研发制造及商业化运行方面还存在一定差距。

　　三峡福清兴化湾样机试验风电场是全球首个国际化大功率、涵盖国际国内机组品牌最多的海上风电试验风电场。机组单机容量全部为5MW及以上，包括金风科技、GE、上海电气（西门子）、太原重工、中国海装、东方电气、明阳电气、湘电风能8家厂商的14台机组，其中金风科技6.7MW风电机组为当时亚太地区最大单机容量风电机组；太原重工和东方电气5MW风电机组均为自主研发，首次准商业化运营；上海电气（西门子）6MW风电机组和GE 6MW风电机组由欧洲沿"21世纪海上丝绸之路"运至兴化湾样机试验风电场，均为亚洲首台。根据三峡福清兴化湾样机试验风电场同场竞技的结果，三峡集团将其中技术先进、质量可靠的厂家机型引入福建三峡海上风电国际产业园，以期带动产业链上下游的发展，并充分发挥福建海上风电产业的辐射、带动功能，以优势产业链为纽带，积极发展关联性强、集约水平高的产业集群和特色鲜明的区域产业品牌，使我国大容量海上风电的技术创新和产业化方面在全世界的海上风电奥林匹克竞赛中奋力争先，摘金夺银，创造辉煌。该工程已被业界称之为"兴化湾模式"。

　　三峡福清兴化湾样机试验风电场在大容量、多机型机组竞赛的同时，也重视和支持各配套产业链的发展和建设管理模式的创新，实现了该试验项目全过程的奥林匹克竞技目标。"福船三峡"号依托样机试验风电场在首台风电机组吊装中成功首秀并不断完善，适用于多家大容量机组的安装技术和要求；徐工集团生产的旋挖钻机首次应用于海上嵌岩钻孔施工，开创了其他行业服务于海上风电的先例；中铁大桥局集团有限公司（简称：中铁大桥局）自主研发的旋转钻机在样机试验风电场上实现了效率最高、可靠性最好的嵌岩施工效果，形成了浅覆盖层区域的创新施工方案，也成功从桥梁施工的世界冠军跨入海上风电施工领域，海上风电施工产业链得到发展；三峡集团福建能源投资有限公司（简称：福建能投公司）与福建省科学技术厅密切合作，以项目结合科研模式建设样机试验风电场，为我国大容量海上风电机组快速产业化奠定了坚实基础。在2018年"玛利亚"台风登陆期间，福清兴化湾各台试验样机均经受住了考验。

本书主要从以下三个方面进行撰写：①大容量机组是海上风电的发展趋势，包括项目由来和厂家队伍选择；②样机试验风电场是检验和促进大容量机组发展的有效途径，包括项目筹备、设计、建设和运维四个方面的主要内容；③样机试验风电场为大容量机组建设管理积累宝贵经验，包括结果评价和竞赛过程管理两方面。各章主要内容安排如下：

第1章概述，主要阐述了样机试验风电场建设的必要性与意义、建设难点以及样机测试的必要性及意义，介绍了国内外海上风电发展过程及海上风电机组发展过程。

第2章竞赛队伍选择与评价标准，主要介绍了大容量机组选型原则、大容量机组技术路线及选型、大容量机组试验项目。各机组要具备适应福建区域环境条件，包括台风、盐雾和高温等；所选定机组及其厂家要具备可持续产业升级发展的特性，具备提升可靠性及经济性的能力。

第3章项目筹备，主要阐述了兴化湾样机试验风电场选址的决策过程、试验风电场的风、浪、流及地质条件等。

第4章项目设计，主要阐述了兴化湾样机试验风电场招标设计、基础设计、电气设计及施工组织设计等。

第5章项目建设，主要阐述了兴化湾样机试验风电场的主要建设过程，并结合三峡集团江苏响水风电场和庄河风电场的3MW机组和6.45MW机组的成本和效益进行比较和定额分析，论证大容量机组的优势。

第6章项目运维，主要阐述了各机型的运维特点、运维方式和各机型效益比较与保障等。

第 7 章竞赛结果评价，主要对各试验样机的抗台风性能、功率特性、机组可靠性、环境适应性等方面进行测试和评价技术的研究，提出特定条件下各型号试验机组功率特性测试及分析报告，抗台风关键性能分析报告，阐述了试验项目对机组各项性能的检验作用，从而促进机组技术发展和可靠性的提升。

第 8 章管理团队建设，主要描述了样机试验风电场建设管理团队架构、引进 8 个风电机组制造厂家的过程、管理模式创新、建设中遇到的送出工程、征海征地等困难的解决方式。

本书由孙强任主编，王益群、雷增卷、曾建平、彭亚任副主编。第 1 章由李智编写；第 2 章由张鑫凯、朱义苏、贺天明编写；第 3 章由张华、吴佳辰、路继宁编写；第 4 章由李健英、张鑫凯、黄俊、林毅峰、李远、王雪松编写；第 5 章由李智、吴加文、邓柏松、张程远、李爱美、周通、杨家溢、纪理鹏编写；第 6 章由朱义苏、汤筱茅编写；第 7 章由黄祥声、谢贤彬、钟茗秋、李颖编写；第 8 章由刘东哲、陈进贵、盛雷、罗培森编写；全文由李智、王爱国和李孟超统稿，王强、张权、江波、杨建川、陈启民、吴彩虹、徐兵等参与了相应的研究工作，并编写了部分章节。

样机试验风场在建设过程中得到国家能源局和福建省、福州市及福清市等各级地方政府和有关部门的大力支持和帮助，施工过程中设计单位、监理单位、施工单位及各风机厂家提供了专业的指导和技术服务，同时，在本书的编写过程中，上述单位对本书提出了许多宝贵的意见，在此，对上述单位长期以来为项目建设及本书编写过程中所付出的辛勤努力表示衷心的感谢。

由于作者水平和能力有限，书中难免存在不当之处，诚请同业人员与专家批评指正。

作者

2020 年 7 月

目 录

第 1 章

概　　述

　　风能是一种可再生能源，也是我国除了水能以外利用技术最为成熟的可再生能源。风力发电是利用空气在地表流动产生的动能，通过风力发电技术将其转换成电能的过程。据估计，全球的风能资源约为 $2.74 \times 10^9 \mathrm{MW}$，其中可以利用的风能为 $2 \times 10^7 \mathrm{MW}$。虽然可利用风能仅为总风能的 0.73%，但比地球上所有可开发利用的水力资源大十倍左右，风力发电产业前景光明。

　　风力发电分为陆上风力发电和海上风力发电。相对于陆上风力发电，海上风力发电具有风能丰富且稳定、无需占用陆地资源的优点。但由于海洋地质环境复杂，海浪、水流、海洋腐蚀、冲刷以及台风等因素的影响，海上风电面临的技术问题更加多样、复杂，这也是制约海上风电发展的因素之一。自 20 世纪 80 年代以来，经过了近 40 年的发展，欧洲沿海国家（包括德国、瑞典、荷兰、丹麦、英国等）已经建成了一定规模的海上风电场，形成了从设备制造、勘察论证、施工建设、运行维护等完整的产业链及制度规范。我国海上风电经过近 10 年的发展，产业链已逐步完善，商业化发展进程逐步加快，但与欧洲海上风电先进国家相比还存在一定的差距，尤其在大容量机组商业化进程方面，需集全产业链力量才能迎头赶上，并最终形成适合各种海域特点的大国重器。三峡福清兴化湾样机试验风电场建设就是充分发挥投资企业在产业链中的优势和主导作用，为风电机组制造商提供设备试验、监测、认证及国内外先进机组同台竞技的平台，从而促进我国大容量海上风电机组的发展及商业化进程。

1.1　海上风电发展

1.1.1　国外海上风电发展

1.1.1.1　欧洲

　　早在 13 世纪，荷兰人发明了风车，他们用风车将低洼地段的积水抽到海里。风车利用风的线性运动来转动巨大的翼板，从而使得风力转换成风车翼板的动能，然后轴心和传动装置可以将能量用于任何有需要的地方。1887 年，苏格兰工程师詹姆斯·布莱斯建造了第一个风力发电机，提供住宅照明用电。欧洲可以说是现代海上风力发电的启蒙地，具有悠久的历史和深厚的积淀。从 20 世纪 70 年代初第一次石油危机以来，全球能源供应日趋紧张，各国都将目光投向可再生能源，欧洲开始积极探讨海上风电开发的可行性。欧洲具有海岸线长、可利用海洋面积大、基本不受台风影响的特点。

瑞典海上风电起步较早，1990 年安装第一台海上风电样机，距海岸 350m，水深 6m，容量 220kW。1997 年安装 5 台 600kW 的风电机组。2000 年规划建设 11 座海上风电场，2008 年完成计划任务且额外多建成了 4 座海上风电场。

丹麦 1991 年建成世界首个海上风电场 Vindeby，安装有 11 台 450kW 的海上风电机组。2003 年完成了当时世界最大的海上风电场 Nysted 1，共安装 80 台 2MW 的风电机组，总容量达 160MW。至 2014 年年初，丹麦累计装机容量达 1271MW，是继英国之后的世界第二海上风电开发国。丹麦计划在 2020 年前再开发 1500MW，即完成 Horns Rwv 400MW 和 Kriegers Flak 600MW 以及其他约 500MW 的近海岸风电场建设。丹麦提出 2030 年海上风电发电量将占全国总发电量的 1/8。

德国碍于海岸线短，且北部海岸线与丹麦相邻，缺乏合适的近海海上风力发电场地，故德国致力于发展远海深水区域（12 海里以外）的风电场。截至 2014 年年底，德国的海上风电累计装机容量达 1048.9MW，在建总装机容量约 2500MW。根据其规划，2020 年底前海上风电计划装机容量达 6.5GW，2030 年计划完成装机容量达 15GW。

英国海岸线长，海上风力资源充沛，拥有发展海上风电得天独厚的优势。与丹麦、荷兰等国家相比，英国海上风电起步并不是最早的，2000 年建成首个试验性风电场 Blyth，2004 年才完成首个大规模海上风电场 North Hoyle。此后，在英国政府的推动下，英国海上风电进入快车道。截至 2014 年年底，英国风电装机容量为 4494.4MW。2013 年，伦敦阵列海上风电场投入运行。该风电场是至今为止最大的海上风电场，由 175 台 3.6MW 的西门子风电机组组成，总装机容量达到 630MW。英国计划 2020 年年底完成装机容量 18GW。

可以看出，欧洲海上风电发展起步早、积淀深、发展快、规模大，处于全球领先地位，具备专业技术一流、产业链完整、开发模式先进、运行经验丰富的优势。

1.1.1.2　美洲

美洲海上风电发展较欧洲晚，其主战场主要在美国和加拿大。由于环境法案的阻力，美国长久都没能迈出海上风电第一步。2012 年前后，美国能源部国家可再生能源实验室估计，美国海上风电潜能巨大，仅浅海海域风能发电量就可以达到 90GW，是美国当前陆地发电量的 3 倍，所以美国终于开始计划进军海上风电领域。但碍于各州政策不同以及海上风电成本高昂，美国海上风电发展相对缓慢。2016 年，美国第一座海上风电场布洛克岛（Block Island）项目建成，它由 5 台阿尔斯通海上风力发电机组构成，单台机组装机容量为 6MW，总装机容量为 30MW。尽管美国海上风电起步较晚，但随着第一座海上风电场投入运营，美国政府和开发商推动行业发展动力高涨。据美国能源部称，美国在建的海上风电项目总规模达到 25464MW，2020 年以前，至少有 2000MW 的海上风电并网运行。

1.1.1.3　除中国外的亚洲国家

亚洲国家除中国以外，当属日本、韩国的海上风电发展速度最快、规模最大。

1. 日本

日本的海上风电起步在亚洲是最早的。作为一个岛国,日本海岸线绵长,巨大的风能储量是其发展海上风电的优势。日本的漂浮式海上风电机组技术全球领先,其深海风电领域开发能力强。但日本要发展海上风电需要克服几个困难:首先来自其渔业方面的阻力。日本的海域并非由政府统一管理,管理权都在渔业公司手中,渔业公司在确保海上风电项目不会影响渔业之前,不愿意出让自己的海域用于海上风电项目的建设。另一个困难来自日本的地质和气候原因。众所周知,日本处于环太平洋火山地震带,地震频繁,故海上风电的地震安全性仍有待验证。日本四面环海,冲绳、九州、四国等海岸地区经常受到台风袭击,太平洋的热带气旋也经常经过日本,这也是制约日本海上风电发展的因素之一。截至目前,日本海上风电装机容量仅为44.7MW,大部分用于环境影响评估。日本海域面积位居全球第六,海上风电储能达到600GW,装机容量与海上风电储能极其不匹配。日本福岛核电站事故后,大力推进新能源发展。2018年7月日本"第五次能源基本计划"明确可再生能源是未来主力发电能源,预计日本海上风电在未来几年将进入快车道。

2. 韩国

韩国制造业和重工业发达,给发展海上风电提供了良好的基础和平台。韩国于2011年开始发展海上风电,2017年第一个海上风电场Tamra正式投入运行,新增装机容量30MW。截至2017年年底,韩国累计装机容量为35MW。韩国短期及中长期计划为:短期建造不大于500MW的中小型海上风电场,到2030年海上风电装机容量12GW。除此之外,韩国本土制造业和重工业也在这波浪潮中形成了相对成熟的海上风电生产技术,包括三星重工、现代重工和大宇重工等。

1.1.2 我国海上风电发展

我国风资源十分丰富,近海风能资源开发前景广阔。我国海岸线长约1.8万km,近海风能资源主要集中在东南沿海及其附近岛屿,风功率密度都在300W/m² 以上。根据风能资源普查成果显示,5~25m水深、50m高度海上风电开发潜力约2亿kW,5~50m水深、70m高度海上风电开发潜力约5亿kW。

2007年,我国在渤海湾安装了第一台金风试验样机,标志着我国海上风电建设拉开序幕。东部、东南部沿海风能资源可开发量大、市场条件好,但是由于东南部沿海经常受到台风影响,建设条件相比欧洲复杂。

2010年,东海大桥102MW海上风电场建成,标志着中国首个真正意义上的海上风电场建成,也是亚洲第一个海上风电场项目。东海大桥风电场采用34台3MW海上风电机组,2010年6月全部并网发电。该项目二期安装了一台单机容量5MW的样机,是当时我国并网运行的最大单机容量机组。同年,龙源江苏如东潮间带32.5MW试验风电场建成,共安装16台海上试验机组,2010年9月全部并网发电。

2012年8月,我国发布《可再生能源"十二五"规划》,明确要求2015年我国海上风电装机容量达到500万kW,海上风电形成完整的产业链,2015年后达到国际先进水平,至2020年达到3000万kW。但由于当时我国海上风电尚处于起步阶段,截至2015

年年底，国内核准海上风电项目为 482 万 kW，装机容量仅为 75 万 kW。相较于陆上风电，海上风电建设成本高，政策、规范、电价和技术等都有待完善，后期维护也存在不确定性，因此在"十二五"期间，我国没有为实现目标而盲目扩张，在海上风电政策方面一直保持相对谨慎的态度。

"十二五"海上风电并未完成规划目标，但是经过五年的沉淀和积累，让我国有厚积薄发的资本。经过合理的调整，"十三五"规划提出，2020 年我国海上风电并网装机容量达到 500 万 kW，开工建设风电场规模达 1000 万 kW。表 1.1 为 2016—2018 年我国海上风电项目在建、开工或核准项目。

表 1.1　　　　　2016—2018 年我国海上风电项目在建、开工或核准项目

项目名称	开工/核准日期	装机容量 /MW	特　点
华能江苏如东 300MW 海上风电场项目	2016 年 4 月开工	300	该时期我国乃至亚洲最大的海上风电场
广东珠海桂山海上风电项目	2016 年 9 月 8 日开工	120	广东省首个海上风电项目
天津南港海上风电一期工程	2016 年 11 月 26 日开工	90	渤海湾天津海岸线上第一个近海风电项目
福建莆田平海湾海上风电场二期项目	2016 年 12 月 18 日开工	250	
舟山普陀 6 号海上风电场项目	2016 年 12 月 18 日开工	252	浙江省首个海上风电项目，被列入浙江省重点建设项目
福建福清海坛海峡 300MW 海上风电场项目	2016 年 12 月 30 日核准	300	
福建平潭长江澳海上风电场项目	2016 年 12 月 30 日核准	185	
福建平潭大练 300MW 海上风电项目	2016 年 11 月 18 日开工	300	国内风资源条件最为优秀的项目之一，也是国内乃至世界建设难度最大的风电项目
三峡新能源大连市庄河 Ⅲ（300MW）海上风电项目	2017 年 3 月 30 日开工	300	我国东北地区首个海上风电项目
三峡福清兴化湾样机试验风电场项目	2017 年 3 月 30 日核准	300（一期样机 77.4MW）	（1）全球首个国际化大功率海上风电试验风电场； （2）涵盖国际国内品牌最多的海上风电试验风电场； （3）安装有当时国内单机最大容量的海上风电机组； （4）国内核准速度最快的海上风电项目
河北唐山乐亭菩提岛海上风电场项目	2017 年 4 月 26 日开工	300	我国北方在建的首个海上风电项目
福建莆田平海湾海上风电场 F 区项目	2017 年 5 月 4 日核准	200	

项目名称	开工/核准日期	装机容量/MW	特　　点
三峡新能源江苏大丰300MW海上风电项目	2017年5月10日开工	300	三峡集团继江苏响水、辽宁庄河、福建福清等项目后的第四个海上风电项目
大唐江苏滨海300MW海上风电场项目	2018年7月30日开工	300	
东台四期（H2）300MW海上风电场项目	2018年6月22日开工	300	
江苏大丰（H7）200MW海上风电项目	2018年8月15日完成首台机组吊装	200	
江苏大丰H3 300MW海上风电项目	2017年12月28日开工	300	
三峡阳西沙扒300MW海上风电项目	2017年10月31日核准	300	
广东江南南鹏岛400MW海上风电项目	2017年12月4日开工	400	
湛江外罗海上风电项目	2018年7月3日首根单桩打桩成功	198	
上海临港海上风电一期示范项目	2018年5月8日开工	204	
阳江沙扒一期海上风电项目	2017年10月12日开工	300	
福清海峡发电有限公司兴化湾海上风电二期项目	2018年6月30日开工	280	
大连庄河海上风电场址Ⅱ300MW项目	2017年12月28日核准	300	

过去5年，我国海上风电年均装机容量增速达74%。当前，我国海上风电装机容量仅次于英国和德国，位于全球第三，占全球海上风电总装机容量的1/5。按照当前工程装机容量预计，2019年底提前完成"十三五"规划的500万kW发展目标，预计2020年底海上风电累计装机容量将达到900万kW。虽然2020年才是"十三五"的收官之年，但是随着我国海上风电技术发展、项目核准提速、政策规范完善，我国海上风电将继续稳健、快速发展。

1.2　样机试验风电场建设背景及目的

1.2.1　项目建设背景

台湾海峡是我国乃至亚洲海上风能资源最好的地区，位于海峡一侧的福建省海上风能资源十分丰富，特别是在福州、莆田、泉州一带的福建中部海域，受台湾海峡的狭管效应影响，海上平均风速普遍达8～10m/s。同时台湾岛又对台风进行了非常有效的天然阻挡，使得上述海域的风电年利用小时数基本为3500～4500h，开发潜力巨大。

鉴于福建省海上风电场场址地质条件和海洋环境的复杂性、台风对机组安全性和可靠性的高要求，以及海洋渔业、海事等的特殊性，福建省海上风电场建设对关键技术解决能力、集约节约用海措施以及大容量机组的高可靠、易维护等提出了更高的要求。这也是福建省谨慎开发海上风电的主要原因。

三峡集团是我国最早开展海上风电科学研究和项目建设的中央企业，在大水电开发的基础上，根据企业自身发展要求，将海上风电定位为企业第二核心主业，并致力于提升我国海上风电产业装备的技术能力。为此2015年6月，三峡集团与福建省人民政府签署合作框架协议，在配置项目资源的同时，明确"共同打造福建海上风电装备产业园区，积极参加海上风电技术研发工作"的目标。为加快推进福建省海上风电建设和装备产业的发展，2016年3月，三峡集团与福建省科技厅、福清市人民政府决定先期开展福清市兴化湾样机试验风电场的建设。通过试验风电场的建设，掌握福建区域海上风电建设各环节的关键技术，为国内外大容量海上风电机组提供技术发展平台，并通过将先进机组引进福建三峡海上风电国际产业园的方式，加快我国大容量机组产业链的发展和商业化进程。

样机试验风电场于2016年11月5日动工建设，由于兴化湾场址属于浅覆盖层区域，海床下基岩面坡度起伏大，海洋水文条件复杂，加之边界限制条件较多，为加快工程进度，首次采用直桩嵌岩的基础设计方案，科学安排施工，确保现场10台风电机组基础同时施工。2017年7月25日，样机试验风电场首台风电机组吊装；9月29日，首批风电机组成功并网发电。

1.2.2　项目建设目的

为选出适合福建海上风电规模化建设的下一代海上风电机组，三峡集团在福建省福清市兴化湾北部建成了国际上首个大功率海上风电样机试验风电场。样机试验风电场安装了太原重工、中国海装、湘电风能、金风科技、明阳电气、GE、上海电气（西门子）和东方电气8家国内外厂商的14台5～6.7MW风电机组，通过同台竞技，从中选出质量可靠、性能及技术先进且适合福建海况风况的机型，并邀请相关机组供应商入驻产业园，共同推进海上风电产业创新合作、科技创新平台搭建和关键技术工程化研发，提升我国海上风电装备制造水平。

1. 推进海上风电产业创新合作

通过海上风电样机试验风电场建设，实现海上风电技术研发、设备制造检测、设备安装及运转、电站运行及维护、人才培养及培训等五位一体的产业集群，形成研发能力强、技术水平领先、产业聚集程度高、具有市场竞争优势，立足福建、面向沿海、辐射全球的海上风电创新平台和海上风电装备制造基地。

2. 推进海上风电科技创新平台建设

通过海上风电试验场建设，搭建海上风电科研创新及检测检验试验平台，引进相关科研机构开展各项科研试验和检验检测，并建成福建省福清市风电产业园。

3. 推动海上风电关键技术工程化研发

通过海上风电试验风电场建设，对海上风电机组基础设计关键技术、海上风电机组安装关键技术和海上风电设备检验检测关键技术进行研究，并把研究成果迅速转化。

1.3 样机试验风电场建设的难点

1.3.1 样机试验风电场建设的施工难点

1. 水深影响施工作业

样机风电场项目平均水深5～15m，局部机位水深在落潮时仅有2m左右，不能满足大型施工船舶的吃水要求，极大地增加了施工难度，影响施工效率，施工必须充分利用乘潮水位进场施工。兴化湾潮差大，地质复杂且局部存在暗礁，部分机位海底地表岩石裸露（有的地方岩石面是倾斜的，而且常有孤石），同一机位几十米范围内海底地层分布极其不均，海床面冲刷明显，部分机位有较厚的软弱夹层，平台船面临插拔困难、冲刺、坐滩等重大安全风险。

2. 风电机组种类繁多、单机容量大、荷载差异大

8家供应商14台样机，同一型号机组供应仅1～3台。各种型号风电机组都是各供应商下国内单机容量最大，同时引进国外的主流机型，是全球第一个大容量（5.0MW以上）样机试验风电场。塔筒直径范围$\phi5.8～7.0$m，同时考虑场区台风因素，不同风电机组必然导致风电机组荷载差异性较大，由于控制策略、轮毂高度、叶轮直径等因素，风电机组荷载差异性也较大，最大弯矩荷载从12万kN·m到22万kN·m量级。部件尺寸及重量大，安装方法工艺要求各不相同，施工组织难度大。

3. 地质复杂影响钢桩沉桩

样机项目场址地质条件十分复杂，岩基面起伏较大，部分机位海床面地质为黏土层，部分机位为砂土层，还有部分直接属于全风化花岗岩，增加沉桩难度。由于场址标贯击数较高的散体状强风化岩层厚度（0～20m）分布不均，导致大部分机位沉桩很难一次性穿过散体状强风化岩层，沉桩难度大。虽然浅覆盖层的风化岩不像弱风化花岗岩强度高，但是风化后土层的标贯击数大多在75击以上，大部分超过100击，桩在散体状强风化花岗岩中沉桩较为困难。另外，由于岩石的风化程度不同，在基岩面以上土层容易存在球状风化体（孤石），球状风化体（孤石）强度较高。如果钢管桩桩底设计高程位于球状风化体以上，不会影响钢管沉桩，如果钢桩底高程需要低于球状风化体高程，可能导致钢桩发生卷边，或是沉桩不到位。

4. 基础选型的局限性

样机风电场场址的浅覆盖层厚度分布不均，考虑当时的打桩设备和嵌岩设备的能力，以及风电机组底节塔筒的直径都大于5.5m，所以不能采用单桩基础。另外，水深和风电机组种类繁多，如果考虑每个风电机组的多轮荷载迭代计算，设计将不能满足工期要求，所以不能采用受疲劳控制的导管架基础结构。由于风电场区域覆盖层厚度不足，所以设计考虑所有桩基均设计为直桩嵌岩桩基础，并通过"一机一方案"的机械、人员、材料

7

等资源配置措施，克服了钻孔桩施工周期长、项目施工工期风险高的难题，有效保证了项目工期。

5. 场址属于台风频发区域且季风期时间长、施工窗口期短

样机风电场位于台湾海峡西北岸侧，每年都会遭遇多次台风影响，且每年 11 月到次年 3 月都属于季风期，施工窗口期较短。再考虑工程地质的复杂性，风电机组种类的多样性，以及作业水深的影响，工程设计和建设难度非常高，属于目前国内建设难度较大的海上风电场。

1.3.2　样机试验风电场建设的安全管理

1. 船舶安全管理

项目现场施工作业面多、船机设备多，船舶在交通、运输、航行、靠泊过程中极易造成海上交通事故，造成人员伤害和设备损伤，而交通船、施工船、驳船、锚艇、运维船又不属于同一个单位，在协调指挥调度方面存在难度。船员、船长素质参差不齐，也给项目建设造成一定的障碍。

2. 人员安全管理

兴化湾样机试验风电场共安装 8 种机型风电机组，涉及 8 个厂家，加上监理、施工单位、勘察设计、海缆敷设等人员，人员众多。公司现场管理人员有限，同时海上交通不便，管理难以面面俱到，现场人员在出海管理、海上作业管理、施工过程管理、运维管理等方面面临极大挑战，各个机组供应商本身存在竞争关系，而且设备配置设置均不相同，在很多方面无法统一，且施工单位人员流动频繁，在资格审查、现场旁站等方面无法定人定点，监管难度大。

3. 应急安全管理

样机风电场地处海上，地质条件复杂，气候多变，多数时候风大浪急，环境恶劣，在海上交通、人员登机、设备运输、设备安装维护等作业过程中存在较大风险，海上作业过程一旦出现淹溺、物体打击、触电、高处坠落、火灾等人身伤害，抑或是船舶漏油、交通事故等紧急情况，从人员运输、应急物资调运、现场处置等各方面来看，海上救援和应急处置难度极大，特别是在出现台风等极端天气情况下，从安全角度考虑，救援可能性基本为零。

第 2 章

竞赛队伍选择与评价标准

  竞赛队伍水平的高低直接决定了一项赛事的水准，竞赛队伍的选拔是决定竞赛水平的关键一环。作为实现海上风电"更高、更快、更强"发展的兴化湾样机试验风电场，就是要选择当今国内外最高技术水平的风电制造商参与同台竞技，从设计、建设和运维等各方面进行比较评价，遴选出技术先进、具备发展潜力的 2～3 家机组供应商进入福清风电装备产业园，逐步实现我国大容量海上风电机组商业化发展的安全性、可靠性和经济性目标，促进国内大容量海上风电机组的技术进步，加快大容量海上风电机组商业化进程。

  本章主要从参赛风电机组选择和评价标准两方面来阐述。首先对国内外海上风电机组的发展现状进行调研和总结，明确海上风电大容量机组生产厂商及相应业绩情况，对参赛风电机组的选型过程进行详细介绍，并基于广泛性、代表性、先进性、适应性、可持续性、可靠性等原则，遴选出 8 个国内外厂商生产的 14 台机组参与试验风电场建设，并且对各厂商参赛风电机组的技术路线进行详细总结和介绍；然后综合考虑机组抗台风安全性能、发电性能、环境适应性能、可靠性等方面的表现，通过模糊层次分析法建立科学、合理的整机评价模型和定权、评分准则创新体系，实现对各型号机组综合性能的定性、定量评价。

2.1 海上风电机组发展趋势

2.1.1 欧洲海上风电机组发展

  欧洲海上风电机组的发展大致可划分为以下三个阶段：

  第一阶段，小规模项目的研究及示范（1990—1999 年），风电机组的单机容量为 220～600kW。1990 年，世界上第一台海上风电机组安装于瑞典 Nogersund，单机容量 220kW，已于 1998 年停运；1991 年，世界上第一个海上风电场建于丹麦波罗的海的洛兰岛西北沿海的 Vindeby 附近，安装了 11 台 Bonus 35/450 风电机组，装机容量 5MW。本阶段主要采用陆上机型开展海上风电的示范与探索。

  第二阶段，兆瓦级风电机组开始用于海上风电项目（2000—2008 年），风电机组的单机容量为 1.5～5MW。2001 年 3 月，全球第一个具有商业化规模的海上风电场 Middelgrunden 在丹麦哥本哈根附近的海域建成，总装机容量 40MW，共安装了 20 台 Bonus 76/2000 风电机组（单机容量 2MW）。该项目开启了规模开发海上风电的大门，也标志着海上风电步入了商业化阶段。2008 年 REpower 2 台 5MW 大容量机组也开始进入样机示范阶段，开始大容量海上风电机组应用的先河。

第三阶段，大容量海上风电机组的应用（2009 年至今），风电机组容量为 4～10MW。海上风电逐步向深远海发展，装机规模和单机容量都呈现大型化发展的趋势（图 2.1）。其中 2016 年欧洲新安装的海上风机单机容量以 4MW 为主，单机平均容量为 4.8MW，而在 2017 年以后，大容量机组的优势被欧洲广泛认可，新安装的海上风电机组平均单机容量达到 5.9MW，机组大型化的趋势比较明显。欧洲近期业主招标项目，拟在未来 2023—2025 年建成的项目，绝大部分采用 8～10MW 的大容量海上风电机组。由此可见，大容量海上风电机组的应用在欧洲已成为发展趋势。

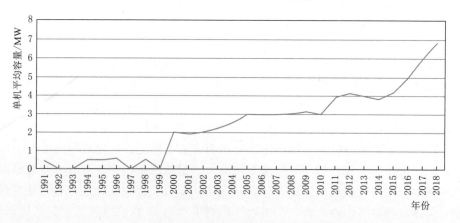

图 2.1 欧洲每年新增海上风电场单机平均容量

2.1.2 中国海上风电机组发展

中国海上风电起步于 2007 年，是在渤海湾安装一台金风科技 GW70/1500 试验样机。

2005—2010 年，上海市东海大桥 102MW 海上风电场采用华锐 SL3000/90 机组，标志着中国首个真正意义上的海上示范风电场建成。

2009—2010 年，龙源电力集团江苏如东潮间带 32.5MW 试验风电场建成，共安装了 8 家整机商的试验样机，包括金风科技 GW90/2500、华锐风电 SL3000/113、联合动力 UP1500-82、明阳电气 My1.5S-82 和 SCD3.0-100、上海电气 W2000-93、远景 EN-82/1.5、中国海装 H93-2.0MW 和三一重工 SE9320Ⅲ-S3。

2011—2013 年，龙源如东 150MW 海上潮间带示范风电场建成，主要来自 3 家企业批量装机，包括金风 GW109/2500、西门子 SWT-101-2.3 和华锐 SL3000/113。

2014—2015 年，中国海上风电开始提速，风电机组主要来自上海电气（W3600M-116-90/80 和 SWT-4.0-130）、湘电风能（XE128-5000）和远景（EN-136/4.0）。

经过"十二五"积极有益的探索，我国海上风电技术已经实现突破性进展。"十三五"期间,政策积极稳妥地推进,我国海上风电已进入快速发展轨道。

截至 2018 年年底,中国海上风电新增装机容量为 1655MW,累计达到 4445MW;预测在 2023 年中国海上风电累计装机容量将突破 10GW,达到 10670MW。随着海上风电开发的深入,我国海上风电也逐步朝着深远海规模化开发,机组也逐步向大型化发展。2018 年中国海上风电不同功率机组累计装机容量见图 2.2。在所有完成吊装的海上风电机组中,单机容量为 4MW 机组最多,累计装机容量达到 234.8 万 kW,占海上总装机容量的 52.8%,5MW 风电机组装机容量累计达到 20 万 kW,占海上总装机容量的 4.6%;和 2017 年相比,2018 年新增了单机容量为 5.5MW、6.45MW、6.7MW 的机组。

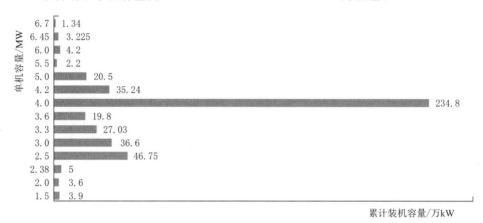

图 2.2 2018 年中国海上风电不同功率机组累计装机容量

2.1.3 大容量海上风电机组厂商及业绩

全球各整机制造厂商均致力于海上大容量机组的研发,目前我国大批整机制造厂商积极开展海上大容量机组的研发工作。2015—2016 年,5MW 级的海上风电机组,基本已实现国产化,并且 8～10MW 特大型海上风电机组已完成概念设计和关键技术研究。2019 年 6 月 27 日,东方电气 10MW 功率等级长 90m 的 B900A 型叶片下线。

经过初步调研,全球 5MW 及以上的海上风电机组及其厂商相应业绩如表 2.1 所示。从表中可以看出,在国际海上风电机组大型化发展趋势下,国内各主要风电机组制造商也开始大容量机组的研发与制造,以适应海上风电降本增效和节约集约用海的要求。但国内大容量机组普遍存在样机选址难,并网、测试、检验不完善等问题,极大地制约了大容量机组的技术发展,阻滞了大容量机组商业化的进程。福清兴化湾样机试验风电场地处我国风能资源最优且受台风影响的 IEC I 区域,在此区域集中建设各机型样机试验风电场,是促进我国大容量机组发展的有效途径。

表 2.1 全球 5MW 及以上的海上风电机组及其厂商业绩汇总(截至 2016 年年底)

厂　商		机　型	业　绩
国外	REpower	REpower 5MW	安装超过 42 台
		REpower 6MW	安装 3 台

厂　商		机　型	业　绩
国外	Senvion	Senvion - 6MW - 152	德国北海，订单 32 台
	Bard	VM5.0 - 122	安装 18 台
	AREVA - Multibrid	M5000 - 116（135）	安装超过 10 台
	Adwen	AD5.0 - 116/132/135	安装 132 台
	Vestas	V164 - 8.0MW	Dong Energy 的 Burdo Bank 风电场，已安装 32 台
	西门子	SWT - 6.0 - 154	与 Dong Energy 签订 300 台的协议；英国 Westermost Rough 海上风电场，安装 37 台；英国 Dudgeon 海上风电场，订单 67 台
		SWT - 7.0 - 154	丹麦风电场完成样机安装；英国东海岸东安格利亚一号海上风电场的 102 台订单；苏格兰 Beatrice 风电场 84 台订单
	GE	Haliade 150 - 6MW	安装 5 台
	德国 Enercon	E - 126/6MW	安装超过 8 台
		E - 127/7.5MW	安装超过 12 台
国内	华锐风电	SL5000/128	上海市东海大桥试验风电场，安装 1 台
	东方电气	DEW - 140 - 5MW	江苏如东潮间带试验风电场，安装 2 台
	明阳电气	MySE5.5 - 155	无
	太原重工	TZ5000/153	无
	中国海装	H128 - 5.0MW	江苏如东潮间带试验风电场，安装 2 台，江苏如东海上项目订单 80 台
	金风科技	GW154/6000	江苏大丰试验风电场，安装 1 台
	金风科技	GW154/6700	无
	联合动力	UP6.0 - 136	山东潍坊试验风电场，安装 1 台
	上海电气	SWT - 6.0 - 154DD	国内无
	上海电气	SWT - 7.0 - 154	国内无
	湘电风能	XE128 - 5000	荷兰北部梅登布利克郊外的风力发电场，安装 1 台；福建莆田平海湾海上风电场，安装 10 台
	湘电风能	XE - 140 - 5000	无

2.2　参赛机组选型

2.2.1　参赛大容量机组选型过程及结果

2015 年 12 月，三峡集团通过调研国内外风机厂商 5MW 及以上海上风电机组情况，并征求各风机厂商（名单见表2.1）是否愿意参与试验风电场建设及是否愿意落户福建三峡海上风电国际产业园，各机组供应商均表示有意愿参与三峡集团福清兴化湾样机试验风电场和福建三峡海上风电国际产业园的建设。

2016年5月，综合考虑各风机厂商交货进度、样机适应性、价格合理性、技术可靠性等方面，最终确定样机试验风场选用8家厂商共14台5MW及以上海上风电机组，具体机型及相应供应商详见表2.2。

表 2.2　　　　　　　　　兴化湾样机试验风电场选用的机型及相应供应商

机组供应商	型　号	单机容量/MW	技术型式
太原重工	TZ5000/153	5	高速永磁＋全功率变频
中国海装	H128－5.0MW	5	高速永磁＋全功率变频
湘电风能	XE140－5000	5	直驱永磁式＋全功率变频
金风科技	GW154/6700	6.7	直驱永磁式＋全功率变频
明阳电气	MySE5.5－155	5.5	半直驱永磁式＋全功率变频
GE	Haliade150－6MW	6	直驱永磁式＋全功率变频
上海电气	SWT－6.0－154DD	6	直驱永磁式＋全功率变频
东方电气	DEW－G5000	5	高速永磁＋全功率变频

2.2.2　大容量机组选型原则

试验风电场在最广泛的风机厂商中选择出最先进的海上风电机组，所选择的海上风机厂商应具备技术路线先进、技术成熟可靠、对试验风电场的复杂环境具有很好的适应性，企业长期发展的可持续性等优势。下面主要从广泛性、代表性、先进性、适应性、可持续性、可靠性等角度，详细阐述选择上述厂商及相应机型参与试验风电场建设的原因。

2.2.2.1　广泛性

项目业主向10家知名机组供应商发出邀请，最终有8家供应商和产业园签订合同。这10家机组供应商的业绩、适用机型及其相应产能见表2.3。在2016年，所有厂商均拥有当时世界上最主流和最先进的技术路线，针对试验风电场区域的台风、高温和盐雾等特殊环境具有独特的设计方法和运维策略。机型的广泛选择是创造海上风电先进技术大比拼舞台最关键的一步，通过不断探索和创新，提升我国海上风电技术及成本的竞争力。

表 2.3　　　　　　　　　主流机组供应商业绩、适用机型及产能

机组供应商	业绩/万 kW	适用机型	适用机型产能/(MW/年)
太原重工	116	TZ5000/153	500
中国海装	909	H151－5.0MW	500

机组供应商	业绩/万kW	适用机型	适用机型产能/(MW/年)
湘电风能	975	XE140－5000	250
金风科技	4941	GW154/6700	670
明阳电气	1715	MySE5.5－155	550
GE	251	Haliade 150－6MW	300
上海电气	1131	SWT－6.0－154DD	600
东方电气	1307	DEW－140－5MW	250
Adwen	66	AD5.0－135	500
华锐风电	1647	SL5000/128	500

注：数据截至2016年4月。

2.2.2.2　代表性

试验风电场代表的是国内外最先进的海上大容量机组风电技术，所遴选的机型代表了不同国家、不同的企业性质、不同的技术路线、不同的容量特点以及不同的运维模式，真正实现全球先进技术在试验风电场上的"百花齐放"，引领福建甚至我国海上风电全产业链的发展。

1. 企业性质

从企业性质来看，所遴选出参与试验风电场建设的厂商，既包括国内企业，也包括国外企业，其中国内企业既有国企，也有民营企业。国企主要有太原重工、中国海装、湘电风能、东方电气和上海电气（引进德国西门子的风电机组），民营企业包含金风科技和明阳电气；国外企业是美国企业GE公司。

2. 技术路线

海上风电机组核心发电系统有高速齿轮箱传动、直驱和半直驱三种技术路线，三种技术路线都有各自的特点。高速齿轮箱传动是发展最成熟的技术，包括应用时间最久的高速双馈和后来衍生的高速永磁两种机型；直驱是多极电机与叶轮直接连接进行驱动的方式，免去齿轮箱这一传统部件，包括直驱永磁和直驱励磁两种机型，其中直驱永磁机型应用较广泛；半直驱是结合直驱和高速齿轮箱传动的技术，兼具两者的优点，2016年最主流的机型为中速传动永磁机型。随着海上风电机组大型化的不断升级，三种不同的技术路线将等待市场的考验。试验风电场所选择的机型囊括了主流的技术路线，通过风电场的实际运行，对几种不同的技术路线进行全面的检测和评估。

（1）直驱技术路线：

上海电气（直驱永磁-全跨距液压变桨、变速恒频）；

金风科技（直驱永磁-短传动链）；

湘电风能（直驱永磁-三排圆柱单主轴承）；

GE（直驱永磁-单个法兰接口发电机到风电机组）。

（2）高速齿轮箱技术路线：

太原重工（高速永磁-多绕组多冷却回路结构）；

中船重工（高速永磁-大轴承支撑传动链结构）；

东方电气（高速永磁-两点支撑传动链）。

（3）半直驱技术路线：

明阳电气（半直驱永磁-中速齿轮箱-超紧凑结构）。

3. 大容量

随着海上风电机型逐步大型化的发展趋势，各厂商致力于大型化机组的研发，并不断取得突破，5MW级已成为投标期间最主流的机型，其中本次投标的机型中，金风科技的6.7MW为最大的海上风电机组。此外，各个厂商正在研发更大容量的海上风电机组，更多更大容量更先进的机型将逐步投入商用。

太原重工（正在研发8MW级）；

中国海装（正在研发10MW级）；

湘电风能（正在研发8MW级）；

GE（正在研发12MW级）；

上海电气（正在研发8MW级）；

东方电气（正在研发8～10MW级）；

明阳电气（正在研发8MW级）；

金风科技（正在研发8MW级）。

4. 海上风电经验

欧洲海上风电起步较早，主流的机组供应商在5MW级机组的应用中有着丰富的经验。我国在5MW级机组方面尚处于起步阶段，仅东方电气、湘电风能、中国海装和金风科技有少量的试验风电机组（表2.4）。试验风电场选择具有不同海上风电经验厂商的机组，通过风电场的实际运行、对比、检测等方式，借鉴国内外先进机组的宝贵经验，提升我国大容量海上风电机组整体的技术水平。

表 2.4　　　　　　　　　　主流机组供应商的海上风电经验

机组供应商	投标单机容量/是否具有海上经验	具有海上经验机组的单机容量	机组供应商	投标单机容量/是否具有海上经验	具有海上经验机组的单机容量
太原重工	5MW/无	无	GE	6MW/有	3.6MW
中国海装	5MW/有	5MW	上海电气	6MW/有	4MW
湘电风能	5MW/有	5MW	东方电气	6MW/有	5MW
金风科技	6.7MW/无	6MW	Adwen	5MW/有	5MW
明阳电气	5MW/无	3MW	华锐风电	6MW/无	5MW

2.2.2.3　先进性

试验风电场所筛选的机组供应商，在2016年都具备主流的技术路线，直驱、高速传动、半直驱三种技术路线都较好地适应了海上风电机组大型化发展的需要，各个厂商在几种主流技术路线的基础上，研发出自己先进的机型，各自的技术特点见表2.5～表2.7。

表 2.5　　　　　　　　　　　　　　　　　　直驱机型先进性体现

机组供应商	技术的先进性
湘电风能	①每一个叶片上有一个变桨轴承，在额定风速以下采用电机转子变速调节，额定风速以上采用叶片变桨调节。 ②发电机采用自然风冷和内部强迫风冷，无需电网励磁。 ③变速恒频系统采用 AC - DC - AC 变流方式，机组无功调节范围宽
金风科技	①发电机为 4 套绕组，定子采用了分数槽，能更好地消除发电机的谐波影响，在转子磁极上独特排列方式使其振动、噪声更低。 ②定子绕组采用 VPI 浸漆方式，良好的绝缘结构和绝缘处理工艺保证了定子绕组的绝缘可靠性。 ③发电机采用单个双列圆锥滚子轴承，使得发电机的轴向尺寸更为紧凑
GE	①发电机到风电机组之间采用单个法兰接口，使气隙稳定性更好控制。 ②冗余系统保证发电量。 ③失效耐受以持续发电：3 个独立发电变频线路确保不断运行。 ④软件控制功率可调确保在电力线或冷却系统失效情况下继续运转
上海电气	①为全跨距液压变桨、变速恒频风力发电机组，结构简单、无需润滑，更易于维护。在台风侵袭并遭遇到电网掉电的情况下，液压的蓄能器可以稳定地确保顺桨。 ②机舱内部空间大且布置简洁，设两层平台，上层平台布置背靠背冗余式的变流器，底部平台放置 35kV 变压器，并整合了机械传动链和电气传动链，降低损耗和塔内低压电缆的使用，从而使得塔底结构非常简洁

表 2.6　　　　　　　　　　　　　　　　　　高速齿轮箱机型先进性体现

机组供应商	技术的先进性
太原重工	①整体铸造主机架，大轴承支撑传动链结构，机舱布局紧凑、重量轻。 ②机舱采用全密封结构（迷宫密封）和独立内/外循环冷却的整体抗恶劣环境技术，齿轮箱和发电机采用与机舱隔离的自然风冷，可靠性高，自耗电低
中国海装	①发电机采用双星型、无相差结构，2 套绕组独立，每套绕组及其配备的变流器均可独立控制运行。 ②发电机冷却风扇采用变频控制，降低了辅助供电损耗。水冷管路采用法兰连接，密闭性能优秀，无渗水和漏水问题。 ③发电机定子绕组、铁芯、轴承等部位装有温度传感器，永磁体的耐温等级与相应的热分级适应
东方电气	①采用两点支撑和 6 极电机，这样对齿轮箱输入级和输出级都进行很好的保护，经过海上样机和陆上机组传动链形式的充分验证，此类型传动链非常成熟和可靠。 ②电气选取双回路冗余设计，提升机组运行的可靠性
Adwen	①齿轮箱由两级行星齿轮组成，一级行星齿轮是直齿，能可靠吸引半集成配置的径向偏差；二级齿轮箱为螺旋齿，这种设计可提高效率并降低噪声。 ②发电机内部结构为多个并联的独立系统，每个系统各带有 3 个相位，与全功率变频器的组合具有高效性和高可利用率
华锐风电	①主传动链结构紧凑，轮毂载荷经主轴承外圈传递到主机架上，减少齿轮箱的载荷，延长齿轮箱的寿命。 ②机舱内采用封闭式机舱换热装置，满足海上特殊环境的要求。 ③发动机和变频器采用水冷却方式，散热效果好，效率高

表 2.7　　　　　　　　　　　　半直驱机型先进性体现

机组供应商	技术的先进性
明阳电气	①半直驱设计，齿轮箱和发电机集成为一个整体；齿轮箱为中速齿轮箱，避免了传统双馈机型高速齿轮箱故障率较高的弊端，同时保留了永磁同步发电机系统优良的低电压穿越（电网支撑）能力和电网适应性。 ②MySE 是超级紧凑型风力发电机组，半直驱设计，齿轮箱和发电机集成为一个整体。 ③采用一台永磁同步发电机。风轮转动后通过齿轮箱增速，带动发电机输出六相变压、变频的交流电，而后通过电机侧变流器流向直流母线，再通过网侧变流器逆变成定频定压的交流电，而后经过并网开关连接到并网变压器，然后将电能送入电网

2.2.2.4　适应性

试验风电场所处的海域环境比较复杂，受台风影响较大。台风期间的超强湍流会使叶片形成强烈的抖振，对机组产生破坏性影响。场址区域为湿热海洋环境，长期的高温、高湿、高盐雾等条件会导致机组的电气设备散热困难，严重时发生断裂、短路或触电事故，影响机组的安全运行。项目区域的高温会带来高盐雾浓度，对机组的关键部件形成强烈的腐蚀，影响机组的安全。

各个厂商根据试验风电场的特殊环境都具备较好的适应性，通过不同的优化设计和控制策略改进以及后期运维策略等增强机组在台风、高温高盐雾等特殊海洋环境中的适应性。各机组供应商的具体措施参见表 2.8 和表 2.9。

表 2.8　　　　　　　　　各机组供应商风电机组的抗台风适应性

机组供应商	抗台风设计	抗台风控制策略
太原重工	①根据载荷水平，增加关键结构件的强度。 ②优化机舱罩外形，增加弹性支撑数量，并增加框架的刚度。 ③轮毂、变桨轴承等主要承载部件均根据本项目载荷进行了加强	①配置了整机后备电源系统，保证台风期间电网供电中断的情况下系统能够正常工作。 ②机组通过主被动自适应抗台风偏航策略来保证机组保持下风向偏航对风
中国海装	①优化风电机组机舱、轮毂的载荷，降低极限载荷，加强台风期间的适应性。 ②增加关键部件连接处的强度	①机组配备应急柴油发电机组，增强台风期间的安全性。 ②机组通过降功率运行、紧急停机等防护策略降低台风的影响
湘电风能	根据所设定的暴风极端工况仿真所获得的极端载荷，来设计叶片、轮毂、发电机支撑件等部件的极限承载能力，严格保证各部件在台风来临时所承受的极限载荷在设计载荷范围内	①机组设计有台风停机工况，高于切出风速时切出。 ②可根据风电场有电或无电分别进入两种工作模式，即风电场有电模式及风电场无电模式。 ③根据合同需求，也可配备柴油发电机进行自主发电，以提供冗余安全裕度
金风科技	①主要对机组叶片叶根螺栓进行加强设计，同时，变桨轴承采用内圈连接叶片，外圈连接轮毂，轴承的强度更大。 ②变桨系统采用液压变桨系统，驱动力更大。同时在顺桨状态用锁销固定叶片。 ③塔架和基础可以根据现场风资源条件进行特殊设计，避免机组在台风过境时出现损坏	①开发的海洋风电场水文气象预报预警服务云平台能够提前进行运维预警，避免台风期出海维护作业。 ②根据台风预报气象信息风电场采取相应预案，主动远程停机，变桨机构执行顺桨动作。 ③锁定叶片锁，叶轮保持自由状态，机组执行偏航解缆、依据台风风向背风预偏航。 ④机组所有系统自检，备用电源启动，确保系统正常后进入台风模式

17

机组供应商	抗台风设计	抗台风控制策略
明阳电气	①轻量化设计降低整机及基础载荷。 ②超紧凑设计减小了整机尺寸，减小了迎风面积，进一步降低机组极限载荷。 ③混合驱动设计将主轴承与齿轮箱和发电机集成为一个刚性整体，缩短了风轮与塔架中心线的距离，降低了整机载荷	①将风轮置于水平位置，极大地降低了叶轮及整机载荷。 ②独立液压变桨进行功率控制和安全控制，减少不平衡冲击载荷
GE	①优化整机结构，减轻整机重量，有效降低风电机组的荷载。 ②叶片采取特殊化设计，增强叶片在台风期间的适应性	①台风期间偏航系统，通过电磁制动控制叶片的角度。 ②台风期间，系统检测到较强湍流，采取紧急停机措施，保护机组的安全
上海电气	①优化机组的结构设计，增加叶片、塔架在台风期间的适应能力。 ②优化机舱内部结构，使整体重量更轻，有效降低整机的荷载	①风电机组在应对台风袭击时，无需提前进入台风停机模式，采用高穿越模式继续发电。 ②风电机组在达到 28m/s 切出风速后，会自行顺桨停机，并进入自动偏航模式，确保风电机组对风以降低极限载荷。 ③电网掉电故障，风电机组仍然能够通过自身的 UPS 电源维持风电机组控制器正常工作，指挥风电机组顺桨停机
东方电气	①优化叶片、轮毂、机舱等主要部分的结构设计，增强整机在台风环境中的适应性。 ②优化机组结构，使用新型材料，使发电叶、叶片更轻，有效降低整机荷载	①可以在台风期间提供独立的电源，用于机组偏航对风低载荷的方案。 ②风电机组能够主动偏航，正面迎风顺桨，则能够大大降低叶片受损的几率

表 2.9　　　　　　　　　各机组供应商风电机组抗高温、盐雾的适应性

机组供应商	机组抗高温高湿、防腐设计
太原重工	①在机舱和塔筒内各设置一套除湿除盐雾系统，将室外高盐分的潮湿空气进行处理，将盐雾和水汽分离出来。 ②采用水冷却的方式进行风电机组的变压器、变频器、增速器、发电机温度控制，并进行防腐。 ③电气柜提高防护等级，重要电气设备自带空气过滤器、风扇、加热膜等进行加热除湿，形成局部保护
中国海装	①采用自然风冷对发热量大的部件进行针对性散热。 ②密封阻止盐雾颗粒进入舱内，避免采用过滤系统造成的盐雾颗粒累积效应。 ③通过冷却系统和通风系统控制塔筒和机舱内的相对温度和湿度，确保塔筒和机舱内部的湿度值低于钢材腐蚀的临界湿度值
湘电风能	①全封闭设计，变桨轴承与轮毂连接螺栓布置在轮毂内，使得轮毂顶部完全密封。 ②发电机采用内正压技术，可保证发电机的内部为正压环境。 ③配置过滤装置和除湿机，使迷宫环结构发电机的空气损失通过一个过滤装置和一个除湿机从周围空气中吸收空气来补偿，并保持机组内环境空气的洁净和水分含量在合适范围内。 ④除湿机控制机舱内空气的相对湿度在 30% 以下，空气对发电机和电气设备造成损害的可能性大大降低

机组供应商	机组抗高温高湿、防腐设计
金风科技	①机舱全密封,机舱罩片体间、发电机与机舱罩间以胶条实现静密封。 ②发电机采用内外循环强制风冷,舱内外两股空气分别流经热交换器,但只进行能量交换,不进行实际气体交换。 ③塔架空间和底座平台空间作为一个整体进行控制,保证塔架及底座内的温度不超过50℃。 ④电控设备防腐,机舱柜内安装有加热器防腐方案,电泳、磷化或纳米陶瓷预处理。高、低压柜及变流柜使用热交换系统散热。冷却器通过表面处理,达到防腐要求。 ⑤在叶片表面有涂层,其采用聚氨酯腻子与聚氨酯油漆等,延伸率高于叶片复合材料延伸率,具备较好的耐候性能
明阳电气	①机组的齿轮油、液压油、变频系统采用高效的闭环水冷系统,具有冷却效率高、体积小、维护方便等优点。 ②机舱和轮毂采用全密闭设计,与外界空气、水气与盐雾隔离,机舱内部和发电机通过外部独立的空-空热交换系统,进行通风散热,确保了相应的温度环境,提高了机组抗高温性能。 ③在叶片表面、整机支撑系统内外表面进行特殊的防腐措施
GE	①内设空气调节系统调节内部空气质量,以防止部件腐蚀和高温影响。加强系统内温度和湿度的监测,通过冷却、通风系统控制舱内的温度。 ②发电机气-水-气冷却系统由两部分组成,一部分由一组冷却器和机动扇组成,另一部分由另一组冷却器、机动扇和水泵组成。前一组冷却器将发电机内部损耗转移到水回路,另一组冷却器、机动扇和水泵将水热转移至外部空气。 ③风电机组设计有一个单一封闭容器,将塔筒、机舱和轮毂空气容量连接起来,通过冷却风电机组内部,最小化内部部件腐蚀的风险。空调系统激活、流率和干燥能力由可编程控制器(PLC)控制和监控,以内部温度和湿度传感器为基础
上海电气	①内部环境监控系统始终对温度、湿度等环境工况加以监控,通过冷却、通风系统确保风电机组运行的适合环境条件。 ②机舱和塔底配备了专有的除湿装置,保证风电机组内部始终处于绝对湿度较低的环境,避免部件腐蚀
东方电气	①整套机组为全密封结构,为使机舱内的热量转移到外部环境中,引入机舱冷却系统。 ②叶片与轮毂对接处、轮毂与机舱对接处、机舱与塔筒对接处采用有效密闭措施,防止盐雾空气进入机舱内部

2.2.2.5　可持续性

试验风电场所筛选的厂商都是在欧洲和我国深耕多年的成熟机组供应商,在行业内具备较高的知名度,得到当地政府在政策、经济等方面的大力支持。各个厂商具备比较完整的企业资质,近几年财务状况良好,抗风险能力较强;各个厂商技术实力雄厚,在风电机组制造、风电场开发、后期运行维护等领域拥有专业的人才队伍和高效优质的服务方案;所筛选的各个厂商在技术和市场领域的不断积累,将长时间在行业内保持较高的竞争性。各机组供应商可持续性具体体现参见表2.10。

表 2.10　　　　　　　　　各机组供应商可持续性具体体现

机组供应商	可 持 续 性 体 现
太原重工	①机组技术路线以双馈、中高速永磁、直驱机型为主流路线。 ②为满足低风速地区和海上风电的开发需求,叶片的长度不断增长;未来风电机组将继续向大功率、大叶片的方向发展。 ③已与三峡集团开展战略合作,共同开展8MW大型海上风电机组的研发及工程应用研究

机组供应商	可 持 续 性 体 现
中国海装	①拥有完善的全产业链配套体系、高水平的基础工业机械制造能力、健全独立的体制和机制。在核心控制策略和电控系统、机械及电动传动核心部件等拥有自主知识产权。 ②是科技部唯一授权的"国家海上风力发电工程技术研究中心"，积极承担以风电装备领域为主的国家级和省、部级科研项目，组织以提升中国风电产品市场竞争力为目标的研发创新项目。 ③投入研发更大容量的海上风电机组，适应海上风电机组大型化的发展需求。 ④投入研发浮式基础，为我国深远海规模化发展提供重要的技术支撑。 ⑤依托中国船舶重工集团在造船领域、海洋装备方面的优势，设计制造先进的安装船、运维船，具备先进的海上施工活动能力，为海上风电安装、运维提供便利，提早布局也将优先抢占未来市场。 ⑥2018年，与中国华能、中国华电签订25万kW海上风电订单，海上风电市场领域持续推进
湘电风能	①与世界著名的海上风电工程公司Heerema，Van Oord和DEME，著名的海上风电基础设计公司Sway、Windfloat、Hywind、Strabug等均建立起战略伙伴关系，紧密合作进行海上风电场安装方案及海上风电基础的创新设计。 ②公司拥有国家风机行业重点实验室，包括"海上风力发电技术与检测国家重点实验室""国家能源风力发电机研发（实验）中心"，承接并完成多项国家海上风电项目。 ③在海外项目进展迅速，包括美国新泽西大西洋城5台5MW机组项目、德国斯达巴格项目共10台5MW风力发电机组等。 ④2019年中标浙能嘉兴1号海上风电场工程，共计38台4MW风电机组
金风科技	①实现自主直驱机组的大规模装机，成为全球最大的直驱风电机组制造商，在直驱技术领域具备绝对的领先优势。 ②采用一体化设计，降低塔架与基础成本。采用单叶片水平安装提升作业效率，缩短海上作业时间，降低施工成本。 ③制定并实施降低长期投资风险的合理化措施、标准，明确供应商准入条件，将供应商的企业发展战略、风险承受能力、企业运营能力及现状、产品质量、生命周期成本、服务能力等纳入考核合格供应商准入的重要参考。 ④截至2018年年底，金风科技公司累计海上风电项目订单74万kW，公司在行业内具备很强的竞争性
明阳电气	①以清洁能源开发利用为己任，致力于兆瓦级风电机组及其产业链核心部件的开发设计、产品制造和技术服务，以定制化的产品提供、"两高一低"（高发电量、高可靠性、低度电成本）的技术优势、创新性的商业运作模式（融资租赁、EPC、BOT等整体解决方案）为客户创造价值。 ②建有国家级博士后科研工作站和风能研究院，先后承担了众多国家"863"计划和广东省重大科技攻关项目；建成欧洲丹麦研发中心、美国北卡研发中心和上海海上工程研发中心。 ③已建立以国内五大发电公司和近十家电力集团为主导的稳固市场客户群，建成并投运遍布全国的100多个风力发电场项目；建成东欧、南非、印度、东南亚、北美、澳洲等全球化产品销售及服务体系。 ④设有60多种技术先进的产品研发与测试设施，具有多兆瓦级系列机组全功、系统集成平台、风电机组设计仿真系统、疲劳测试平台、海洋环境研究室、风资源分析研究室、海上风电基础研究室、重防腐涂层研究室、金属合金喷涂研究室、复合防护罩设计室、阴极保护研究室、海洋环境模拟实验室、耐盐雾实验室、耐老化实验室、化验室、计量室等软硬件设施。 ⑤以"地蕴天成、能动无限"为核心文化和具有明阳特色的人才创新、技术创新、金融创新、商业模式创新，创造了中国风电行业发展的"明阳模式"。持续创新研发、大海上风电、海外市场拓展、高端产业链、整体解决方案的五大战略引擎。 ⑥截至2018年年底，海上风电中标157.5万kW，大风电机组中标容量已经超过50%，实现了大风电机组的市场引领

机组供应商	可持续性体现
GE	①在风电机领域具有领先全球的高功率、高发电效率的大型风电机技术，是业界龙头企业。GE收购海上风电巨头阿尔斯通和全球最大的风电叶片制造商LM，进一步扩展海上风电的市场版图，同时在风电机组设计制造方面也会更加精进，不断提升创新能力、降低产品成本。 ②在海上风电研发和设计方面的实力雄厚，持续进行大容量海上风电机组的研发，2018年研发出功能最强的海上风电机组 Haliade-X 12MW 机型，从基座到叶尖高达 260m。 ③2018年，GE 在中国上海黄浦区、广州开发区建立一个辐射中国及亚太区的海上风电运营和开发中心，负责海上风电机组本地化生产流程优化和改造，针对中国市场优化海上风电机组设计和适应性改造，打造海上风电本地化运营数据中心、运维服务中心、供应链中心等。 ④海上风电市场遍布全球，2018年海上风电市场占用有率为全球第四
上海电气	①具备国内领先的整机设计能力，包括叶片、控制系统、塔架等关键部件的设计能力，可独立研发海上风力发电机组。努力从风电机组设备制造商向全寿命周期（涵盖"风资源-风电机组-风电场-电网-环境"）风电服务商转变，加快推进技术研发能力建设，新设立了北京、浙江杭州、广东汕头、丹麦等研发中心。 ②上海电气就与全球风电巨头西门子强强联手，成立了上海电气风能有限公司和西门子风力发电设备（上海）有限公司两家合资公司，先后引进 4MW、8MW 海上风电机组，这些机型代表全球最先进的海上风电技术。在引进吸收的同时，上海电气也十分注重自主研发，在更大功率海上风电机组方面，上海电气与浙江大学合作建立研发中心，重点攻关 10MW＋量级的海上风电机组，推动中国海上风电技术突破创新。 ③在福建莆田海上风电设备制造基地正式投运，已具备 6～10MW 大型直驱风力发电机组生产能力，自主研发的基于云计算和大数据的远程管理平台"风云"系统，已累计接入了超过 100 个风电场数据。 ④截至 2018 年年底，海上风电设备订单接近 170 万 kW，市场领先优势明显
东方电气	①拥有 5MW 风电机组的发电机、叶片、主控系统以及变桨系统等关键核心部件自主知识产权。 ②2017 年同时启动海上 10MW 和 7MW 风电机组的开发，全面打造海上风电产业板块。 ③截至 2018 年年底，中标兴化湾二期 6 万 kW 订单；2019 年，中标漳浦 D 区 10 万 kW 订单

2.2.2.6 可靠性

海上风电机组处于复杂多变的海洋环境中，各类设备零部件出现故障的概率相对较高。海上风电机组整体运行维护成本较高，尤其是大容量的风电机组，大部件更换成本巨大，还要考虑大型吊装船只施工手续及费用、海上运输费用以及天气窗口因素等。长时间停机造成的发电量损失，都会增加海上风电的运营成本，影响项目的整体收益。提升风电机组的可靠性，建立高效的运维体系，是发展远海风电产业的必然趋势和重要保障。

试验风电场所筛选的机组供应商具备行业领先的技术水平，具有提升机组安全性、可靠性、可利用率的能力及良好的运维服务能力。各机组供应商从风电机组制造、安装和后期运维等多个环节提出保障机组的质量可靠和运行稳定的措施。各机组供应商在机组可靠性方面的具体体现参见表 2.11。

表 2.11　　　　　　　　　各机组供应商风电机组可靠性的具体体现

机组供应商	机组可靠性体现
太原重工	①太原重工是国家一级计量单位。先进完备的检测手段和实验装置，使太原重工的产品质量有了可靠的保证。 ②与科技大学合作"大型风力发电机主传动链可靠性分析与优化设计关键技术研究"，针对关键部件进行性能分析和可靠性优化设计，提高产品质量。 ③机组的设计充分考虑了零部件和各机构的冗余功能，在电气回路、信号采集、偏航驱动、PLC 模块、机组通信、软件结构、数据备份等方面均进行了冗余功能设计，提高机组的可靠性。电气主回路上，发电机、变频器采用多个独立回路并联，其冷却系统也采用独立回路并联方式，可根据故障情况灵活采用多种组合降容运行；通过零部件失效分析，对控制系统中的重要传感器采用冗余设计，在系统运行过程中有效辨别传感器自身故障，减少传感器故障导致的机组停机；偏航系统采用多台驱动系统并联运行，在个别驱动故障情况下，不影响机组正常运行
中国海装	①机组从调研和初步设计，经反复论证，以高性价比为目标搭建下一代机组平台，得益于中国海装独有的载荷仿真及分析平台，进行了多达 25 轮主线方案仿真计算，以及数十轮的备选方案仿真计算和兼容性计算，多维度对机组参数进行优化。 　a. 载荷外推：通过载荷外推技术，进行型谱规划，确定叶片长度和载荷范围。 　b. 额定转速最优化设计：通过叶尖线速度研究，平衡主导载荷与最优发电量。 　c. 预变桨角度控制技术：通过预变桨角度研究，及时准确的捕捉风资源变化，降低机组载荷瞬时突变的影响，平衡主导载荷，输出最优发电量。 　d. 整机频率研究、海浪研究：通过整机频率研究、海浪研究，汲取长达 4 年的样机经验，充分考虑海洋环境下机组的适应能力，采用最严苛的标准进行验证，确保海上机组广泛适应性。 　e. 偏航动态仿真技术、发电性能研究等一系列技术的应用：通过偏航动态仿真技术、发电性能研究等一系列技术的应用，针对不同参数对不同部位载荷的敏感性不同，综合平衡载荷、发电损失、叶片长度三者的关系，最终奠定了机型高性价比，并充分保证了机组的运行性能。 ②在风电机组设计中，充分考虑近海风电机组的特性，充分采用了冗余性设计。使用的冗余主要集中在变桨系统、发电系统、安全链等几个子系统上
湘电风能	①湘电风能采用低风险直驱机型，有 10 年运行经验。 ②采用内转子结构发电机方案，发电机整体刚度好；发电机散热 70% 由外表面散热筋散掉，散热简单，可靠性高。 ③风电机组遵循"陆上可靠技术海上化"原则，采用"三列圆柱滚子轴承"与"双列圆锥滚子轴承"。三列圆柱滚子轴承为陆上风电机组可靠性很高的轴承方案。三列圆柱为标准滚子，加工制造简单，受制造工艺影响小；三列圆柱滚子轴承保持架受载良好，无弯矩影响，受保持架失效导致的损坏风险低。 ④出厂的每台 5MW 发电机都要经过最严格的型式试验，发电机的可靠性高，截至投标期间没有出现过问题。 ⑤风能研究院与子公司欧洲达尔文公司联合进行风、浪、流仿真分析，对海上风电机组进行优化；与设计院沟通模型校正工作，使风电机组的可靠性进一步加强。 ⑥进行机组冗余设计，包括电气系统冗余设计、防雷系统冗余设计、通风散热系统冗余设计、偏航系统冗余设计、机舱测风系统冗余设计、变桨系统冗余设计、变流系统冗余设计

机组供应商	机组可靠性体现
金风科技	①6MW 平台机组应用 RAMS（可靠性：Reliability、可用性：Availability、可维修性：Maintainability 和安全性：Safety）总体技术路线进行设计，从风险分析开始，确定工作的关键部件，重点开展可靠性设计与分析工作，完成设计工作，进而进行可靠性验证。 ②在故障信息系统数据的支持下结合风电机组运营经验开展风险分析工作，确定 TOPN 故障模式/关键部件作为后续可靠性工作的重点对象；针对重点对象通过开展常规 RAMS 设计、鲁棒性设计、测试性设计工作使风电机组具有较高的可靠性，降低故障影响及维修难度，以提升产品的可靠性、测试性、维修性，最终达到降低 COE 的目标。RAMS 在传统 MTBF 指标基础上综合考虑 MTBI、MTOTF 等指标，达到可靠性与度电成本经济性的最优组合设计。 ③在现有相似风电机组的状态数据信息与风电机组运维工程经验，结合金风 6MW 平台机组的运行环境，开展需求分析工作，分析金风 6MW 平台机组的潜在风险点，圈住涉及风险的相关零部件并将其作为关键零部件重点关注，重点详细开展可靠性工作，以提升关键部件的可靠性水平，降低风电机组运营的风险。 ④从系统、部件的角度进行冗余设计，针对发电系统、变桨系统、偏航系统及各种传感器等薄弱环节进行冗余设计。安全角度出发决定哪些设备应建立备份，对有利于提高和稳定风电机组可利用率的设备建立备份。电控系统冗余设计主要包含关键传感器、电源、信号采集及扩展接口等，如风速仪和风向标使用了机械式和超声波两种部件，当一套设备失效时，其他设备可保证数据的可靠性。 ⑤良好的测试性能可以及时有效的准确确定产品的运行状态和定位产品内故障。需要在产品的设计中充分考虑可更换单元的设计特性并实现。依托全寿命期的测试验证平台，制定 6MW 平台机组的测试规划，从场内测试、场外测试和在线检测三个维度出发，对 6MW 平台机组的零部件、子系统、系统方面进行了试验、测试规划，全方位保证机组的运行可靠性
明阳电气	①较低的相对运动速度，力传递路径的优化，可降低磨损，增加寿命；齿轮箱与发电机由同心法兰连接，减少轴线不重合的风险；齿轮箱的弹性轴销结构使外部载荷和变形不传递至齿轮箱，可有效保护齿轮箱；永磁同步电机的磨损件少（无滑动接触），测试效率 98.5％；传动链效率高，传动链功率损失 3％；采用一体化控制系统，减少信号干扰，提高控制的稳定性。 ②MySE5.5MW 齿轮箱超级紧凑型设计，结构实用先进，体积小，重量轻。采用二级行星串联传动，提高转速，降低扭矩。齿轮箱上设计有多处观察齿轮箱内部情况的观察窗口提高齿轮维护的便利性；从设计理念、原理和设计要求上减少齿轮箱故障甚至达到免故障维护要求。 ③MySE5.5MW 发电机结构简单而具有可靠性高、免维护的优点。 ④MySE5.5MW 风力发电机组的很多主要功能都由主机液压润滑冷却综合系统实现。 ⑤各个大部件之间采用了长螺栓的连接方式，增加了振动传递的阻尼，具有更好的放松性能。 ⑥针对发电系统、变桨系统、偏航系统及各种传感器等薄弱环节进行冗余设计
GE	①发电机定子由一个法兰连接到中底座，发电机转子由一轴承连接到定子上。此外，发电机转子由轮毂通过弹性联轴器驱动，确保转力从风电机组叶轮到发电机的合理转移，以保持纯扭矩原理，增强机组的可靠性。 ②变频器架构可以提高可靠性，由三个相同、平行的低压变频器组成，这三个低压变频器能够调节和注入从发电机到输电网的电量。变频器控制发电机，正常运转时分担同样数量的负荷。万一其中一个停止正常运作，最大发电量会降低为风电机组额定功率的 66％。 ③变桨电动机配有一个电磁制动，以保持叶片在理想的位置。每个叶片配有一个备用电源，为风电机组安全系统的一部分。 ④位于塔筒柜内的单相联机型不断电系统，为控制系统供电，实现超控短时低压降、安全停止风电机组、记录主要变量。 ⑤气象站桅杆中的接闪环和直升起重机平台栏杆后部的接闪棒对机舱进行保护。机舱其余部分被视作 LPZOB，并根据滚球和保护角方法对其进行保护。 ⑥安全系统保证出故障时风电机组仍然处于安全状态。当其中某项安全指标超限时，安全系统优先保护控制器，此系统的主要目标是在将风电机组维持在设计范围内。安全系统通过使用带有可编程逻辑的 PLC 系统实行，基于单独的硬件模块，这些硬件模块连接起来形成安全控制系统

机组供应商	机组可靠性体现
上海电气	①采用西门子自主研发生产的一体成型叶片 B75，确保风能即使在根部也不会被遗漏，此外叶尖的预弯设计、特有的气弹设计和涡流发生器、锯齿后缘、叶缘保护等一系列技术的运用使整个叶轮气动性能达到最优状态的同时，也保证了叶片长时间运行的设计寿命。 ②SWT－6.0－154 的防雷等级达到了最苛刻的 IEC Ⅰ类水平。机舱罩内部预埋铜网的玻璃钢机舱，增加碳纤维以便使整个发电机系统和机械部件始终处于法拉第笼的屏蔽保护。 ③SWT－6.0－154 采用液压变桨系统，相较国内大部分厂商所采用的电变桨系统，液压变桨系统的变桨轴承直接驱动，比电变桨的齿轮驱动更为稳定，结构也更为简单。液压变桨系统无需润滑，更易于维护。在于液压变桨系统电气元件较少，天然地对雷电不敏感，其防雷性能非常出色。 ④机舱内部空间大且布置简洁，设两层平台，上层平台布置背靠背冗余式的变流器，底部平台放置 35kV 变压器，并整合了机械传动链和电气传动链，降低损耗和塔内低压电缆的使用，从而使得塔底结构非常简洁；另外充分考虑了运维人员的工作方便和内关键部件的维护便捷性。机舱的底架也采用了整体式的设计，和其他厂商的分体式底架相比，整体式设计载荷分布均匀，结构强健，能更好地应对海上风浪错位的恶劣工况。 ⑤上海电气和西门子联合运用多年欧洲成熟的海上设计经验和诸多先进理念，进行载荷计算和塔架定制化设计。设计充分考虑了风电场特定的风况、海况和海床地质条件等环境工况，和设计院一同迭代设计，保证塔架在满足设计要求的前提下重量达到最优。 ⑥考虑到海上机组冗余要求及机组经济性需要，SWT－6.0－154 将机组分为左右两套系统，每套系统包括发电机定子模块、变流器、散热系统、液压站、偏航系统等，各承担 3MW 出功需求，即保证了两套系统间的相互独立性，也同时兼顾了机组系统性 6MW 出功需求。该设计使得机组在一套系统发生故障时，另一套系统可以保证出功 3MW。 ⑦借鉴西门子在国外 20 年的海上运维经验，形成了一套成熟的知识数据库，根据项目现场信息和天气信息的输入，可以输出从近海人员交通船（CTV）到远海生活平台（Platform）等的一系列解决方案。上海电气借助西门子的国外项目经验，并结合国内实际情况，也累积从潮间带到近海的一系列交通解决经验
东方电气	①机组技术路线已经过 6 年运行检验，从未出现过大部件的损坏或下架，说明机组的整体布局、传动形式和电气拓扑都相对成熟。主控系统自主化设计，完全掌握海上机组的控制系统，为后期运维和性能优化提供可靠地保证。 ②通过 6 年多的运行和持续优化，5MW 机组把各个系统进行完美优化和升级，不论是叶片、齿轮箱、发电机和电控系统，都已经成熟定型，结合多年海上运维经验，可保证机组高效的可利用率和可靠性。 ③直驱发电机进行背靠背全功率试验，全面检验发电机性能，确保发电机的高性能和高可靠性。 ④电气主回路采用中压方案，整个电气回路效率较低压方案高 1％ ～3％，发电多。中压变频器采用 IGCT，较低压变频器 IGBT 的模块少，结构更简单，可靠性更高，电气系统双回路，单一回路出问题可以保障半功率运行，提升 MTBF。 ⑤主控的安全保护功能是为确保发生故障时风力发电机组的安全。安全保护功能确保风力发电机组运行的安全性与可靠性，主要包括机组故障报警分析，并控制风力发电机组进入相应的停机流程。 ⑥5MW 机组的冗余设计主要包含传感器冗余设计和执行机构冗余设计：传感器失效导致停机的关键传感器设计为冗余，例如轴承温度、液压站压力、偏航控制器、转速传感器、水冷系统压力和温度、风速风向等；关键执行机构设计为冗余，比如齿轮箱油池加热器、冷却水泵、冷却风扇等；G5000－140 机组通过采用冗余传感器和执行器，能保证在单一器件故障或损坏的情况下只做报警显示而不影响机组停机，可以极大提高机组的可利用率和发电量

机组供应商	机组可靠性体现
Adwen	①风电机组的开发过程中，始终寻求实现产品最大可靠性，从源头降低运行和维护成本，并减少现场维护次数，从而提供最大可用性。 ②在以往的经验基础上使用的新一代设计和计算工具，确保系统的可靠性。 ③齿轮箱由两级行星齿轮组成，一级行星齿轮是直齿，能可靠地吸引半集成配置自身的径向偏差；二级行星齿轮为螺旋齿，这种设计可获取最大效率和低水平的噪声排放。 ④液压系统向变桨距控制系统的执行器、高速轴的机械制动器、领航系统的制动系统和叶轮锁定系统提供压力。这种液压系统的配置保证在正常操作和紧急情况下都快速启动，保证高可靠运行。 ⑤对机组的主轴、电气系统、偏航系统、液压系统和变桨距控制系统、环境温度调控系统、冷却系统、齿轮箱润滑系统等全方位进行冗余安全设计
华锐风电	①致力于通过与客户、供应商、设计院、认证机构并行的开发模式，实现风电机组在设计、制造和运营方面的高可靠。采用紧凑型风电机组驱动链及载荷分流等先进技术，大大提高了风电机组的可靠性和寿命，有效保证了风电机组的稳定运行。 ②在零部件供应商的选择上严格把关。经过多年的合作和摸索，华锐风电和众多高品质供应商建立了稳定的合作关系，打造了完善的产业链体系，保证了零部件供应环节对风电机组质量的严格把控。 ③机械及电气重要部件采用冗余设计，如变频器、传感器等，全方位保障机组的可靠性。 ④提出了全寿命周期的理念，提出把华锐风电打造成以装备制造为基础，以产业化增值服务为目标的服务型企业，不仅保障质保期内风电机组的稳定运行，也为已超质保期的风电机组保驾护航。 ⑤专门成立了锐源风能技术风电有限公司，负责风电机组的运行维护服务。全面专业的服务内容、及时的服务应答速度和健全的备件体系使风电机组故障能够在第一时间得到解决，最大化提升风电场效益、保证风电机组安全运行，得到了客户的高度认可。 ⑥还积极利用智慧技术，打造了智慧风电场开发平台，通过高精度风电场功率预测、智慧风电场能源管理、智能风电机组监控及预警、全生命周期风电机组信息管理、智能风电机组在线检测系统等方式，实现了发电量和运维效率的显著提高，让运维服务发挥更大价值

2.3 参赛机组技术路线

2.3.1 风电机组主流技术路线

海上风电机组的发展呈现大型化的趋势，其单机容量从 1990 年的 220kW 增长到 2018 年的 8~10MW，并仍在向大型化发展。海上风电机组的技术类型也从最初的直驱和双馈风电机组逐渐发展到多种技术类型并存的阶段。

风力发电系统按照有无齿轮箱增速，可分为直驱、多级增速型和半直驱，技术路线的类型及特点对比见表 2.12。

表 2.12 发电机技术路线类型及特点对比

类型	齿轮箱类型	发电机类型	系统可靠性	可维护性	备品备件通用性
直驱	无	直驱永磁	无齿轮箱，机械可靠性高；发电机永磁体存在锈蚀可能	日常维护工作量小，维护费用低；大部件不可拆卸，可维护性（可更换性）极差	非标准化设计、通用性差，采购难

续表

类型	齿轮箱类型	发电机类型	系统可靠性	可维护性	备品备件通用性
直驱	无	直驱励磁	无齿轮箱，机械可靠性高；励磁可调，对电网的适应能力强	碳刷滑环以及磁极线圈复杂，需要定期维护，与同功率同转速永磁电机相比较重，发电机效率低	通用性较好
多级增速型	高速齿轮箱	高速双馈	齿轮箱增速比大，可靠性低，故障率高；发电机滑环系统故障率高	齿轮箱轴承润滑油更换频繁；发电机等大部件易拆卸，可维护性较好；电刷、滑环增加维护工作量	通用性较好
		鼠笼异步	齿轮箱增速比大，可靠性低，故障率高；发电机结构简单，无滑环电刷，可靠性高	齿轮箱轴承润滑油更换频繁；发电机等大部件易拆卸，可维护性较好；无电刷、滑环，发电机维护工作量小	通用性较好
		高速永磁	齿轮箱增速比大，可靠性低，故障率高；发电机结构简单，无滑环电刷，可靠性高；发电机永磁体存在锈蚀可能	齿轮箱轴承润滑油更换频繁；发电机等大部件易拆卸，可维护性较好；无电刷、滑环，发电机维护工作量小	通用性较好
半直驱	中速齿轮箱	半直驱永磁	电机、增速箱连接结构复杂；增速箱双级行星，使用轴承多，可靠性低，效率低；发电机永磁体存在锈蚀可能	增速箱发电机集成安装不可拆，机舱与轮载不能相通，可维护性差	非标准化设计、通用性差，采购难

　　直驱式风电机组是由变桨距风轮直接驱动发电机发电，通过全功率变流器向电网馈电的风力发电系统（图 2.3）。无齿轮箱的直驱方式能有效减少由于齿轮箱问题而造成的机组故障，可有效提高系统运行的可靠性和寿命，减少风电场维护成本，因而直驱式风电机组逐步得到了市场的青睐。

　　直驱式风电机组有永磁和电励磁两种发电机形式：永磁形式，无需外部励磁，因此结构简单，但受限于稀土价格的影响；电励磁形式，通过转子绕定子实现与永磁体等效的工作磁场，但会产生一定的能量损耗。截至 2016 年年底，世界主流技术路线以永磁体励磁方式为主，少数厂商采用电励磁的形式。

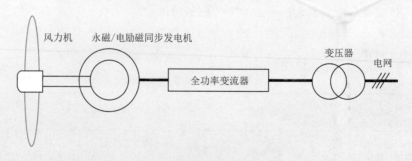

图 2.3　直驱式风力发电系统

双馈风力发电系统（图 2.4）是由发电机定子直接接入电网，转子通过一个功率变换器与电网相连，通过控制转子电流的幅值和频率，实现变速恒频发电。双馈机组中仅有转差功率经过变频器，充分发挥了双馈发电机以小博大的优点，所以变频器容量小，价格低，并且机组的谐波小。

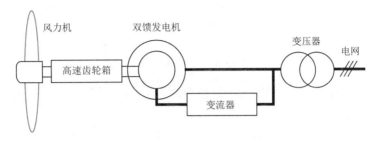

图 2.4　双馈风力发电系统

鼠笼异步发电机（图 2.5）与双馈异步发电机相比，转子采用鼠笼式铜棒结构，省去了滑环系统，发电机结构简单，通过先整流再逆变的方法实现了变速恒频，具有变速运行范围宽的优点，适用于风速变化较大的环境，而且维护简单。

高速永磁同步发电机（图 2.5）的"高速"是相对于直驱永磁的低转速而言的，定子绕组接全功率变流器。它与双馈异步发电机的主要区别在于，其转子采用永磁体励磁，减少了励磁损耗，效率高；省去了滑环系统，故障率降低，可靠性提高。此外，高速永磁同步发电机还具有低电压穿越能力强的特点，因此高速永磁风电机组因其良好的综合性能，在大功率海上风电市场中有更好的发展。

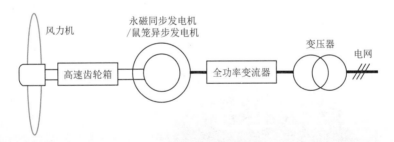

图 2.5　鼠笼异步/高速永磁发电系统

半直驱永磁式风电机组（图 2.6）是由变桨距风轮驱动中速齿轮箱，再由齿轮箱驱动永磁发电机发电，通过全功率变流器向电网馈电的风电系统。半直驱永磁风电机组同时兼备双馈风电机组（机舱体积小、重量轻、成本低等）与直驱风电机组（传动链结构简单、可靠性高、维护简单、发电效率高等）两方面的技术优势，已然成为风电技术研发的热点，备受风电市场青睐。

2.3.2　参赛机组的技术路线

截至 2016 年年底，双馈异步发电机变速恒频风电机组是世界上技术最成熟的变速恒频风电机组。但是由于直驱式、半直驱、高速永磁风电机组技术的不断成熟和发展，双

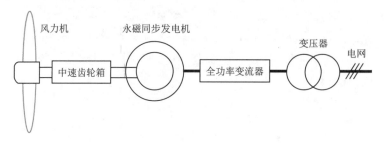

图 2.6　半直驱发电系统

馈异步发电机变速恒频风电机组的竞争性将不断下降，预计到 2030 年以后，此类风电机组将逐步退出风电市场。

　　试验风电场最后选定的 8 家机组供应商，各机组供应商风电机组技术型式代表了未来最主流的海上风电技术路线，高速传动、直接驱动、中速传动均有代表机型，分别是高速齿轮箱＋永磁发电机＋全功率变频、直驱永磁式发电机组＋全功率变频、中速齿轮箱＋永磁发电机＋全功率变频的技术路线组合。

2.3.2.1　高速传动技术（高速齿轮箱机组）

1. 太原重工 TZ5000/153

　　太原重工推荐 TZ5000/153 机组参与试验风电场建设，其机舱结构见图 2.7。发电机组采用铸造主轴＋单个双列圆锥轴承支撑＋高速齿轮箱（三级，速比 120）＋永磁同步电机（6 极）＋全功率变频的方案。齿轮箱采用内齿圈旋转的行星结构，传动链短、结构紧凑，增速齿轮箱仅承受扭矩，无附加载荷，技术先进。

　　风力发电机组采用 2 台 2.5MW 水冷全功率变流器。2 台变流器可独立驱动、独立运行，对电网有良好的适应性。

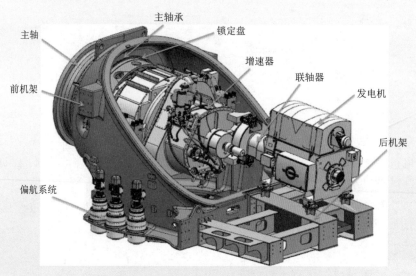

图 2.7　TZ5000/153 机组机舱结构示意图
（引自《太重 TZ5000/153 机型维护手册》）

2. 中国海装 H128 - 5.0MW

中国海装推荐参与试验风电场的机型为 H128 - 5.0MW，其机舱结构见图 2.8。机组采用大轴承支撑传动链结构＋高速齿轮箱（三级，速比 97.1）＋永磁同步电机（6 极）＋全功率变频器技术路线。采用整体铸造主机架，采用大轴承形式实现两点支撑。传动链结构设计紧凑，其机架采用铸造结构更为合理。

机组电网适应能力强，特别考虑电网电压不平衡时可抑制电流不平衡提高电网的稳定性。机组发电系统采用冗余设计：发电机采用双星型、无相差结构，两套绕组独立。每套绕组及其配备的变流器均可独立控制运行，保障机组运行的稳定。

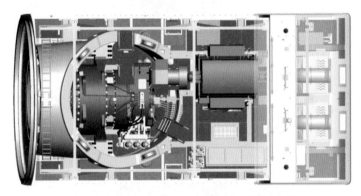

图 2.8 H128 - 5.0MW 机组机舱结构示意图

（引自《明阳 H128 - 5.0MW 机型维护手册》）

3. 东方电气 DEW - G5000

东方电气参与试验风电场建设的机型是 DEW - G5000，图 2.9 给出了它的机舱结构示意图。机组传动链采用两点支撑＋高速齿轮箱（三级，速比 90.39）＋永磁同步电机（6 极）＋全功率变频方案。该方案采用两点支撑和 6 极电机，对齿轮箱输入级和输出级都进行较好的保护，经过海上样机和陆上机组传动链形式的充分验证，此类型传动链相对成熟和可靠。

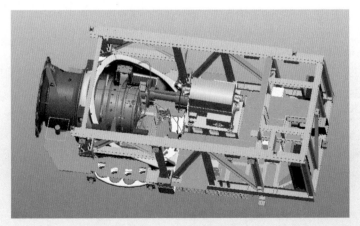

图 2.9 DEW - G5000 机组机舱结构示意图

（引自《东方电气 DEW - G5000 机型维护手册》）

电气系统采用全功率变频方案，可以较好适应电网要求。随着电网要求越来越高，电气选取双回路冗余设计，提升机组运行的可靠性。

2.3.2.2 直接驱动技术（直驱机组）

1. 金风科技 GW154/6700

金风科技参与试验风电场的机型是 GW154/6700，机组机舱结构示意见图 2.10。机组采用单个双列圆锥滚子轴承结构＋直接驱动＋外转子多极永磁同步发电机＋全功率变频并网的总体设计方案。双列圆锥滚子轴承，使得发电机的轴向尺寸更为紧凑，同时维护人员可以轻松通过发电机内部进入叶轮进行作业。发电机采用多极外转子永磁同步发电机，叶轮直接同发电机转子连接。发电机采用多极永磁同步电机，具有结构简单、运行可靠、效率高、体积小等优点。机组的全功率变频系统采用 AC-DC-AC 变换方式，将发电机发出的低频交流电经整流转变为直流电（AC/DC），再经 DC/AC 逆变器变为与电网同频率、同幅值、同相位的交流电，最后经变压器并入电网，完成向电网输送电能的任务。

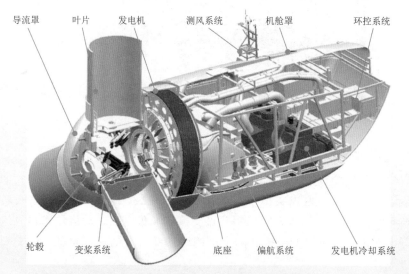

导流罩　叶片　发电机　测风系统　机舱罩　环控系统

轮毂　变桨系统　底座　偏航系统　发电机冷却系统

图 2.10　GW154/6700 机组机舱结构示意图

（引自《金风科技 GW154/6700 机型维护手册》）

2. 湘电风能 XE140-5000

湘电风能推荐 XE140-5000 机组参与试验风电场建设，其机舱结构见图 2.11。机组采用三列圆柱滚子大直径轴承结构＋直接驱动＋超低速多极永磁中压同步发电机＋全功率变频的总体设计方案。主轴承采用三列圆柱滚子大直径轴承，保持架受载良好，无弯矩影响，受保持架失效导致的损坏风险低。

机组的全功率变频系统采用 AC-DC-AC 变流方式，将发电机发出的低频交流电经整流转变为脉动直流电（AC/DC），再经 DC/AC 逆变器变为与电网同频率、同幅值、同相位的交流电，最后经变压器并入电网，完成向电网输送电能的任务。

3. 上海电气 SWT-6.0-154DD

上海电气推荐采用 SWT-6.0-154DD 机组参与试验风电场建设，其机舱结构见图 2.12。机组采用双列圆锥滚子轴承支撑结构＋直接驱动＋多极永磁体励磁的同步发电机。

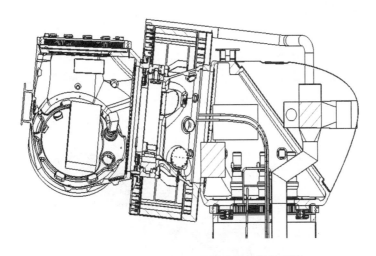

图 2.11 XE140 - 5000 机组机舱结构示意图

（引自《湘电风能 XE140 - 5000 机型维护手册》）

主轴采用中空的球墨铸铁且为中空结构，以便向叶片变桨距系统传输动力和信号。发电机安装在风轮与塔筒之间。转子通过驱动端的一个单轴承支撑，定子固定在一个定轴上。定轴是一个空心的铸件更方便进入轮毂。

机组能够在高压电网实现低压穿越，残留电压瞬时跌落至 0 时可维持 850ms，15% 时可维持 1.6s，70% 时可维持 2.6s。机组在低压穿越中的无功电流注入可满足最苛刻的要求，以及对称和非对称故障的要求。

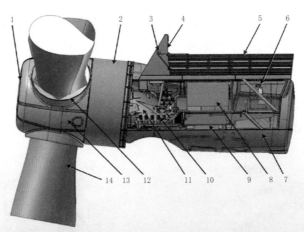

序号	名 称	序号	名 称	序号	名 称
1	导流罩	6	机舱维护吊车	11	前机架
2	发电机	7	机舱罩	12	叶片轴承
3	测风仪和航空灯	8	变流器	13	轮毂
4	自然通风冷却	9	变压器	14	叶片
5	直升机起降平台	10	偏航齿轮箱		

图 2.12 SWT - 6.0 - 154DD 机组机舱结构示意图

（引自《上海电气 SWT - 6.0 - 154DD 机型维护手册》）

4. GE Hailide 150 - 6MW

GE 参与试验风电场建设的机组是 Hailide 150 - 6MW，它的机舱结构见图 2.13。机组采用单个法兰接口发电机到风电机组结构＋直接驱动＋三转子永磁同步发电机。每个转子与一个低压三段变频器相连。在此设计下，可在机舱内更换磁块。变频器由 3 个相同、平行的低压变频器组成，变频器能够调节和注入从发电机到输电网的电量。

GE 风电机组和风电场控制设计满足频率和电压的动态控制以及有功和无功功率。

图 2.13　Hailide 150 - 6MW 机组机舱结构示意图

（引自《GE Hailide 150 - 6MW 机型维护手册》）

2.3.2.3　中速传动技术（半直驱机组）

明阳电气采用中速传动技术，参与试验风电场建设的机型是 MySE5.5 - 140。机组采取主机架弯头结构＋中速齿轮箱驱动（两级行星，传动比 23.187）＋永磁同步发电机＋全功率变频的技术路线。该技术路线避免了传统双馈机型高速齿轮箱故障率较高的弊端，同时保留了永磁同步发电机优良的低电压穿越能力和电网支撑能力。机舱弯头为铸造结构，由球墨铸铁制作而成，具有良好的吸振性。机舱弯头支撑整个机舱结构，同时又起到机舱罩的作用，其机舱弯头结构见图 2.14。

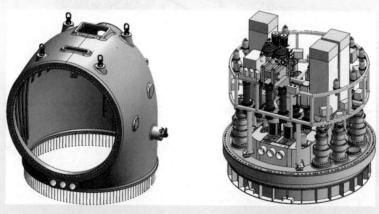

图 2.14　MySE5.5 - 140 机组机舱弯头结构示意图

（引自《明阳 MySE5.5 - 140 机型维护手册》）

发电机输出六相变压、变频的交流电，通过六相整流器、升压调整器、并网逆变器，得到定频（同步电网频率）、定压的交流电，经过并网开关连接到并网变压器，最后将电能送入电网。本机组使用了先进的功率变频器（采用 IGBT 开关器件）来保证发电系统在风速或风轮转速范围内的高效性。

2.4 海上风电机组测试评价标准

大容量海上风电机组的设计使用寿命一般不小于 25 年。理论上最为准确的试验及测试评价需要收集机组整个生命周期的完整数据开展分析，但这显然是不符合实际的。自2015 年开始，海上风电机组研发不断推陈出新，机型评价所依托的现场试验及测试一般只能来源于 1 年左右的实际运行时间。为使评价工作更加科学和完整，除了现场测试、验证及运行数据分析之外，开展机组技术资料的审核和评判，并对制造厂商的技术实力和质量管理体系进行调研和评价也具有重大意义。

为更好实现样机试验风电场提升大容量机组技术发展的目标，三峡集团公司委托上海勘测设计研究院有限公司（以下简称：上勘院）开展"抗台风型海上风电机组测试评价关键技术"企业科研项目，上勘院组建了专项技术小组，与国内外知名的风电机组测试认证机构开展了充分的技术交流和咨询，并与样机风电场各主机制造商开展了多轮次的沟通交流，制定了福清兴化湾样机试验风电场风电机组科研测试评价方案，确定了技术资料审核、机组现场测试验证、考核期运行数据分析、企业及机组概况评价为第一准则层评价要素。

根据试验项目制定的第一准则层的评价要素，考虑到大容量海上风电机组的特点以及特殊的外部环境条件，专项技术小组制定了 28 个第二准则层的评价指标，重点开展以下测试评价工作：

（1）基于激光测风雷达的应用对各机型的功率曲线进行测试，并验证供应商提供的保证功率曲线。

（2）在台风期间大风速下对各型号机组的机械载荷进行测试，测试结果在对应工况下与制造商设计仿真的计算结果相互验证和比对，并结合抗台风策略的分析研究，评估机组的抗台风安全性能。

（3）通过必要的工厂审查，通过各渠道收集数据，对制造商的技术成熟度、市场认可度和海上风电机组生产制造能力等进行评判。

（4）通过对机组设计说明和部件检测报告等技术文件资料的分析、服役环境和防腐措施的检测、运行数据和设备环境失效的分析等手段评估机组在特定海洋环境的适应性能。

（5）通过运行数据的收集和统计，来分析机组的发电性能和可靠性。

评价指标制定完成后，课题组以发放调研问卷的形式征集业内各细分领域专家对同一准则层不同评价要素（指标）间相对重要性的判断，专家咨询的本质在于把渊博的知识和丰富的经验，借助于对众多相关评价要素的两两比较，转化成决策所需的有用信息，独立开展的专家调研消除了专家互相之间的相互影响。调研回收有效的专家调研问卷 23

份，其中主机制造厂专家 6 份、测试认证机构专家 3 份、业主专家 2 份、运维专家 4 份、设计单位 3 份、研究机构 5 份。根据专家调研结果的统计分析，运用模糊综合评判法建立了判断矩阵，通过计算及一致性验证得到了各评价要素（指标）的权重值。

项目综合考虑机组抗台风安全性能、发电性能、环境适应性能、可靠性等方面表现，通过模糊层次分析法建立科学、合理的整机评价模型和定权、评分准则创新体系（具体的测试评价方法参见本书第 7 章），实现对各型号机组综合性能的定性、定量评价，为后续各机组的进一步改进、提升提供科学依据。

2.5　经验与总结

通过回顾欧洲海上风电机组大型化的发展，发现海上风电机组大容量化是今后海上风电机组发展的必然趋势。我国海上风电已实现了 5MW、6.7MW 等大容量海上风电机组国产化，8～10MW 以上特大型海上风电机组已完成概念设计和关键技术研究。

基于上述背景，三峡福清兴化湾样机试验风电场确定参赛机组单机容量不低于 5MW。经过样机供应商的选择，最终确定太原重工、中国海装、湘电风能、金风科技、明阳电气、GE、上海电气、东方电气 8 家厂商的 14 台机组参与同台竞技。这些机组涵盖了世界上最主流、最先进的技术路线，针对试验风电场区域的台风、高温、盐雾等特殊环境具有独特的设计方法和运维策略，符合广泛性、代表性、先进性、适应性、可持续性、可靠性机组选型原则。

为全面客观地对参赛机组的各种性能进行评价，开展了"抗台风型海上风电机组测试评价关键技术"项目研究。综合考虑机组抗台风安全性能、发电性能、环境适应性能、可靠性等方面表现，通过模糊层次分析法建立科学、合理的整机评价模型和定权、评分准则创新体系，实现对各型号机组综合性能的定性、定量评价，可为各机组的进一步改进、提升提供科学依据，也为参赛各机组的性能评价提供了标准和方法。

第3章

项目 筹 备

在海上风电场建设开始之前,先要完成项目筹备工作,主要包括海上风电规划、申请项目开发权和申请项目核准三个阶段。试验风电场选址在兴化湾规划场址 A 区范围内,海上风电规划和项目开发权申请工作前期已经完成。本章主要介绍项目核准阶段的主要筹备工作,对海上风电规划和申请项目开发权的部分内容做简要介绍,具体从试验风电场场址选择及其自然条件、科研立项、技术论证报告、核准批复、其他行政批复或许可等方面进行阐述。

3.1 试验风电场场址

3.1.1 场址选择

2015 年 6 月,三峡集团、福清市政府和金风科技签署合作协议,明确在福清市江阴工业区建设福建三峡海上风电国际产业园。2016 年 2 月 22 日,福建省发展和改革委员会(简称:福建省发展改革委)召开协调会,明确为加快遴选企业加入风电产业园,同意依托福清兴化湾海上风电场建设样机试验风电场,开展样机测试工作。试验风电场选址在福清兴化湾有三点优势:①兴化湾样机试验风电场和福建三峡海上风电国际产业园都位于福清市境内,产业园与试验风电场距离不超过 15km,便于开展后期机组检测、测试工作;②产业园和海上风电场同时建设,能够得到福州市、福清市的全力支持;③该场址测风资料完整,具备迅速开展可研编制的条件,提高样机测试比选的准确性。

样机试验风电场位于兴化湾规划场址 A 区范围内,其总平面布置如图 3.1 所示。参赛的 14 台样机布置在福清市三山镇东南侧和沙埔镇牛头尾西北侧之间的海域,场址中心距岸线约 3.0km,机位水深 5~15m,平均水深 10m。

3.1.2 自然条件

3.1.2.1 风能资源

场区 90m 高度处年平均风速为 8.2m/s,对应的年平均风功率密度为 548.4W/m²,

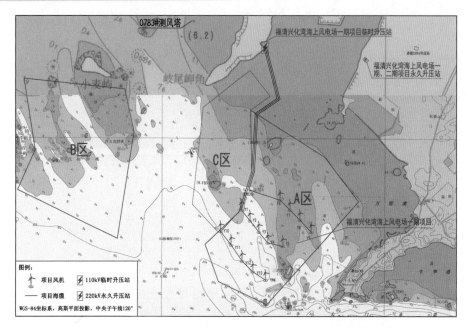

图 3.1　福清兴化湾风电场总平面布置图

（引自《福清兴化湾海上风电场一期（样机试验风场）项目可研报告》）

风功率密度等级为 5 级，有效风（风速 3～25m/s）小时数为 8129h。风向主要集中在 NNE 和 NE 方向，占全部风向的 78.64%；风能主要集中在 NNE 和 NE 方向，占全部风能的 89.57%。历史上台风从平海湾海域直接正面登陆较多，台风中心距离本场区较近，影响较大。

3.1.2.2　海洋水文

水文观测站、潮位观测站和海洋环境观测站的位置分别见图 3.2 和图 3.3。场区所在海域 $P=2\%$ 设计极端高潮位为 5.51m，$P=2\%$ 设计极端低潮位为 −4.05m。场址处高潮累积频率 10% 设计高潮位为 3.16m，低潮累积频率 90% 设计低潮位为 −2.96m。所在海域 3m 代表水深 50 年一遇极端高潮位情况下的平均波高 H 为 1.05m，波高 $H_{1\%}$ 为 2.33m，平均周期 T 为 10.10s，平均波长 L 为 63.57m；5m 代表水深 50 年一遇极端高潮位情况下的平均波高 H 为 1.89m，波高 $H_{1\%}$ 为 4.21m，平均周期 T 为 9.90s，平均波长 L 为 86.83m。场区内大部分海床处于稳定状态，仅部分区域存在冲刷现象。

3.1.2.3　工程地质

场区机位多位于水下岸坡地貌的单元上，近岸处地形陡峻。工程场区的地震动峰值加速度为 0.10g，相应地震基本烈度为Ⅶ度，地震动反应谱特征周期按软弱场地土为 0.45s，设计地震分组为第三组。场地地基土的类型总体为软弱土，场地类别总体判为Ⅱ类，为建筑抗震不利地段。地下水主要为孔隙水和裂隙水，局部具有承压特性。海域内海水对钢结构具有中等腐蚀性、对钢筋混凝土结构具有结晶类中等腐蚀性。场地淤泥类土对钢筋混凝土结构中的钢筋具有弱～强腐蚀性，场地淤泥类土对混凝土具有弱～中等腐蚀性。应按相关规范采取防腐蚀措施。风电机组基础型式可按机位的实际地质条件选用桩基或其他基础型式，持力层可选用强～弱风化基岩。场区内暗礁对基础选型不利，

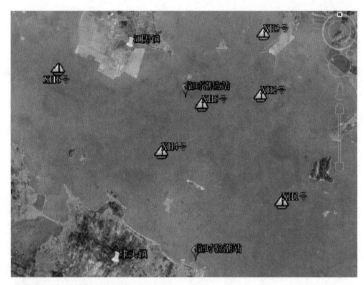

图 3.2　水文观测站和潮位观测站位置

（引自《福建福清兴化湾 300MW 海上风电工程海洋水文分析计算专题分析报告》）

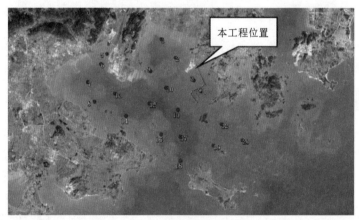

图 3.3　海洋环境观测站位置

（引自《福建福清兴化湾 300MW 海上风电工程海洋水文分析计算专题分析报告》）

饱和砂土层在Ⅶ度地震作用可产生液化，场区表层地基土受海洋水动力作用的影响较大。

3.2　科研立项

海上风电项目的核准涉及海洋、海事和电力等多部门，一般需要两年左右的时间，这将直接影响项目建设的目标。为尽快开展福建三峡海上风电国际产业园入园企业遴选，加快产业园建设进度，迅速形成产能，2016 年 2 月 22 日，福建省发展改革委召开协调会，明确同意依托福清兴化湾海上风电场建设样机试验风电场，并要求福清海峡发电有限公司（简称：福清海峡发电公司）衔接福建省科技厅开展样机科研立项工作。

2016 年 3 月，海峡发电有限责任公司（简称：海峡发电公司）同福建省科技厅、福清市人民政府共同签署《科技合作框架协议》，共同推进海上风电产业科技创新合作、海上风电科技创新平台建设和海上风电有关技术工程化研发。福建省科技厅指导三峡集团开展海上风电样机试验风电场的科研立项、实施、评审和验收工作。

2016 年 6 月，福建省科技厅下达福建省海上风电科技创新平台项目建设计划的通知，明确将福建省海上风电科技创新平台建设列入 2016 年度福建省科技计划。

科研立项后，项目招投标、施工现场各项准备工作全面启动。

3.3　技术论证报告

海上风电项目前期技术论证报告的编制和审查是办理行政审批的重要依据，各项技术论证报告间相互引用、相互印证，需统筹考虑报告编制及审查节奏。样机试验风电场项目在预可研阶段、核准阶段、开工准备阶段前后共编制完成了可研阶段专题 8 个、海洋专题 7 个、海事专题 6 个、陆上集控中心专题 5 个、送出工程专题 5 个。项目位于兴化湾湾内，涉及航道及湿地，除一般海上风电项目编制的常规论证报告外，本项目还开展了《航道通航条件影响评价报告》及《湿地生态功能影响评价报告》2 项技术论证报告编制工作。

3.3.1　海洋专题

3.3.1.1　冲淤变化

通过《海域使用论证》和《海洋环境影响报告书》中相关论证，结果表明项目建设没有明显改变工程区海域的潮流流态，工程区附近水域的流速变化较小，工程建设对平均流速的影响在工程区附近局部范围内，其他水域流速基本不会受到工程的影响。

根据数模模拟，项目投运后，各机位所处海域淤积强度见图 3.4，变化并不明显。风电机组周边海域沿潮流方向发生淤积现象，而风电机组之间垂直于潮流主轴方向的周边海域存在冲刷现象。风电机组桩基 100～400m 范围内淤积厚度平均增加 0.03～0.07m；垂直涨落潮流方向，桩基两侧为弱冲刷，平均冲刷深度增加 0.02～0.06m，冲刷量变化很小。工程完善后第 1 年淤积幅度不超过 0.12m，冲刷幅度不超过 0.1m。随着冲淤过程的深入和场区地形向适应工程后水动力环境方向的调整，冲淤强度将逐年较小。随着时间的推移，在经过一段时间的调整适应后，泥沙冲淤强度将逐渐减弱，逐渐恢复到自然淤积状态。局部冲刷现象可通过开展运营期海洋环境跟踪监测进行持续观测。

3.3.1.2　底栖生物影响

风电机组基础和电缆铺设等施工时将产生悬浮物扩散，对周边养殖区会产生一定影响，此影响随施工结束而逐渐消失。施工人员生活污水和施工船舶污废水按照环评要求做好回收，在正常情况下不会对海域环境造成影响。

3.3.1.3　水上、水下噪声监测

1. 施工期监测

2018 年 5 月 16—17 日，项目组对 Y5 机位的高桩承台风电机组基础施工中的水上、

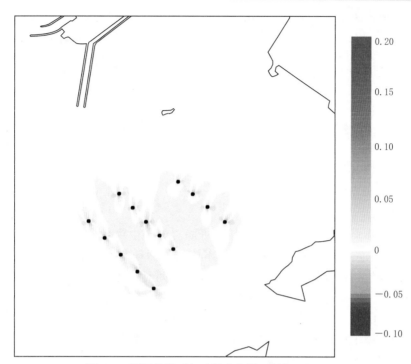

图 3.4 项目投运后年冲淤变化图（单位：m/a）

（负值代表冲刷，正值代表淤积）

（引自《福清兴化湾海上风电场一期（样机试验风场）项目海洋环境影响评价报告书》）

水下噪声进行了现场测量。监测期间船舶发电机关机，分别在距离 Y5 桩机 30m、370m、1540m 的 3 个位置进行了水上、水下噪声现场监测，其中测点 3（距离施工平台1540m）可视为背景噪声，施工平台与各测点之间的位置关系见图 3.5。

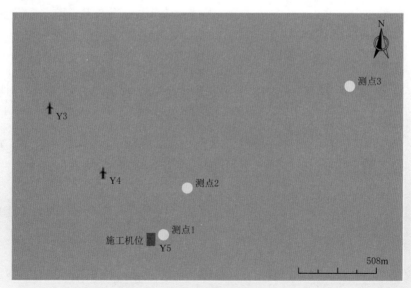

图 3.5 施工期噪声监测测点布置

（引自《福清兴化湾海上风电场一期（样机试验风场）项目施工期和营运期水下噪声监测报告》）

　　施工期水上噪声监测结果显示，在施工平台距离 30m 处，等效噪声级（A 计权）为 75.2dB，在 370m 处等效噪声级（A 计权）已降为 72.2dB。施工期海面上不同距离环境等效噪声级（A 计权）主要分布在 69～76dB，平均值为 72.8dB。最大声级（A 计权）为 110.7dB。在 20～20kHz 的频率分布范围内，各频带噪声级（A 计权）的最大动态幅度为 31dB。

　　施工期水下噪声监测结果显示，海面上环境等效噪声级主要分布在 69～82dB，最大声级为 121dB。在 20～20kHz 的频率分布范围内，等效连续 A 声级的动态范围为 13.0dB。海域海洋环境背景噪声谱级随着频率的增高而下降，在频率 20～20kHz 范围内噪声谱级的总动态变化幅度为 71dB，而对某一个特定的频率（如 100Hz），在不同测点的动态变化幅度也为 28dB。

　　根据目前国际上对连续存在的水下噪声可能对海洋生物行为干扰的安全级阈值设定 120dB 的导则要求，本项目所采用的一般水下施工等活动基本上不会在 20～20kHz 的分析频带内对海洋生物带来影响，声压谱级的分布区间是 134～54dB，并随着频率增高而减小，100Hz 以上频率的噪声声压谱级分布在 119dB 以下，500Hz 以上的声压谱级在 96dB 以下，1kHz 以上的声压谱级在 92dB 以下，而在 5kHz 以上的声压谱级在 79dB 以下。总体来说，施工期水下噪声由于风电机组噪声而引起的强度变化不大，与海域其他点测量到的海洋环境背景噪声场相近。

2. 运营期监测

　　2018 年 5 月 17 日，在一期项目已投产的 Y4 号风电机组附近开展运营期噪声检测，监测期间船舶发电机关机，分别在距离 Y4 桩机 20m、260m 和 1670m（背景噪声）的 3 处位置进行了运营期水上、水下噪声现场监测，其中测点 3（距离施工平台 1670m）视为背景噪声，Y4 机位与各测点之间的关系距离见图 3.6。

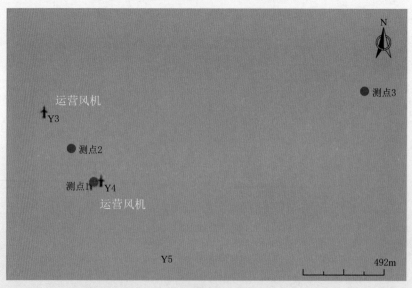

图 3.6　运营期噪声监测测点布置

（引自《福清兴化湾海上风电场一期（样机试验风场）项目施工期和营运期水下噪声监测报告》）

运营期水上噪声监测结果显示，海面上运营期等效噪声级（A 计权）主要分布在 68～74dB，平均值为 71.2dB。最大声级（A 计权）的平均值为 106.6dB。在 20～20kHz 的频率分布范围内，各频带噪声级（A 计权）的最大动态范围为 29dB。

运营期水下噪声监测结果显示，水下噪声由于风电机组噪声而引起的强度变化不大，基本上与海域其他点测量到的海洋环境背景噪声场相近，不会对该海域中其他海洋哺乳动物的行为活动产生影响。

3.3.1.4 环保项目

根据环评报告要求，项目在建设期、运营期开展了水环境保护、固废处理、渔业资源修复和鸟类保护等工作，具体项目详见表 3.1。

表 3.1　　　　　　　　　　　　环　保　项　目

序号	项　目	说　明
一	环境保护措施	
1	海洋生态资源修复	渔业资源、生态补偿
2	鸟类保护	鸟类救护、宣传教育等；叶片警示色等列入招标要求（视具体情况定）
二	环境监测措施	
1	海洋生态、海水水质等监测	施工期、验收
2	渔业资源监测	施工期、验收
3	施工期废水、大气、噪声等监测	
4	运营期水下噪声、电磁监测	
5	鸟类观测	按 5 年计
三	环境保护临时措施	
1	陆上施工辅助设施含油废水处理，施工期陆上生活污水处理	
2	固体废弃物处理	固废收集装置及清运处置费用
3	环境空气保护	洒水、宣传和管理
4	噪声影响减免措施	
四	独立项目	
1	环境保护建设管理	
2	竣工环保验收调查	
3	宣教及技术培训	
4	施工期环境监理	采取定期巡视
5	科研勘测设计咨询	噪声对石首鱼科鱼类影响等研究
6	环境影响评价及环境保护设计	
7	科研设计	

注：引自《福清兴化湾海上风电场一期（样机试验风场）项目海洋环境影响评价报告书》。

3.3.1.5　总体结论

项目用海所在海域自然条件适宜，社会经济条件优良，项目用海与周边自然环境和社会条件较适宜；选址合理，用海方式、用海面积等符合有关法律法规，用海规模合理，项目用海与《福建省海洋功能区划（2011—2020 年）》相符，符合福建省、福州市相关产业发展规划的总体布局和发展方向，与海洋资源综合开发利用规划的要求相一致，从海域使用管理角度出发，本项目用海可行。

3.3.2　海事专题

项目开展了《航道通航条件影响评价报告》《海上安全分析报告》《通航安全评估报告》论证，项目场址与附近航道及习惯航陆上边线距离满足附近航道船舶航行要求，各风电机组间距、叶片最低点高程可满足附近海域穿行小型渔船、运营期间维护工作船及海上救助船舶等小型船舶航行安全的要求。

3.4　核准批复

海上风电项目核准阶段主要涉及规划选址意见、用地预审、用海预审和社会稳定风险评估等四个前置条件，主要工作流程见图 3.7。

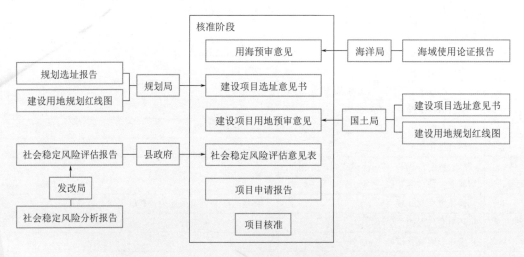

图 3.7　核准阶段工作流程图

2016 年 3 月，项目启动前期工作。2017 年 1 月取得建设项目选址意见书，2 月取得建设项目用地预审意见、社会稳定风险评估意见表、用海预审意见，3 月项目取得福建省发展改革委项目核准批复。

在项目核准阶段，共协调福建省政府、福建省发展改革委、福建省重点项目建设管理办公室、福建省海洋渔业局、福建省林业局、福建省港航局、福建海事局、国家海洋局东海分局、福州市政府、福州市发展改革委、福州市经济与信息化委员会、福州市海洋渔业局、福州市林业局、福州市国土局、福州市环保局、福州市港口局、福州海事局、福清市政府、福清市发改局、福清市海洋渔业局、福清市林业局、福清市规划局、福清市国土局、福清市环保局、福清市水利局、三山镇政府、沙浦镇政府等各级主管部门 27 个。

在办理单项前置性文件审批过程中，往往需要同时协调多个部门，使各部门、各单位达成一致意见。例如，海域使用论证报告审查会，邀请专家 7 名，海洋、海事、航道、各级地方政府有关单位和利益相关方 17 个，在审查会前需与各相关部门充分沟通，牵一发而动全身。

3.5 其他行政批复或许可

海上风电项目取得核准批复后，为满足整体开工建设的合规性，还需要办理海域使用权证、水上水下活动许可、接入系统等其他行政批复。项目开工准备阶段的工作流程见图 3.8。

3.5.1 用海审批及湿地影响论证

项目在办理用海审批过程中，编制了《湿地生态功能影响评价报告》，属福建省首例，解决了项目对湿地及鸟类影响问题。

按照 2017 年 1 月出台的《福建省湿地保护条例》第三十三条、第三十四条规定，项目涉及占用湿地的，建设项目的环境影响评价文件应当包括湿地生态功能影响评价，并遵循"占一补一，先补后占，占补平衡"的原则在湿地主管部门指定的就近地点恢复同等面积和功能的湿地。

在福建省林业厅的指导下，福清海峡发电公司委托福建省师范大学编制《湿地生态功能影响评价报告》，报告编制属福建省首例。报告通过模糊-信息"熵"模型将项目对湿地的影响进行量化，直观地将项目对湿地及周边生态的有利影响、不利影响数值化，并通过分析数值得出结论，从客观上论证本项目占用湿地的可行性，见表 3.2。经过论证，不仅得出了项目对湿地影响较小的结论，在运营期湿地功能下降 6.59％，更引申出项目建设对增加区域社会服务功能具有明显的社会效益，工程投产后，经济服务功能、社会服务功能分别上升 2.55％和 25.88％，为项目开发占用一定湿地的合理性提供有利支撑。

表 3.2　　　　　　　　　项目所涉湿地生态功能相对于建设前的变化幅度　　　　　　　　%

工程阶段	评价模型	景观生态功能	生态环境功能	经济服务功能	社会服务功能	综合评价指数
施工期	模型 A	−2.18	−31.53	−30.59	−29.88	−28.42
	模型 B	−3.83	−39.64	−27.08	−18.08	−32.22
	平均值	−3.01	−35.59	−28.84	−23.98	−30.32
运营期	模型 A	0	−10.03	8.46	33.54	−6.74
	模型 B	0	−11.92	−3.37	18.22	−6.43
	平均值	0	−10.98	2.55	25.88	−6.59

注：引自《福清兴化湾海上风电场一期（样机试验风场）项目湿地生态功能影响评价报告》。

项目《海洋环境影响报告书》引用了项目《湿地生态功能影响评价报告》中的主要评价内容和结论，于 2017 年 3 月通过专家审查，6 月取得福州市海洋渔业局出具的海洋环境影响报告书核准批复。

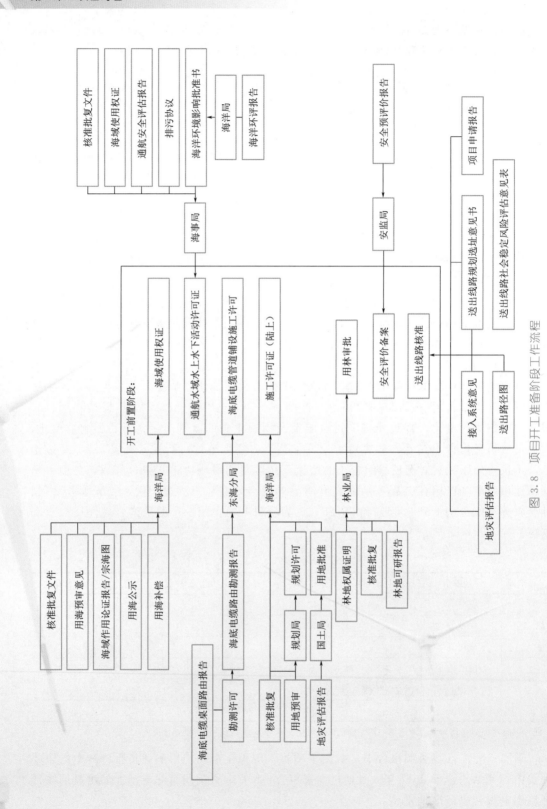

图 3.8 项目开工准备阶段工作流程

在福建省发展改革委、省海洋渔业厅、省林业厅大力支持下，2018 年 1 月，项目取得福建省政府下发的用海批复，2018 年 2 月取得海域使用权证书。

3.5.2 接入系统批复及电网变电站改造

在项目送出过程中，福建省首次由发电企业出资改造电网公司所属变电站，这一方式得到了福建省政府部门、国网福建省电力公司的高度认可。

3.5.2.1 1 万 kW 阶段

2016 年初，项目永久送出线路"赤礁变—华塘变"（国网福建省电力公司投资建设）处于建设初期，最快要到 2019 年 9 月才会贯通。为达到样机试验风电场首批机组在 2016 年 12 月底并网发电的目标，在三峡集团公司、福建省发展改革委的大力协调下，在中国核工业集团有限公司（简称：中核集团）的支持下，项目借用福清核电厂 110kV 施工线路作为临时送出通道，待永久送出通道建成后再实施改接。为了论证借用福清核电施工线路的可行性，福清海峡发电公司委托福建省电力勘测设计院开展了试验风电场首批 2 台机组（1 万 kW）接入系统方案研究，该方案 2016 年 9 月取得福建省电力公司复函同意。2017 年 3 月，取得福建省电力公司经济技术研究院的审查意见。

3.5.2.2 3.6 万 kW 阶段

2017 年 6 月，随着样机项目风电机组吊装，需要更多的机组同时并网进行样机对比测试。福清海峡发电公司委托福建省电力勘测设计院深入分析福清核电 110kV 线路和华塘变的主变容量，最终从技术上判断，3.6 万 kW 分批经福清核电 110kV 施工线路送出可行，能暂时满足样机对比测试和入园企业机组选型需要。经福建省发展改革委再次协调，福建省电力公司同意 3.6 万 kW 项目借道福清核电 110kV 施工线路送出。考虑到华塘变 2 号主变的容量和电网安全性，福建省电力公司批复要求设置切机切负荷装置，且并网容量限制在 36MW，不允许变更机组。2017 年 8 月，3.6 万 kW 送出线路方案取得福建省电力公司的批复。

3.5.2.3 7.74 万 kW 阶段

随着一期项目 14 台机组全部吊装完成，全部机组并网迫在眉睫。由福清海峡发电公司出资对电网公司所属的 220kV 华塘变主变进行扩容改造，是本项目短期内全部送出的唯一途径。但由发电企业出资改造电网公司所属变电站在省内属于首例，沟通和协调难度极大。2018 年 4—6 月，福清海峡发电公司采取工程总承包的方式，委托福建永福电力设计咨询公司，通过改造福建省电力公司所属的 220kV 华塘变电站中的 2 号主变电站，借用福清核电 110kV 线路实现项目全部机组送出。2019 年 6 月 2 日，项目的全部 14 台机组成功并网发电。

在送出通道打通过程中，三峡集团、中核集团、国家电网公司全力支持配合，福建省发展改革委反复协调，成功改造电网公司所属变电站，属福建省首例。

3.5.3 水上水下活动许可

水上水下活动许可证，是项目开工前最后一关。办理水上水下活动许可证前应先取得核准批复、海域使用权证、环评核准意见、通航安全评估报告审查意见等。2016 年 10

月，项目通航安全评估报告通过福建海事局组织的专家审查。2017 年 6 月，项目通航安全评估报告取得福建海事局审查意见。同时，由施工单位中铁大桥局委托有资质的单位开展海上施工警戒方案编制工作，由福州海事局组织专家审查。2018 年 4 月，项目施工安全警戒方案通过福州海事局组织的专家审查。

取得海域使用权证后，试验风电场项目取得福州海事局下发的水上水下活动许可证。

第4章

项 目 设 计

4.1 招标设计

福清兴化湾样机试验风电场和传统的海上风电场相比，风电机组种类多、机型新、容量大，场址多台风、覆盖层浅，招标基于便于项目质量控制、项目进度控制和项目协调管理的原则进行设计。

项目主要包括设备采购、施工和安装及技术服务等分标，各分标具体内容参见表4.1。

表 4.1　　　　　　　　　样机试验风电场招标采购一览表

序号		招 标 内 容
1	设备采购标	风力发电机组样机设备和塔筒及附属设备采购
2		110kV 预装式升压站 PC 工程
3		35kV 海底光电复合电缆及附件采购
1	施工和安装标	风电机组基础与风电机组安装及 35kV 海缆敷设施工
2		110kV 送出线路 EPC 工程
1	技术服务标	勘测设计
2		工程监理
3		塔筒及钢管桩检测
4		风电机组基础及塔架结构安全监测
5		进口设备代理服务
6		安全稳定控制专题研究报告编制及评审服务
7		柴油发电机组租赁
8		涉网电力监控系统等级保护测评
9		航标工程设计
10		电能质量评估

4.2 基础设计

风电机组从陆上走向海洋，单机容量不断提升，环境载荷影响也比陆上更为恶劣。海上风电机组不仅受到风、波浪和海流的作用，还需考虑海床冲刷、海生物、船舶撞击、水位变化等作用。试验风电场所在海域还频繁遭受强台风作用，另外尚需要考虑可能遭遇地震作用。

4.2.1 环境载荷

4.2.1.1 设计风能参数和载荷

试验风电场位于福建海域，地处台湾海峡附近，受益于狭管效应的影响，风能资源十分丰富。

风能参数对于机组基础设计的影响，一是极端风速对基础的桩基承载能力影响较大，二是正常风速和集中风速影响整体结构基础的疲劳强度。

1. 风能参数实测

试验风电场共设立了 1 座测风塔，具体位置见图 4.1。测风塔位于风电场西北侧鲎屿岛上，海拔高度 10m，于 2015 年 11 月建成。测风塔的总高度 80m，距离风电场最近距离约 6.5km，最远距离约 9.7km。测风塔测得风参数作为基础设计的参考。

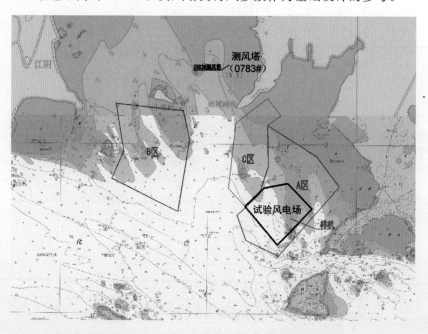

图 4.1 测风塔位置

（引自《福清兴化湾海上风电场一期（样机试验风场）项目可研报告》）

收集到 2015 年 11 月至 2017 年 5 月期间的测风塔数据，对测风数据完整性、合理性、趋势性及相关性等进行检验分析，选取 2016 年 1 月 1 日至 12 月 31 日一个完整年进行风能资源评估和基础设计。

参考周边平潭气象站近30多年长序列数据，对测得年测风数据进行分析，得到风电场风能频率玫瑰图（图4.2），风能资源的方向集中在 NNE 和 NE 方向。试验风电场 10m 和 90m 高度处具体风速情况参见表4.2。

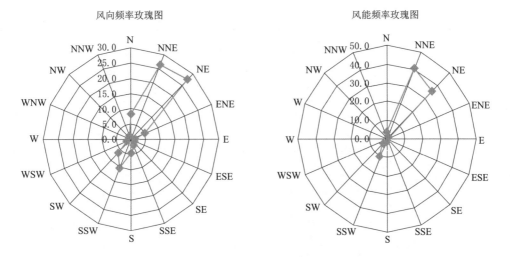

图 4.3 试验风电场 90m 高度处全年风向、风能频率玫瑰图

（引自《福清兴化湾海上风电场一期（样机试验风场）项目可研报告》）

表 4.2 试验风电场处的风速 单位：m/s

风电场	重现期风速	10m 高度		90m 高度	
		10min 平均	3s 阵风	10min 平均	3s 阵风
福清兴化湾	1 年重现期	19.31	26.66	24.15	33.32
	50 年重现期	39.20	54.10	49.00	67.62

注：引自《福清兴化湾海上风电场一期（样机试验风场）项目可研报告》。

2. 台风

试验风电场地处我国东南沿海，濒临太平洋，每年夏、秋两季台风活动频繁。台风登陆前后风向会有明显的变化，登陆前刮偏北风，登陆后转向南风，台风中心也随着消失或远移。台风强度大，持续时间长，沿海地区风力一般达8～12级，岛屿可达12级以上。收集到 1949—2015 年间，距离兴化湾场区 300km 范围内的所有热带气旋样本共 240 个，其中登陆福建东山至浙江苍南的热带气旋共有 133 个。登陆热带气旋的主要路径有西北行和东北行两种类型，且大多数是西北行，即先登陆台湾或从台湾南面和北面登陆；也有小部分是东北走向，沿海岸线北上并在该区域内登陆。影响试验风电场的热带气旋强度达台风等级的共 11 个，均没有达到强台风和超强台风等级。

综上可以看出，福建风资源虽然较好，但是极限风速较大，直接提升了风电机组的荷载量级，对基础设计和机组设备等结构的安全运行提出了更高要求，也直接影响了建设期工程造价。

4.2.1.2　海洋水文

海洋水文数据影响基础布置高程和结构尺寸，同时也影响基础靠泊。

1. 海洋水文资料

设计潮位及波浪参数分别见表 4.3 和表 4.4。

表 4.3　　　　　　　　　　　　　设计潮位表

水　位	高程/m	水位	高程/m
50 年一遇高潮位	5.13	设计低潮位	−2.98
设计高潮位	3.53	50 年一遇低潮位	−4.36

注：引自《福清兴化湾海上风电场一期（样机试验风场）项目可研报告》。

表 4.4　　　　　　　　　　　　　设计波浪参数

方向	$H_{1\%}$/m	平均波高/m	平均周期/m	H_{max}/m	波长/m
E（ESE）	2.77	1.25	11.1	3.48	70
SE（SSE）	2.64	1.18	10.1	3.31	68
S（SSW）	3.15	1.42	9.9	3.96	75

注：引自《福清兴化湾海上风电场一期（样机试验风场）项目可研报告》。

由于工程位于兴化湾内，风电机组荷载对基础设计起着主导作用，水位的变化和波高的变化不对基础安全造成决定性影响。

2. 潮流

兴化湾湾口有南日岛等大量岛屿，阻塞出入兴化湾的潮波行进，造成湾内外潮位有明显的相位差，导致周期性的湾内外水位落差，使得潮流最大流速增大。因此，兴化湾虽位于半日潮驻波波腹区，但其潮流仍然较强；涨潮流最大流速出现时间提前，落潮流最大流速出现时间滞后。兴化湾涨潮流分别由南日水道和兴化湾水道涨入，从东南往西北流向湾内，然后流到江阴岛东、西港，落潮流则相反，具体的潮流流向分布参见图 4.3。实测最大流速、流向因地而异，流向一般与当地等深线走向一致，实测最大流速一般出现在次表层或表层，往下递减，底层流速最小。最大流速通常出现在湾口附近，向湾顶逐渐减小，湾顶流速最小；深槽水域的流速也较大，向两侧逐渐减小，岸边流速较小。由于兴化湾样机位置处于遮蔽区域，且位于水道口，导致场址处的流向较乱，对基础施工和靠泊设计影响较大。兴化湾样机的潮流总体流向是东南—西北，但是角度偏差也较大，会影响后期运维。

实测资料表明，大潮期，落潮流最大流速为 103cm/s，涨潮流最大流速为 93cm/s；中潮期，落潮流最大流速为 76cm/s，涨潮流最大流速为 83cm/s；小潮期，落潮流最大流速为 67cm/s，涨潮流最大流速为 63cm/s。对于浅水区，流速对基础主体结构的受力可以忽略不计，但影响靠泊方位设计。

4.2.2　工程地质

随着近年福建和广东的海上风电大规模开发，发现该地区场址的地质与江苏、上海

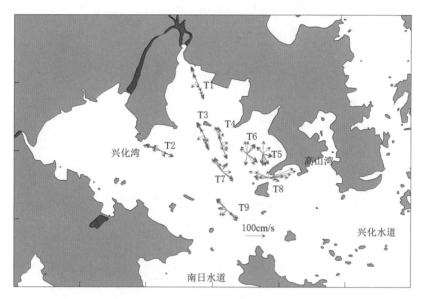

图 4.3　兴化湾潮流流向分布

（引自《福建福清兴化湾 300MW 海上风电工程海洋水文分析计算专题分析报告》）

地区有较大不同。江苏、上海地区通常以深厚软土为主，而福建和广东近海部分的海床面以下一定深度即为基岩。

4.2.2.1　钻孔布置

为更准确地探明机位处地质分布和基岩面走势，降低施工风险，建设期间每个机位的钻孔数量为 3 个，钻孔均匀布置在半径为 13m 的圆周上，见图 4.4。

4.2.2.2　地质状况

试验风电场场址为典型的浅覆盖层地质，由于本风电场采用的都是单机容量 5MW 以上的大容量机组，桩基需要设计成嵌岩桩。

1. 地质分布

场址主要为海积海底阶地地貌，海底高程 −5.0～−17.0m，地形总体呈东北高西南低态势，地形坡度一般小于 1°。

场地主要地层从上至下分布为：

①淤泥质土：海积，深灰色，饱和，流塑，略臭，以淤泥质土为主，含少量粉细砂。

②粉砂：海积，深灰色，稍湿～饱和，松散，以粉砂为主，泥含量占 30%～35%。

③淤泥：海积，深灰色，饱和，略臭，流塑，质较纯，含少量贝壳、有机质。

④粉质黏土：海积，灰绿色，稍湿，可塑，土层较均一，以粉黏粒组成，干强度中等、韧性中等。

⑤−1 含泥中粗砂：海积，深灰色，稍湿～饱和，松散，以中砂为主，泥含量占 30%～35%，中砂颗粒较均匀，似棱角状。

⑤−2 含砾中粗砂：海积，浅灰色，稍湿～饱和，以中粗砂为主，含量占 50%～55%，粗砂含量占 40%～45%，中砂含量占 10%～15%，泥含量占 20%～25%，砾含量

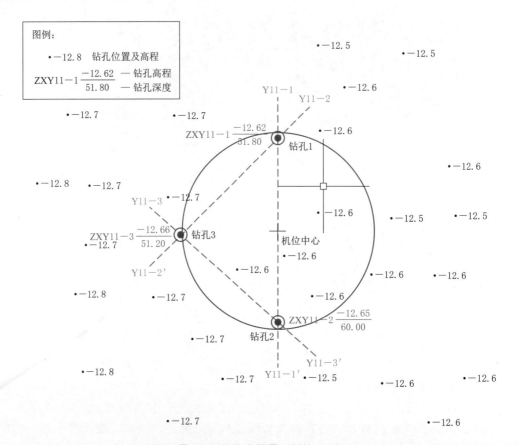

图例：

• −12.8 钻孔位置及高程

ZXY11−1 $\frac{-12.62}{51.80}$ ── 钻孔高程
── 钻孔深度

图 4.4　钻孔布置图（单位：m）
（引自《福清兴化湾海上风电场一期（样机试验风场）项目工程地质勘察报告》）

占 10%～15%，砾为角砾，碎石粒径 2～3cm。

⑥−1 全风化花岗岩：灰黄色，稍湿，可塑，母岩结构尚存，主要矿物成分石英、云母、长石，长石已风化成黏性土。

⑥−2 散体状强风化花岗岩：灰黄色，砂土状，硬塑，母岩为花岗闪长岩，母岩结构尚存，主要矿物成分石英、云母、长石，长石已风化成黏性土。

⑥−3 碎裂状强风化花岗岩：浅黄色，碎裂状，岩性为花岗闪长岩，母岩结构清晰，充填铁锰质。

⑥−4 弱风化花岗岩：灰白色，岩芯完整性差，呈碎块状、短柱状、局部长柱状。

2. 覆盖层

场址覆盖层较浅，基岩面埋深差异性较大，主要特点有：离岸越近，基岩面埋深越浅；同一机位，覆盖层厚度差异性大，岩石风化程度不一。图 4.5 为典型机位的土层分布剖面图，两个钻孔相距 8.5m。从图中可以看出，两个钻孔处散体状强风化花岗岩顶高程相差约 5.0m，强风化碎裂状花岗基岩面实际高差约 10.0m。表 4.5 给出了各机位的地质分布情况。从表中可知，机位处海床面起伏最大相差约 10m，整个场址覆盖层厚度、强风化散体状厚度以及基岩面高程差异性较大。

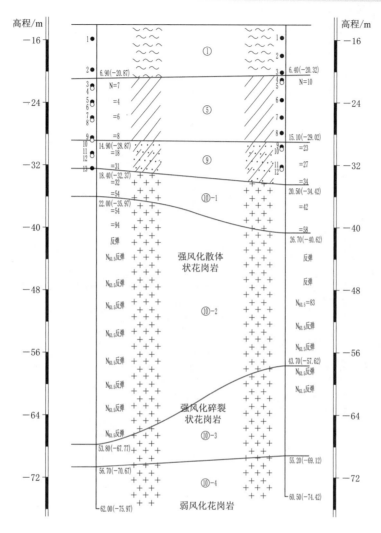

图 4.5 典型机位处土层分布剖面图（单位：m）

（引自《福清兴化湾海上风电场一期（样机试验风场）项目工程地质勘察报告》）

表 4.5　　　　　　　　　试验风电场各机位处地质分布情况　　　　　　　　单位：m

机位	桩号	泥面高程	散体强风化岩顶高程	碎裂强风化岩顶高程	弱风化岩石顶高程
Y1	Y1-1	-8.87	-26.47	-43.57	-55.57
	Y1-2	-8.85	-26.15	-36.25	-56.15
	Y1-3	-8.82	-26.72	-40.02	-53.82
Y2	Y2-1	-10.67	-26.57	-50.67	-52.07
	Y2-2	-10.78	-25.08	-50.78	-59.88
	Y2-3	-10.60	-30.1	-53.00	-59.90
Y3	Y3-1	-13.83	无	-36.73	-37.13
	Y3-2	-13.84	-27.54	-34.84	-37.54
	Y3-3	-13.75	无	-36.05	-46.25

机位	桩号	泥面高程	散体强风化岩顶高程	碎裂强风化岩顶高程	弱风化岩石顶高程
Y4	Y4-1	-9.72	-13.32	-43.52	-46.72
	Y4-2	-9.77	-13.47	-34.77	-36.07
	Y4-3	-9.84	-15.44	-43.52	-46.72
Y5	Y5-1	-5.60	-29.20	-54.40	-61.00
	Y5-2	-5.67	-30.37	-53.87	-62.07
	Y5-3	-5.65	-32.25	-53.85	-60.45
Y6	Y6-1	-5.68	-21.08	-35.68	-55.68
	Y6-2	-5.71	-24.31	-40.71	-50.21
	Y6-3	-5.79	-20.89	-50.69	-51.39
Y7	Y7-1	-5.22	-25.72	-30.72	-32.82
	Y7-2	-5.12	-22.72	-35.32	-37.52
	Y7-3	-5.14	-26.64	-31.44	-37.74
Y8	Y8-1	-5.69	-25.69	无	-29.89
	Y8-2	-5.27	-22.57	无	-31.27
	Y8-3	-5.69	-25.69	无	-27.09
Y9	Y9-1	-5.75	-32.75	-47.05	-47.75
	Y9-2	-5.64	-39.14	-49.74	-50.94
	Y9-3	-5.84	-37.74	-47.64	-54.24
Y10	Y10-1	-13.85	-34.85	-50.15	-62.75
	Y10-2	-13.92	-40.62	-57.62	-69.12
	Y10-3	-13.97	-35.97	-67.77	-70.67
Y11	Y11-1	-12.62	-38.12	-48.02	-59.42
	Y11-2	-12.65	-39.95	-49.45	-62.60
	Y11-3	-12.66	-36.96	-49.46	-58.76
Y12	Y12-1	-13.20	-39.70	-70.70	-72.90
	Y12-2	-13.18	-39.18	-69.08	-72.48
	Y12-3	-13.22	-39.22	-65.42	-69.82
Y13	Y13-1	-13.35	-30.75	-72.25	-74.25
	Y13-2	-13.50	-30.10	-64.50	-78.30
	Y13-3	-13.42	-30.42	-69.72	-61.72
Y14	Y14-1	-16.14	-34.84	-49.49	-49.94
	Y14-2	-16.18	-32.98	-47.98	-52.38
	Y14-3	-16.13	-33.43	-51.83	-54.53

4.2.3 风电机组

试验风电场一共采用 8 个风电机组设备厂家的 14 台机组，机组型号、容量和机位编号见表 2.2，具体机位布置见图 4.6。

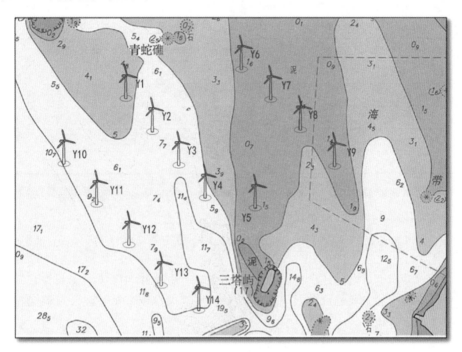

图 4.6 试验风电场各机组布置情况

（引自《福清兴化湾海上风电场一期（样机试验风场）项目可研报告》）

4.2.3.1 机组参数

样机机组型式较多，单机容量、塔筒直径、叶轮直径、轮毂高度、控制策略等各有特点，导致风电机组极端载荷具有明显差异。各机组的塔筒直径、叶轮直径和相应的机组载荷参见表 4.6。

表 4.6 风电机组尺寸和极端载荷

厂家	底节塔筒直径 /m	叶轮直径 /m	风电机组荷载 M_{xy}/(万 kN·m)	备 注
F1	6.0	153	～22.0	场区荷载最大
F2	6.0	128	～16.8	叶轮直径最小
F3	7.0	154	～16.2	单机容量最大
F4	7.0	155	～19.1	叶轮直径最大
F5	6.0	150	～12.1	
F6	6.0	140	～12.2	
F7	6.0	154	～16.6	
F8	5.8	140	～13.7	

4.2.3.2 机位特征表

由于场址水深和地质的差异性，每个机位的海床面高程也不同，具体参见表4.7。

表 4.7 各机位处平均海床面高程

机位	平均海床面高程/m	机位	平均海床面高程/m
Y1	−8.8	Y8	−5.6
Y2	−10.6	Y9	−5.7
Y3	−13.8	Y10	−13.9
Y4	−9.8	Y11	−12.6
Y5	−5.6	Y12	−13.2
Y6	−5.7	Y13	−13.5
Y7	−5.2	Y14	−16.2

风电机组供货时间不同，虽然机组台数不多，但场址水深、地质差异、频率要求等不同，每个基础都需开展针对性设计。

4.2.4 基础设计

结合国内外海上风电的建设经验以及本工程的地质条件和海洋水文条件、施工单位的施工设备、施工能力及相应的技术水平，对单桩基础、导管架基础、高桩混凝土承台基础三种型式进行比对。

1. 单桩基础

深厚覆盖层场区采用单桩基础具有明显的海上施工优势。试验风电场场区覆盖层较薄，需要考虑桩基嵌岩。当时用于嵌岩桩基的钻机最大直径6.0m，且国内有且仅有一台还没实战过的钻机，可靠性尚有待验证。另外，当时市场仅有能满足小于5.5m桩径的替打，不能满足本风电场的植桩需求，引进国外设备或定制周期较长。受困于国内替打设备和钻机的局限性，所以试验风电场建设将单桩基础作为备选方案。

2. 导管架基础

导管架海上施工工期相对较短，但该类基础安全常受疲劳荷载控制，设计时需要进行长时间的荷载迭代验算疲劳问题。考虑到陆上建设周期长且不便于模块化施工的缺点，所以试验风电场建设不采用导管架基础。

3. 高桩混凝土承台基础

高桩混凝土承台基础海上作业时间较长，但其主要受极限荷载控制，且对风电机组疲劳荷载精度要求相对较低。另外，考虑到能够满足小直径桩基嵌岩需求的钻机较多，试验风电场可以搭设多个嵌岩施工平台，海上作业时间可以大幅度提升，高桩承台的优势可以充分体现出来。

充分考虑设计和施工的流程化（风电机组底节塔筒直径和荷载不同对施工模板重复利用的影响）、施工工期（群桩基础桩数有通常6根或8根，本基础减少到4根，可缩短施工工期）、地质分布（基岩面分布差异性大，地勘钻孔为直孔而非斜孔，可降低施工不确定性，也可最大限度避免孤石），并对基础采用斜桩和直桩进行充分分析后（场址沉桩困难，钢管桩可打入散体状强风化花岗岩为 10～12m，碎裂状和弱风化岩均不能打入，考虑两种桩都需要嵌岩施工，直桩优势明显），最终将高桩承台直桩基础作为风电场建设的主推方案。斜高桩混凝土承台基础和直高桩混凝土承台基础（图 4.7）的特点对比见表 4.8。

表 4.8　　　　　斜高桩混凝土承台基础和直高桩混凝土承台基础对比

项　目	斜高桩	直高桩	决 定 因 素
受力	较好	较差	桩斜率决定桩入土的布置半径
桩数	较多	较少	受力和承台布置空间
桩径	较小	较大	受力和桩数
承台尺寸	稍小	稍大	桩径布置要求
嵌岩施工风险	较差	较好	地勘钻孔垂直向下的特点和施工设备适应性
施工周期	较长	较短	不确定因素：如孤石、卷边处理等，以及钻机特点决定
施工质量	稍差	较好	混凝土浇灌质量
设备选择	较少	较多	嵌岩设备特点
自振频率	相对较高	相对较低	影响风电机组运行转速、结构安全、发电量

图 4.7　直高桩混凝土承台基础

海上风电场首次采用大直径直桩式高桩混凝土承台基础。该基础型式在牺牲部分桩基轴向承载力的情况下，能很好地满足设计、施工要求，大大缩短工程建设周期。

4.2.5　基础监测

为保证基础的安全性，并为后续工程优化提供数据支撑，工程在 14 台样机中，选择 2 台风机（机位编号分别为 Y7 和 Y8）作为主监测风电机组，在其基础位置布置完整监测系统。其余风电机组各在承台混凝土顶面布置 4 个几何水准测点进行基础不均匀沉降监测。

4.2.5.1 监测方案

1. 桩基监测

每台主监测风机,选择主风向的两根钢管桩进行监测,检测内容包括钢管桩应变、腐蚀电位、钢管桩和嵌岩桩混凝土之间的接触状态、嵌岩桩钢筋应变、嵌岩桩混凝土应变等。

(1)钢管桩应变。桩身应变计沿主风向对称布置,安装在每个监测横截面处的钢管桩外壁上。

(2)钢管桩腐蚀电位。在泥面以上、最低潮位以下的钢管桩外壁布置腐蚀监测点。

(3)钢管桩和嵌岩桩混凝土之间的接触状态。用于监测钢管桩内壁与嵌岩桩混凝土之间接触状态的应力计安装在混凝土钢筋笼上,随钢筋笼一起放入钢管桩内。

(4)嵌岩桩钢筋应变监测。用于监测嵌岩桩钢筋应力的应变计安装在嵌岩桩钢筋笼上,随钢筋笼一起放入嵌岩桩内。

(5)嵌岩桩混凝土应变监测。用于监测嵌岩桩内混凝土应力的应变计安装在嵌岩桩钢筋笼上,每支嵌岩桩钢筋应变计附近安装一支混凝土应变计,随钢筋笼一道放入嵌岩桩内。

2. 承台监测

(1)波压力。在承台底部沿主潮流方向通过承台中心的连线上布置波压计,监测波浪对承台底面的作用力;在承台侧面主潮流方向处安装波压计,监测波浪对承台侧面的作用力。

(2)钢筋应变。沿主风向过承台中心的连线,在基础环内外侧的混凝土中对称安装钢筋应变计,监测承台钢筋应力。

(3)混凝土应变。在承台内钢筋应变计旁侧安装混凝土应变计,并在混凝土应变计旁侧布置无应力计,监测承台混凝土应力情况。

(4)承台不均匀沉降。基础承台顶部边缘合适位置均匀布置 4 个不锈钢测点,监测承台不均匀沉降。其中两个测点的连线沿主风向并通过承台中心,另外两个测点的连线垂直于主风向并通过承台中心。

3. 塔筒和过渡段监测

(1)振动监测。在主监测风电机组塔筒过渡段主风向一侧的内壁上及对称的过渡段外壁混凝土内安装三向加速度计,监测与基础环接触的混凝土是否破碎及破碎时振动的频谱特性;在每节塔筒顶部主风向一侧的内壁上安装二向加速度计,监测风电机组在主风向和垂直于主风向上的振动加速度。

(2)倾斜监测。在主监测风电机组承台顶部及塔筒顶部各布置二分量动态倾角仪,监测塔筒在主风向和垂直于主风向上的倾斜。

(3)塔筒过渡段应变监测。每台主监测风电机组塔筒过渡段内壁按照间隔 90° 均匀安装 4 支动态钢板应变计,其中两个测点的连线沿主风向并通过过渡段中心,另外两个测点的连线垂直于主风向并通过过渡段中心。

4. 其他监测

（1）其余 12 台非主监测风电机组基础承台不均匀沉降。在其余 12 台非主监测风电机组基础的顶部边缘合适位置均匀布置 4 个不锈钢水准测点，其中两个测点的连线沿主风向并通过承台中心，另外两个测点的连线垂直于主风向并通过承台中心。

（2）自动化采集系统。两台主监测风电机组内分别安装基础监测柜，监测柜中布置测量采集单元，仪器电缆接入采集单元自动采集数据，采集得到的数据通过光缆自动传输至陆上的服务器。可实现定时自动采集数据、测值定时自动上传。

4.2.5.2 机位监测成果

对试验风电场项目 14 台样机连续监测获取的数据进行分析后，得到的主要结论如下：

（1）钢管桩腐蚀监测数据均在规范规定的钢结构保护电位限值 [-1.05V，-0.78V] 之内，风电机组基础钢管桩处于正常保护中。

（2）机位钢管桩与嵌岩混凝土之间的接触状态应力计数值基本稳定在 $0 \sim 1.0\text{MPa}$ 之间，能反映出桩内嵌岩混凝土的受力变化状况，无明显异常。

（3）嵌岩桩内竖向钢筋应变计大部分表现为受压状态，换算应力数值大都在 $20 \sim 60\text{MPa}$ 之间，最大压应力 77.6MPa；嵌岩桩钢筋应变计各测点数值无明显的向某一方向（受压或受拉）的趋势性变化，无明显异常。

（4）嵌岩桩内混凝土应变均受压，最大压应变量为 $516.9\mu\varepsilon$。混凝土应变计埋设初期表现为受拉，最大拉应变量为 $93.9\mu\varepsilon$；进行承台施工后混凝土由拉应变变为压应变，最大压应变量为 $276.3\mu\varepsilon$；混凝土应变量与温度呈现一定相关性，混凝土浇注后随着水泥水化过程中产生的水化热由积聚到逐渐消散，混凝土应变量与温度均趋于稳定。

（5）承台内钢筋均表现为受压状态，应力基本在 $20 \sim 35\text{MPa}$ 之间，最大压应力为 38.2MPa。在承台浇筑及风电机组吊装时期，压应力有所增大，之后减小并呈现逐渐稳定的趋势。各测点应力无明显的向某一方向（受压或受拉）的趋势性变化，数据较为稳定，无明显异常。

（6）承台内混凝土应变计埋设初期及承台施工时均表现为受拉，承台浇筑之后表现为受压，最大拉应变量为 $421.2\mu\varepsilon$。承台施工后混凝土由拉应变转为压应变，最大压应变量为 $207.9\mu\varepsilon$。承台内应变计测值稳定在 $250 \sim 350\mu\varepsilon$ 之间。混凝土承台由徐变、自生体积变形、温度变形等非荷载产生的压应变约为 $150\mu\varepsilon$。

（7）各承台无明显不均匀沉降。自首次观测开始、风机吊装前后至风电机组运行中，各承台实测累计不均匀沉降量均较小，多数风电机组测值小于 2mm，远小于根据规范计算的不均匀沉降允许值 65mm。各风电机组不均匀沉降测值、变幅均不大，均在合理范围之内，未发现明显异常。

4.3 电气设计

风力发电机组通过电气系统与电网联系，电气系统直接影响风电场的安全可靠和经济运行，因此电气设计是风电场工程设计中至关重要的一部分。

4.3.1　电气一次设计

风电场工程电气一次设计主要分为接入系统设计、风电场集电线路设计、升压站电气接线设计、短路电流计算及设备选型、电气设备布置、过电压保护及防雷设计、照明设计等内容。

4.3.1.1　接入系统设计

风电场接入系统研究报告是进行电气设计的重要依据资料。2017年4月，项目业主委托福建省电力勘测设计院编制的《福清兴化湾海上风电接入系统研究》和《福清兴化湾海上风电样机试验风电场临时接入系统研究》审查通过。接入系统报告含电气一次和二次部分。一次部分在福清、平潭电力市场需求预测和区域电源建设规划基础上，通过电力平衡计算，分析风电场的送电方向，确定风电场在系统中的作用、地位；研究风电场临时和终期接入系统方案；进行相关电气计算校核，提出风电场电气主接线建议及主要电气设备参数；估算风电场接入系统相关的电网建设工程项目投资。二次部分在推荐接入系统方案基础上，进行继电保护、远动、通信等二次部分接入系统设计，并提出相关投资估算。

通过经济、技术比较分析，报告推荐兴化湾样机试验风电场采用110kV电压等级送出，新建1回110kV线路就近T接至110kV华塘—海岐专变线路，新建线路导线截面建议采用150mm^2，新建线路长度约0.5km。推荐方案仅作为兴化湾样机试验风电场本期的临时方案，过渡期约2年，后续风电投运后，将改为220kV送出。

4.3.1.2　风电场集电线路拓扑设计

1. 风电机组分组原则

海上风电机组集电线路分组应考虑后期运行维护的便利性，方便运行管理人员在运行维护时容易判断每一组集电线路所含风风电机组。风电机组分组可按照区域块状分组和射线状分组两种类型。区域性块状分组的方案可减少海缆长度，但造成大截面和小截面海缆长度增加，而中间截面的海缆大幅度减小。射线型风电机组海缆敷设时较为简单，可按照风电机组的台数递增海缆的截面，海缆截面规格较多。

工程14台风电机组分为3排布置，每排4~5台风电机组，每排风电机组容量24.4~29MW，场内集电线路分组以排为单位较为合理，因此采用射线型方式依次连接同一排风电机组构成一个集电线路组。具体分组如下：

第1组风电机组：Y1~Y5风电机组，共5台风电机组，容量25MW；

第2组风电机组：Y6~Y9风电机组，共4台风电机组，容量23.4MW；

第3组风电机组：Y10~Y14风电机组，共5台风电机组，容量29MW。

2. 海缆路由方案选择及优化

海缆路由的选择应能保障海底电缆能够顺利敷设，并且使敷设后的海缆有足够长的使用寿命。如果路由选择不当，不仅会造成敷设困难，还会对海缆的运行安全带来隐患。此外，海缆路由的选择还应遵守经济性原则。因海缆本身造价较高，并且海缆敷设涉及征海、渔业养殖补偿等费用，所以，海缆路由选择应尽量减少海缆用量，并且尽量减少穿越渔业养殖区的长度。工程风电机组之间35kV海缆均沿直线路径敷设，以减少海缆用量，方便海缆敷设（图 4.8）。3 回主海缆路由较长，路径上尽可能避开岛礁，尽量减少穿越渔业养殖区的长度，3 回主海缆间距 30m 平行敷设，以减少征海面积。

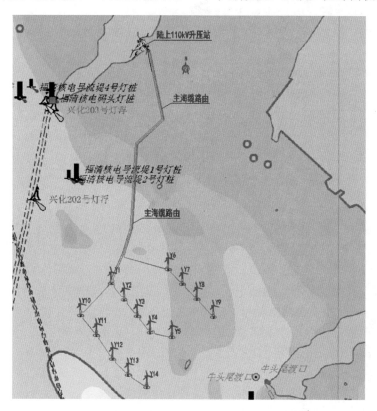

图 4.8　兴化湾样机试验风电场集电线路海缆路由图

（引自《福清兴化湾海上风电场一期（样机试验风场）项目可研报告》）

3. 35kV 海底电缆选择

按照海上大型风电场的设计经验，工程场内集电线路电压等级采用 35kV。风电机组以一机一变方式组成一个风电机组，风电机组之间连接以及每一回风电机组至升压变电站之间连接的海缆全部采用 35kV 海底电缆，其型式为铜导体 3 芯交联聚乙烯绝缘分相铅护套粗钢丝铠装光纤复合海底电缆。

35kV 海缆截面按电缆载流量来选择，并经短路热稳定及电压降校核。

35kV 海缆有多种敷设方式，虽然大部分海缆在海底埋设，温度较低，土壤的热阻系数小，埋设的电缆载流量较大。但海缆在风电机组塔筒内属于空气中敷设，在风电机组基础电缆保护管（J 型管）中属于穿管敷设，在登陆点前浅滩地段属于土壤直埋敷设，在登陆段穿堤及穿堤前后属于穿管埋设敷设，此外还有 J 型管末端安装中心夹具及弯曲限制器等条件下的敷设。海缆载流量应按海缆在上述各种工况下的最小值来确定。

工程为样机试验风电场，具有一定的特殊性。海缆选型时，部分风电机组容量及安装位置尚未确定，因此海缆截面选择时预留一定的裕度。综合上述原则，各段海缆型号规格选择见表 4.9。

表 4.9 海缆型号及其载流量与风电机组台数配置表

海 缆 规 格	第 1 组 风电机组数量及规格	第 2 组 风电机组数量及规格	第 3 组 风电机组数量及规格
HYJQF41－26/35－3×70＋OFC	1×5MW	1×5MW	1×5W
HYJQF41－26/35－3×70＋OFC	2×5MW	2×5MW	1×5MW＋1×6MW
HYJQF41－26/35－3×150＋OFC	3×5MW	—	—
HYJQF41－26/35－3×185＋OFC	—	2×5MW＋1×6.7MW	1×5MW＋2×6MW
HYJQF41－26/35－3×240＋OFC	4×5MW	—	1×5MW＋3×6MW
HYJQF41－26/35－3×300＋OFC	5×5MW	2×5MW＋2×6.7MW	—
HYJQF41－26/35－3×400＋OFC	—	—	1×5MW＋4×6MW

4.3.1.3 110kV 升压站电气接线方案

1. 主接线方案介绍

本期工程升压站为临时升压站，建设规模按 80MVA 考虑，升压站内安装一台 80MVA 升压变压器。主变高压 110kV 侧为 1 回主变进线、1 回出线，设计采用线路—变压器组接线，设备选用 SF$_6$ 气体绝缘金属封闭组合电器 GIS 设备；主变低压 35kV 侧采用单母线接线，选用 35kV 金属封闭开关柜设备，包括 3 个风电机组进线柜、1 个接地变兼站变开关柜、1 个主变出线开关柜、1 个母线设备柜、1 个无功补偿装置开关柜。风电场电能通过变压器升压后，经一回 110kV 线路 T 接至福清核电施工用 110kV 海岐变电站至系统 220kV 华塘变电站的 110kV 线路上送出。

2. 中性点接地方式

主变压器 110kV 中性点采用经隔离开关直接接地或经避雷器、放电间隙接地。

经计算，110kV 升压变电站主变低压侧 35kV 电容电流约 130A，远大于 10A，如不及时切除，易扩大事故，根据国家电网公司 2011 年第 974 号《风电并网运行反事故措施要点》，35kV 中性点采用电阻接地方式。工程主变低压侧设置一套干式接地变兼站用变及小电阻成套装置，通过接地变兼站用变进线柜与 35kV 母线连接。经电阻接地的汇集线系统发生单相接地故障时，可通过线路保护快速切除。

为提高风电场升压站和汇集线系统设备在恶劣环境下的运行可靠性，110kV 升压变电站主变低压 35kV 侧母线 PT 开关柜内装设一次消谐装置。

3. 升压站站用电

工程升压站站用电系统为 380V/220V 中性点接地 TN－S 系统，站用电电压为 380V/220V，为中性点直接接地系统。工程升压站装设一套接地变兼站变及小电阻成套装置，接地变兼作站用变，其中接地变二次侧的容量为 200kVA，作为站用电电源，站变 35kV 侧电源取自站内 35kV 母线。另从系统引入一路 10kV 电源作为临时施工电源，容量为 200kVA。施工电源采取"永临结合"的方式，施工结束后，转为备用电源。站用电 0.4kV 侧采用单母线接线，两路电源经自投双切开关接于 0.4kV 母线上。400V 站用低压配电装置采用 4 面抽出式低压开关柜。

4. 无功补偿

风电场内的无功损耗主要包括海上和陆上两个部分构成，海上部分主要由风电机组配套升压变、场内 35kV 电缆集电线路的无功损耗组成。陆上部分主要包括陆上升压站内 110kV 主变压器和 110kV 系统送出线路的无功损耗组成。按照《风电场接入电力系统技术规定》（GB/T 19963）以及国网公司《风电场接入电网技术规定》中无功容量配置的要求，风电场配置无功容量除能够补偿风电场汇集系统的无功损耗外，其配置的感性无功容量能够补偿风电场送出线路一半的充电无功功率。

为满足后期电网对无功容量的要求，样机工程在设计中与接入系统设计单位沟通后选择在主变 35kV 侧安装一组总容量为 ±18Mvar 的直挂水冷 SVG 型动态无功补偿装置，动态调节的响应时间不大于 30ms。

4.3.1.4 短路电流及电气设备选型

1. 短路电流

根据接入系统报告，工程风电场以 110kV 接入期间，110kV 母线短路时，系统侧（不含风电场）提供的最大单相短路电流为 7.8kA，三相短路电流为 8.0kA。远景若以 220kV 接入赤礁升压站，220kV 母线短路时，系统侧（不含风电场）提供的最大单相短路电流为 8.5kA，三相短路电流为 11.8kA。

110kV 电压等级电气设备的短路电流水平按 40kA 选择，35kV 电压等级电气设备的短路电流水平按 31.5kA 选择，机组环网柜短路电流按 20kA 选择，电缆截面积根据电缆载流量来选择，并经短路热稳定及电压降校核。

2. 海上风电场电气设备选择

（1）设备使用环境试验风电场电气设备使用环境见表 4.10。

表 4.10 电气设备使用环境条件表

项　目	条　件
多年平均气温	20.4℃
最低气温	−0.2℃
最高气温	38℃
污秽等级	e 级（福建省电网标准）
爬电比距	屋外 110kV 不小于 31mm/kV（最高运行电压）； 屋外 35kV 不小于 35mm/kV（最高运行电压）； 所有屋内设备的外绝缘爬电比距要求不小于 23mm/kV（最高运行电压）
地震烈度	Ⅶ度

注：引自《福清兴化湾海上风电场一期（样机试验风场）项目可研报告》。

（2）海底电缆。风电机组单元之间的连接以及风电机组连接到升压站间的输电线路采用 35kV 交联聚乙烯海底电缆。

为有效保护海缆，敷设方式采用水下直埋。根据上述原则，选择的海缆结构为铜导体三芯交联聚乙烯绝缘分相铅护套粗钢丝铠装海底光电复合电缆。HYJQF41 型 35kV 三芯海缆结构见图 4.9。

3. 110kV 升压站电气设备选择

（1）主变压器及中性点设备：

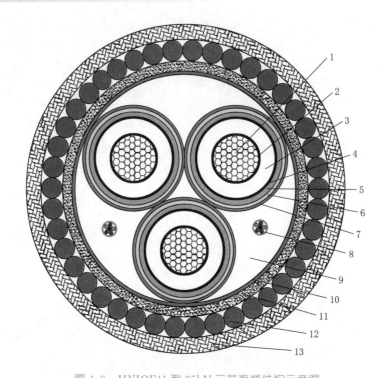

图 4.9　HYJQF41 型 35kV 三芯海缆结构示意图

（引自福清兴化湾海上风电场一期（样机试验风场）项目海缆厂家投标文件）

1—铜导体；2—导体屏蔽；3—交联聚乙烯绝缘；4—绝缘屏蔽；5—半导电阻水带；

6—合金铅套；7—PE 护套；8—光缆；9—填充物；10—涂胶布带；

11—聚丙烯内衬层；12—钢丝铠装；13—聚丙烯外被层

1）1 台 110kV 主变压器，容量为 80000kVA。

型号：SZ11－80000/110

额定容量：80000kVA

额定电压比：115kV±8×1.25％/36.75kV

阻抗电压：$U_k = 10.5\%$

连接组别：YN，d11

冷却方式：ONAN

安装地点：户外

2）110kV 主变压器中性点成套设备。

a. 隔离开关 1 只。

型号：GW13－72.5，配电动操作机构

额定电压：72.5kV

额定电流：630A

4s 额定热稳定电流：40kA

热稳定电流：100kA

接线端额定静拉力：750N

b. 避雷器 1 只。

型号：Y1.5W-72/186，带计数器

额定电压：72kV

持续运行电压：58kV

标称放电电流（8/20μs，峰值）：1.5kA

直流 1mA 参考电压：103kV

雷电冲击电流下残压（峰值）：186kV

操作冲击电流下残压（峰值）：172kV

在线检测仪数量：1 只

c. 附放电间隙，间隙为 50～160mm 可调。

d. 配套间隙电流互感器。

电压：12kV

变比：100/1A

次级：5P30

容量：10VA

数量：1 组

（2）110kV GIS。共 1 个间隔，包括变压器-线路组间隔 1 个、主母线、汇控柜、1 个电缆出线筒、1 个 SF$_6$ 空气套管及其他附件。

额定电压：126kV

额定电流：2000A

额定频率：50Hz

4s 额定短时耐受电流（有效值）：40kA

额定峰值耐受电流（峰值）：100kA

额定耐受电压

冲击耐受电压：相对地 550kV（峰值）；相间 550kV（峰值）；断口间 630kV

交流工频耐受电压（1min）：相对地 230kV；相间 230kV；断口间 265kV

安装地点：户外

（3）钢芯铝绞线。

型号及数量：LGJ-240/30，约 21m

安装地点：110kV GIS SF$_6$-空气套管与主变高压侧套管间连线

（4）35kV 高压开关柜，共 7 面。

额定电压：40.5kV

额定电流

主变进线柜：2000A

出线、站变开关柜等：1250A

额定开断电流：31.5kA/4s

安装地点：35kV 配电装置预制舱室

（5）35kV 接地变（兼站变）及接地电阻成套设备柜，共 1 套，包括接地变（兼站

变）柜、中性点接地电阻柜、干式电流互感器柜及附件等。安装地点：接地变及接地电阻装置预制舱室。

1）接地变压器（兼站变）柜 1 台。

额定电压：35kV

额定容量：一次侧容量 1000kVA，二次侧容量 200 kVA

2）电阻柜 1 套。

额定电压：$36.75/\sqrt{3}$ kV

电阻器电阻值（25℃）：$50\pm5\%\,\Omega$

额定短时通流：400A

短时通流时间：10s

3）电流互感器 3 只。

型号：LZZB8-35G

额定电压：35kV

额定电流：400/400/400/1A

准确级：5P30/5P30/0.5s

额定容量：10/10/10VA

（6）无功补偿装置。

规格及数量：±18Mvar，水冷 SVG 无功补偿装置 1 套

35kV 连接电抗器回路和 35kV SVG 功率柜、控制保护屏、功率柜水冷却成套装置分别安装在两个不同的预制舱内。

（7）35kV 全屏蔽绝缘铜管母线。

规格及数量：40.5kV，2000A，51m，每相 17m

安装地点：主变出线开关柜至主变低压套管

（8）站用电系统工程。

1）接地变兼站用变压器（及接地电阻成套装置）。

数量：1 台

型号：DKSC-1000-200/35/0.4

2）站用电屏。

数量：0.4kV 站用电屏共 4 面

型号：MNS 型，0.4kV

安装地点：二次设备预制舱室

3）10kV 外来电源。

数量：1 套，主要包括 10kV 变压器 1 台

型号：S10-200/10，含配套高低压设备材料安装

4.3.1.5　升压站电气设备布置

110kV 升压变电站为临时过渡方案，本着节约用地原则，经现场初步勘察，110kV 升压变电站布置在福清核电厂的东北侧坡地上。考虑建设周期紧，为按时完成并网发电任务，陆上升压站采用预制舱型式。最大程度实现预制舱及舱内设备在工厂内生产、集

成、调试，缩短了现场设备安装、调试周期；预制舱基础现场施工相对简单，减少了现场土建施工周期及工程量。

升压站主要电气设备除主变压器及 GIS 采用户外布置外，其余设备均采用预制舱内布置，主要包括 35kV 配电装置预制舱模块、接地变兼站变及小电阻成套装置预制舱、SVG 预制舱模块及二次设备预制舱模块。其中，二次设备预制舱内设置有中控室、继保室和蓄电池室。

由于本工程陆上升压站紧靠海边，属于环境潮湿、重盐雾地区，环境恶劣，后期运行中需实时注意预制舱腐蚀情况及舱内设备运行状况。

4.3.1.6 过电压保护及防雷接地设计

根据《绝缘配合 第 1 部分：定义、原则和规则》（GB 311.1—2012）、《交流电气装置的过电压保护和绝缘配合设计规范》（GB/T 50064—2014）要求进行过电压保护设计；根据《交流电气装置的接地设计规范》（GB 50065—2011）要求进行接地设计。

1. 风电机组过电压保护及接地设计

（1）风电机组过电压保护。风电机组自身具有雷电保护功能，其上配有避雷设施，所有电气元器件均作等电位连接。升压变压器及其高压开关设备均由机组供应商配套供货，并布置在风电机组内部，其雷电保护采取了比较完善的措施，设计时不再单独考虑。

（2）风电机组接地装置。根据机组供应商要求，风电机组接地电阻要求不大于 4Ω，风电场风电机组基础主要采用钢材，钢管桩插入海床达数十米深，可作为自然接地体，其接地电阻远小于 4Ω，不必再敷设人工接地体。

风电机组内所有配电装置及电气设备的金属外壳，底座及电缆支架等金属部分均按规程规定接地。风电机组基础混凝土承台上的所有附属钢构件（如 J 型管、栏杆、爬梯、钢平台立柱等）均采用接地扁钢与钢管桩相连，达到接地目的。

2. 升压站过电压保护及防雷接地设计

（1）升压站过电压保护。110kV 升压变电站过电压保护按"交流电气装置的过电压保护和绝缘配合"有关条文配置。全站设置一支 35m 高独立避雷针作为直击雷保护装置。升压变电站 110kV 侧为线路变压器组接线，110kV 出线上安装一组氧化锌避雷器。变压器中性点经放电间隙接地，并装设隔离开关和氧化锌避雷器，主变低压侧安装一组氧化锌避雷器。35kV 母线设一组氧化锌避雷器以防感应过电压造成危害。

110kV 电气设备以避雷器电流 10kA（标称放电电流）时雷电过电压残压为基础进行绝缘配合，配合系数不小于 1.4，满足《交流电气装置的过电压保护和绝缘配合设计规范》（GB/T 50064—2014）要求。各主要电气设备的绝缘水平见表 4.11 和表 4.12。

（2）升压站接地。接地网由自然接地网和人工接地网两部分组成，接地材料采用铜材料，接地电阻小于 0.5Ω 值。人工接地网以水平接地体为主，四周设置垂直接地，接地网埋深不小于 0.8m。在升压变电站进出口处采取均压措施。升压变电站的保护接地、工作接地和过电压保护接地使用一个总的接地装置。

4.3.1.7 照明设计

1. 风电机组照明设计

风电机组塔筒及机舱内部照明，设备厂家已考虑。风电机组基础平台、外部钢平台处也设置照明灯具，以便设备维护和检修时使用。灯具电源引自风电机组低压配电柜的照明专用回路。灯具采用适用于海上潮湿及盐雾恶劣环境条件下的照明灯具，照明设备防护等级达到 IP66，防腐等级达到 WF1 的灯具，以满足海上作业照明要求。

表 4.11 110kV 设备绝缘水平

设备	设备耐受电压值				
	雷电冲击耐压/kV（峰值）			1min 工频耐压/kV（有效值）	
	全波		截波	内绝缘	外绝缘
	内绝缘	外绝缘			
主变压器	480	450	530	200	200
其他电器（GIS）	550		—	230	
断路器断口间（GIS）	550		—	230	
隔离开关断口间（GIS）	653		—	303	

注：引自《交流电气装置的过电压保护和绝缘配合设计规范》（GB/T 50064—2014）。

表 4.12 35kV 设备绝缘水平

设备	设备耐受电压值				
	雷电冲击耐压/kV（峰值）			1min 工频耐压/kV（有效值）	
	全波		截波	内绝缘	外绝缘
	内绝缘	外绝缘			
变压器	200	185	220	85	85
其他电器	185		—	95	
断路器断口间	185		—	95	
隔离开关断口间	—	215	—	118	

注：引自《交流电气装置的过电压保护和绝缘配合设计规范》（GB/T 50064—2014）。

2. 升压站照明设计

110kV 升压变电站的工作照明电源电压为 380V/220V，电源引自站用电低压 400V 母线，不设专用照明变压器。应急照明电源引自站内逆变电源，正常情况下由交流电源供电，当交流电源消失时，瞬时切至逆变电源供电。照明原则上均采用光效高、寿命长的照明光源，户内照明采用荧光灯、节能灯、LED 灯等光源。同时，110kV 升压变电站户外考虑设置一定数量的景观照明，景观照明灯具采用泛光灯，光源采用金卤灯。

4.3.1.8 海缆敷设

1. 海缆路由优化

风电机组之间 35kV 海缆均沿直线路径敷设，以减少海缆用量，方便海缆敷设。3 回主海缆路由较长，路径上尽可能避开岛礁，减少穿越渔业养殖区的长度，3 回主海缆间距 30m 平行敷设，以减少征海面积。

2. 海缆敷设

本工程 35kV 海缆总长度约 31.2km。

（1）陆上升压站内海缆敷设。三回主海缆在登陆段采用预埋钢管保护，经预埋钢管进入位于陆上升压站东南侧的海缆工作井中，经锚固装置固定后海缆在升压站内电缆沟支架上敷设至 35kV 配电装置预制舱底部电缆隧道，再引上至对应的风电机组进线柜。

（2）海底电缆敷设。由于本工程海上施工作业区域内船只较多，而且海床为柔软的沉积淤泥层，根据锚重与投入淤泥层深度的关系，电缆埋深选择为 2.5m 左右。

根据海缆敷设区域海洋环境的不同，可将海缆敷设区分为两个主要区域进行：一是各回路终端风电机组至登陆点所经过的浅水与滩涂区域；二是各风电机组之间、各回路终端风电机组至登陆点之间所经过的近海深水区域。

1）浅水与滩涂区域海缆敷设。浅水与滩涂区域因水深条件有限，海缆敷设采用浅吃水铺缆船（需赶潮施工），局部露滩部位采用水陆两栖式挖掘机进行电缆沟开挖与回填。登陆点海缆敷设应利用高潮位时机，尽量将铺缆船靠近岸边，浅水区、滩涂采用两栖挖掘机预先完成挖沟作业，铺缆船航行至海缆登陆点外海一定水深海域抛锚，海缆采用浮球法牵引登陆，岸上登陆点施工人员操作卷扬机，牵引海缆通过浮球、顶管、导轮至终端杆位置，始端登陆完毕后，直埋部分沉入沟中进行回填保护，电缆沟部分上卡固定。海缆浅滩登陆段局部岩石海床地段采用预开挖沟槽、人工敷设的方式进行布置。登陆段预埋三根保护钢管（$\phi 325 \times 14$），直接由浅滩通入海缆工作井，登陆段的三回海缆采用预埋钢管进行保护。海缆工作井内保护管管口采用海缆铠装锚固装置对海缆钢丝铠装进行固定，两端管口安装密封套件，防止海水通过保护管进入工作井。

2）近海深水区域海底电缆敷设。采用专业海底电缆敷设船配备牵引式高压射水埋设机进行敷埋施工，施工船依靠水力埋设机的开沟犁挖沟后敷设，铺缆船铺缆时，开沟犁和高压水联合作用形成初步断面，在淤泥坍塌前及时铺缆，一边开沟一边铺缆，根据电缆直径选择犁的大小，开沟犁宽 20～40cm。电缆敷设时采用 GPS 定位系统进行定位，牵引钢缆的敷设精度控制在拟定路由±5m 范围内。

3）风电机组中海缆敷设。海缆沿 J 型管登上风电机组基础，预留一定长度后，在 J 型管管口处采用锚固装置将海缆固定。海缆在进入塔筒前套冷缩套管保护，并采用海缆支架支撑和固定。进入塔筒后，单芯海缆在海缆支架上敷设至 35kV 环网柜。海缆敷设长度已预留后期更换电缆终端头的裕量；海缆通道及支架除满足初始敷设长度要求外，还应满足因更换电缆终端头导致长度变短的情况。在过渡段内部预留有备用海缆通道及支架，供后期更换电缆终端后海缆敷设用。

3. 海缆保护

（1）石笼保护。工程 3 回主海缆路由均经过一段淤泥层较浅区域，范围约 600～700m，设计要求埋深 1m 左右，并采用石笼保护。石笼厚度不小于 40cm，保护范围超出海缆每侧至少 2m；石笼保护应保证压实压牢，石块应光滑不损坏海缆。

工程第二回路主海缆经过一段长约 90m 的裸岩区，海缆在裸岩区采用哈夫球铰减震型球墨铸铁海缆保护套管进行保护，海缆两端采用海缆铠装锚固装置对海缆钢丝铠装进行固定。为防止套管受海底洋流或潮汐来回往复推动摩擦而受损伤，岩石海床地段的海缆施工结束后，在海缆路径两侧海底表面抛铺厚度 1m 左右的高强土工网装碎石。哈夫球铰减震型球墨铸铁海缆保护套管采用潜水员水下安装。

（2）中心夹具及弯曲限制器保护。弯曲限制器能有效控制海缆弯曲半径，使其弯曲半径不小于 3.5m，防止海缆在海水冲击下因过度弯曲而折断。

中心夹具安装于 J 型管弧段末端的直线段，与弯曲限制器相连。

4.3.2　电气二次

风电场电气二次设计主要包含计算机监控系统、继电保护及安全自动装置、交/直流电源系统、火灾报警及消防联动系统、视频安防监视系统、设备状态监测系统及通信系统等设计内容。

4.3.2.1　计算机监控系统

工程海上风电工程电气二次设计在安全可靠、技术先进、经济适用的原则下进行设计。

海上风电场自动化系统按照自动化程度满足"无人值班（少人值守）"的运行管理方式设计，本工程计算机监控系统由许继电气股份有限公司负责集成。监控系统主要功能包括实时数据采集及处理、监视与报警、控制与操作、统计计算、事件顺序记录、数据库管理、人机接口、记录和制表打印、时钟同步、防误闭锁及同期、在线自诊与冗余管理、与继电保护装置和其他智能设备的通信、与调度端的通信及远方诊断等。

计算机监控系统结构上分为两部分，即站控层设备和间隔层设备。站控层设备负责完成全站设备的运行监视、控制操作以及管理功能等。间隔层测控装置采集和处理变电站设备的运行工况信息并上送至站控层，同时还接受站控层下达的各类操作命令，完成对设备的全面控制操作。

通常全场的机电设备分风电机监控系统和升压站计算机监控系统两个局域网进行监控，两个局域网均采用全计算机监控系统、分层分布式结构，结构上相对独立。

作为海上风电奥林匹克赛场的重要一环，一个公平公正的平台显得尤为重要，样机示范工程需要对来自不同机组供应商机组的电气性能、功率特性等进行横向比较，本工程计算机监控系统通过通信网关以 OPC/MOD 总域的接口与各风电机组监控后台实现通信，获取 8 个机组供应商所有风电机组运行的所有数据，并在监控服务器上以统一的标准完成建模，此举不仅实现了对所有机组的一体化监控，而且能够根据考核的需求，从不同时间段、不同维度生成各类比较报告，涵盖风电机组运行的各个方面，为公平公正进行机组比选提供了巨大的帮助。

4.3.2.2　继电保护及安全自动装置

1. 风力发电机组保护

风力发电机主要配置发电机过压、过流、过负荷、温度异常升高，变频器的过压、过流、温度；齿轮箱（如有）中的油位、油温、轴承温度及电网故障、振动超限、偏航异常、扭缆异常和传感器故障等电气量和非电气量保护。保护装置动作后跳开发电机出口与电网连接的断路器并发出信号。

风电机组升压变配置绕组温度等非电气量保护，保护动作后作用于跳闸和发信号。

35kV 环网柜、辅变开关柜内配置引出线保护，主要配置速断、过流、零序过流等电气量保护，保护动作后作用于跳闸和发信号。

2. 110kV 升压变电站主变保护

110kV 主变配置电气量保护和非电气量保护，主变保护的主、后备保护应分别设置独立的机箱；主、后备保护在交、直流回路上应具有独立性。非电量保护应设置独立的电源回路和出口跳闸回路，且必须与电气量保护完全分开，在保护柜上的安装位置也应相对独立。主变保护采用独立装置并组一面主变保护屏布置于二次设备室，保护配置如下。

主保护：配置纵联差动保护，主变纵差保护应由带二次谐波制动特性的快速差动继电器构成，作为变压器内部、套管及引出线的相间短路故障的主保护。

高压侧后备保护：复合电压闭锁过流保护、零序电流电压保护、间隙零序电流保护、过负荷保护。

低压侧后备保护：复合电压闭锁过流保护、35kV 母线单相接地保护。

非电量保护：本体重瓦斯、本体压力释放、本体轻瓦斯、本体油位异常、本体油面温度、本体绕组温度、调压重瓦斯、调压轻瓦斯等保护。

每台断路器配置一套三相操作箱，主变保护高压侧采用线路保护操作箱。

3. 110kV 升压变电站 35kV 母线保护

35kV 母线配置一套母线差动保护装置，实现 35kV 母线的快速保护。母线保护满足接入该段母线所有支路设置。35kV 母线保护布置于二次设备室。

4. 110kV 升压变电站 35kV 风电机组线路保护

35kV 风电机组线路保护配置微机型三段式带方向过流保护，保护动作于断开本进线断路器，并配置带方向零序电流保护动作于跳闸。采用保护测控一体化装置，分散布置在相应的 35kV 开关柜内。

5. 110kV 升压变电站 35kV 接地变压器保护

35kV 接地变压器保护配置微机型三段式带方向过流保护、零序电流保护、温度保护。接地电阻配置过电流保护动作于跳闸。采用保护测控一体化装置，布置在相应的 35kV 开关柜内。

6. 110kV 升压变电站 35kV 站用变压器保护

35kV 站用变压器配置微机型三段式带方向过流保护、零序电流保护、温度保护。采用保护测控一体化装置，布置在相应的 35kV 开关柜内。

7. 110kV 升压变电站 35kV SVG 保护

35kV SVG 保护配置微机型三段式带方向过流保护，动作于断开进线断路器，并配置带方向零序电流保护动作于跳闸。采用保护测控一体化装置，布置在相应的 35kV 开关柜内。

8. 系统继电保护及安全自动装置

送出线路 T 接于海歧专变至华唐变的 110kV 线路上，线路配置三端纵联差动装置，线路保护具有重合闸功能。断路器配置一套三相操作箱，保护装置独立组屏布置于二次设备室。

110kV 升压变电站配置一套故障录波装置。装置具有 128 路模拟量和 256 路开关量输入通道，装置通道数量满足接入所有 110kV 和 35kV 母线支路的模拟量及开关量的要求。故障录波装置能自动记录系统的各种故障信息，包括故障时间、故障名称和性质、各模拟输入量（如电流、电压等）在系统故障或振荡前后的电量波形图，各开关输入量在故障前的状态以及启动前后开关量变化等。故障录波装置具有测距功能。

4.3.2.3 交、直流电源系统

工程直流系统由 1 组 300Ah 220V 阀控式铅酸蓄电池组、2 套高频开关电源屏、2 面直流馈电屏组成。220V 直流系统采用单母线分段接线方式，每段母线接一套高频开关电源，共用一组蓄电池。蓄电池布置在蓄电池室，不设端电池，正常时以浮充电方式运行。高频开关电源采用 $n+1$ 模块备用方式。

全站设置两套 10kVA UPS 系统，包括整流器、逆变器、静态开关、手动旁路开关等。UPS 系统分别向监控人机界面、打印机、火灾报警及联动系统以及故障录波系统等供电，双套并机运行方式。

全站设置一套逆变电源系统，包括整流器、逆变器、静态开关等。逆变电源系统向站内事故照明等负荷供电。

4.3.2.4 火灾报警及消防联动系统

工程 110kV 升压站设置一套火灾报警及控制系统，主机容量按变电站终期规模设置。火灾探测报警区域为二次设备舱、35kV 电气设备舱、无功补偿设备舱及生活舱等位置；根据安装部位的不同，采用不同类型和原理的探测器主要包含：点式感温、点式感烟探测器、手报按钮及各种输入输出模块。上述各设备组成本站火灾探测报警系统。火灾报警系统留有与计算机监控系统的通信接口，以便于运行人员监视。

风力发电机机舱及塔筒内的火灾探测器、火灾报警控制器和手、自动灭火装置由机组供应商设计配套提供。当风电机组发生火灾时，火灾报警探测器探测火警信号，火灾报警控制器通过自动判别后，手动或自动启动相应部位的自动灭火装置、与风电机组安全系统联动停止风电机组运行、跳风电机组出口开关使之与系统快速解列、关闭通风系统并联动相关部位视频摄像机。同时火警信号送入 SCADA 系统，用户在主控室可通过风电机组 SCADA 系统操作员站监视设备运行状况、灭火报警。

4.3.2.5 视频安防监视系统

工程全场设置一套数字式视频监控系统，监视范围是变电站主要电气设备、主要出入口及风电场内的风电机组。

风电机组内的摄像机及传输设备以及配套的硬盘录像机由机组供应商提供，风电机组视频监控系统最终通过交换机或硬盘录像机与变电站视频监控系统连接，形成全场视频监控系统。

4.3.2.6 设备状态监测系统

配置一套风电机组在线振动监测与分析系统。风电机组在线振动监测与分析系统（CMS）由加速度型振动传感器、在线振动监测仪、振动分析软件与数据库管理软件三部分组成。每台风电机组上共设置若干加速度型振动传感器，振动传感器信号送至在线振

动监测仪，并经以太网（TCP/IP 协议）将振动数据送至振动分析与管理系统后台，进行在线设备振动监测和故障预诊断。

风电场配置一套海缆在线综合监测系统。该系统是采用基于布里渊光时域分析和激光干涉技术原理设计的分布式传感系统组建而成的海缆在线综合监测系统，通过对海缆温度、载流量、扰动、应力等运行信息的在线监测，实现对海缆的综合监护，能实时监控海缆可能遭受的危害事件，对于突发的危害事件进行事先报警及定位，协助相关人员及时、准确地保护海缆，消除安全隐患，最大限度地提高海缆的运行效率，同时海事船只信息系统能记录事件的时间及肇事船只，为将来事故追查提供便利。

4.3.2.7　通信系统

风电机组监控系统采用以太网结构，现地监控设备与中央监控设备之间通信介质采用单模光缆，通信光缆在海上风电场内采用与 35kV 电力电缆复合型结构，敷设路径与 35kV 电力电缆相同，登陆后转接管道光缆至系统变电站，接入风电机组中央监控系统。

风电场不设调度交换机，由省调及福州地调调度交换机经 PCM 设备各放 1 路小号电话实现与调度部门通信。

风电场至福州地调的系统通信如下：

在新建风电场至华塘变配套 110kV 线路上新建 24 芯 OPGW 光缆，本工程光缆与现有光缆配合构成兴化湾风电场至福州地调的一路光缆通信线路，另租用电信光纤形成风电场至福州地调的另一路光缆通道。

在风电场配置 2 套 SDH 155/622M 光传输设备，电场 SDH 设备以 155/622M 链路接入地区网络的光传输网络，形成风电场至福州地调光缆通信通道。

风电场一体化电源内设置 2 套 220V/48V 直流变换模块，作为通信电源，蓄电池统一由一体化电源配置。

4.4　施工组织设计

4.4.1　施工交通规划

样机试验风电场涉及海上施工及近岸陆上施工，其中主要施工区域集中在海上。施工期间，外来物资种类多，各类物资特征不一，来向及运达目的地也不尽相同，由此对交通运输方式及运输设备等提出不同要求。各类物资中，以风电机组设备、机组基础钢结构等超大、超重件运输难度大，其运输方案，是整个项目施工交通规划的核心。

基础钢结构一般可直接运往现场进行施工，而风电机组设备由于堆存、预拼装等需求，须在工程现场附近选择合适的港口码头作为施工基地。本项目所用的风电试验样机共涉及 8 个生产商，所有电机组设备中，最重单件重约 348t，最大单件长约 75m，根据各部件重量、尺寸等，考虑过驳、拼装、堆存等因素，要求施工基地码头泊位长度不小于 200m，码头前沿水深 5m 以上，且承载力满足要求，或可进行改造以满足需求。基于上述因素，对项目场址周边港口进行调研，共调研了江阴港、平潭港、福清核电港区及牛头尾港区等方圆 50km 范围内满足要求的港口基地以供选择，同时，根据周边海岸条件，还提出了在牛头尾自建码头的方案。

4.4.2　主体工程施工方案

4.4.2.1　风电机组基础施工

1. 基础型式选择

项目性质为样机试验风电场，主要目的是对大容量风电机组性能进行测试，在条件允许情况下，可结合场址地质条件，对国内海上风电领域现阶段涉及较少、但根据发展趋势未来将被推广应用的浅覆盖层基础进行前瞻性研究。

考虑场区地形、地质及水深条件等因素，本项目建议采用桩基础，整个场区覆盖层厚度较小，桩基础需要进行嵌岩。

根据项目建设条件、环境荷载、施工设备、施工技术水平等，可研阶段推荐应用嵌岩高桩承台、大直径嵌岩单桩、嵌岩导管架三种国内海上风电领域新型或尚未普及的基础型式，以期对这些基础结构性能、施工工艺等进行研究总结，为浅覆盖层海域基础技术发展打下基础。在实施阶段，可根据实际情况对基础组合及布置方案进行调整。

（1）单桩基础。对于大直径嵌岩施工，国内已实施最大嵌岩直径为 4.5m，大直径嵌岩技术积累较少，在海上风电领域该方面经验更为缺乏。

单桩基础虽然造价低，但是受到目前国内替打设备（只能满足桩顶直径小于 5.5m，引进设备或定制难以满足进度要求）和嵌岩设备（最大嵌岩钻机直径 6.0m，且国内只有一台）的制约。项目采用大容量机组，荷载较大，因上述施工装备的限制及地质、水深条件等因素，嵌岩单桩基础在整个场区内适应机位较为有限，主要结合荷载较小的风电机组，布置在场址浅水区域内、覆盖层相对较厚、满足施工期间稳桩条件的机位。

（2）高桩承台基础。高桩承台基础在国内首座海上风电场东海大桥 100MW 海上风电示范工程中及其他多个深覆盖层海上风电项目中已有成熟的应用，但海上风电领域嵌岩高桩承台基础尚未有过应用先例。

高桩承台基础刚度较高，抗水平荷载性能好，在所有海上风电机组基础型式中，对设备性能要求最低，便于多开工作面，形成流水作业，加快施工进度，但基础桩嵌岩混凝土及承台混凝土要求在初凝前一次性连续浇注完成，尤其是承台混凝土方量大，对混凝土浇注供应强度要求较高。整个场区水深变化较大，浅水区域采用高桩承台基础大方量混凝土连续浇注困难大。结合项目荷载大的风电机组布置情况，深水区域以高桩承台基础为主。

（3）导管架基础。导管架基础在海上风电领域主要应用于海上升压站基础，在风电机组基础方面尚未有过应用。

导管架基础刚度高，适应水深范围大，可达 50m，是固定式海上风电机组基础结构中使用水深最深的一种结构型式。结合项目荷载较大的风电机组，嵌岩导管架基础主要布置在场址浅水区域内。

2. 基础施工工艺

（1）单桩基础施工。单桩基础机位水深较浅，采用半潜驳座底作为施工平台，半潜驳上配置履带吊及液压冲击锤吊打沉桩，辅助定位导向工艺控制沉桩精度，保证桩径垂直度不大于3‰。桩芯嵌岩采用沉桩辅助定位导向架作为施工平台,大直径液压反循环全回转钻机钻孔,气举反循环工艺清孔,混凝土搅拌船自拌混凝土,导管法水下浇筑。

(2)高桩承台基础施工。海上风电高桩承台基础一般布置6~8根斜桩,受力较好,但是因斜桩嵌岩施工难度大,尤其桩端以下嵌岩效率低、塌孔风险高,遭遇孤石处理难度更甚于直桩。大规模采用斜桩,因桩数量较多,难以保证进度,故本项目高桩承台基础钢管桩推荐直桩,并将桩数减少为4根,增大单根桩桩径。

高桩承台基础属于多桩基础,多桩嵌岩在港口码头及桥梁行业应用较多,嵌岩直径以3m内较为常见,少数工程嵌岩直径更大,如福建平潭跨海大桥嵌岩直径达4.5m,为国内已实施直径最大的嵌岩桩。根据地质条件及荷载情况,本项目高桩承台基础钢管桩嵌岩直径为2.8m,市场上钻孔直径3m左右的嵌岩钻机供应充足,设备方面不存在制约因素。多桩基础嵌岩设备种类较多,主要有全回转钻机、旋挖钻及冲击钻等。旋挖钻因整机重量大,对嵌岩平台要求高,且需多次拆卸转场,成本高,对海上风电项目适应性较差,优点是钻孔效率快。冲击钻重量轻,价格便宜,但施工效率低。故本项目嵌岩以施工效率较高的全回转钻机主设备为主,并配置冲击钻,以处理孤石等不良地质情况。

基础桩搭设嵌岩平台进行施工,由于采用直桩,本项目桩径较大,重量较重,超出常规专业打桩船起重能力,需采用浮式起重船吊液压冲击锤进行沉桩,由嵌岩平台稳桩。嵌岩钻孔由液压反循环全回转钻机钻进,冲击钻配合,混凝土搅拌船导管法水下浇注混凝土。承台混凝土采用钢套箱工艺立模,混凝土搅拌船浇注混凝土。

(3)导管架基础施工。导管架基础钢管桩采用半潜驳座底施工,由履带吊吊液压锤进行沉桩,辅助定位导向工艺控制沉桩精度。桩芯嵌岩采用辅助沉桩定位架作为施工平台,设置辅助钢管桩将主体结构钢管桩接至水面上进行嵌岩,嵌岩施工工艺与高桩承台基础类似。导管架采用起重机吊装,千斤顶反力调平,多功能驳水下灌浆连接。

3. 实施阶段方案

根据地质详勘资料及首批高桩承台基础钢管桩施工经验,场区基岩风化不完全,在强风化带上部及全风化带、残积土中多见微风化球状风化体(孤石),少数为弱风化球状体。如钢管桩桩端碰到孤石或探头石,可能导致钢管桩发生卷边,或沉桩不到位,处理较困难,对工期影响大。

单桩基础由于桩顶法兰必须达到设计标高,且本身桩壁较厚,若遇孤石必须进行处理时(未阻止桩体沉入或引起桩体较大变形时可不处理),以目前国内现有设备性能,实现难度非常大。鉴于孤石探明难度大,且项目工期紧张,采用嵌岩单桩基础风险较大,尤其是工期方面风险大。

高桩承台基础钢管桩孤石处理相对单桩基础要容易,若个别桩顶高程不达标,可采取割桩处理;对变形较大、影响后续作业的管壁,可考虑适当减小桩底嵌岩段直径,提高含筋率,以此减少钢筋笼直径,保证顺利下笼及保护层厚度;最后考虑水下切割,并以含筋率较高的钢筋混凝土来提高切割部位刚度。高桩承台基础施工工序较多,单个基础施工时间长,但其施工设备以较小型、灵活的船机设备为主,可多开作业面,在多个机位间进行流水作业,充分发挥各船机设备效率,总进度上仍具有一定优势。在需赶工期的情况下,相对于其他基础需采用的大型船机设备甚至特种设备,高桩承台基础追加设备投入成本相对较低。因此，在项目工期紧、地质条件复杂的情况下，高桩承台基础相比其他基础型式更优。

导管架基础桩嵌岩工艺与高桩承台基础相同，但其桩顶位于水下，涉及大量水下作业，较为费时。导管架基础对基础桩精度要求非常高，若精度不满足要求，会造成导管架调平困难，甚至上部导管架无法与桩进行对接的情况。本项目地质条件复杂，基岩风化不完全，岩质不均，并存在球状风化，使沉桩极具不确定性。根据首批高桩承台基础沉桩结果分析评估，采用导管架基础，其 4 根桩绝对标高及相对高差不满足设计要求为大概率事件，需水下处理桩顶标高，难度非常大。

由于项目地质条件复杂，根据首批高桩承台基础施工经验，本海域钢管桩嵌岩不确定性因素较多，基础施工时间长，工期紧张，需采取措施加快进度。大直径嵌岩单桩基础及嵌岩导管架基础由于地质条件造成的技术方面难点，施工进度保障率低，对整个项目工期影响大，这两种基础型式在项目上进行试验性的应用与项目实情产生冲突。经综合分析，所有机位均采用嵌岩高桩承台基础，减少设备配置差异性，集中资源多开作业面，在整个场址内形成规模化的流水作业，充分发挥设备效率，以最低代价确保工程总工期。对于浅水区域高桩承台基础混凝土，通过优化设备配置，采用浅吃水的混凝土搅拌船，增加配置数量，选择合适潮位进行浇筑。

4.4.2.2　风电机组安装施工

1. 吊装方案比选

海上风电机组安装主要有整体吊装和分体吊装两种方式。

整体吊装：即在风电机组海上安装前，将机舱、轮毂、叶片、塔筒 4 类主要部件，按照先后顺序组合成除塔筒基础环以外的风电机组组合体，然后将组合体整体运输至机位进行海上安装。

分体吊装：一种为全部风电机组部件都在海上进行组装，组装工艺同陆上风电相同，这种工艺对安装设备要求较高，需形成静对静安装条件。另一种即在风电机组安装前，对部分风电机组部件进行预拼装，主要是将 4 类主要部件组合形成 2 个或 3 个大的主要组合体。对于塔筒，主要在海上由下向上依次分段安装，形成整根塔筒。对于其余设备部件，一种方式为将轮毂、三片叶片组合形成风轮，最终形成风轮、整根塔筒（或两部分）、机舱共计三大组合设备的形式；另一种方式为将轮毂、机舱组合形成组合体、叶片、塔筒结构等组合设备的形式。

（1）整体吊装。整体吊装有陆上基地组装、现场整体安装，半潜驳海上座底整体拼装、现场整体安装以及海上固定平台整体拼装、现场整体安装几种方式，其中陆上基地组装方案在东海大桥 100MW 海上风电示范工程等项目中有过成功应用，技术成熟，其他两种方案国内尚未有过应用。

陆上基地组装方案对陆上基地条件及场址水深要求高，本项目周边港口资源丰富，从基地角度而言具备实施条件，但场址浅水区域水深不满足吊装作业要求，该方案在浅水区域不适应。其他两种方案亦因场址水深变化大的原因，只能在场区局部区域内适用。从减少船机配置、降低成本角度考虑，整体吊装方案对本项目适应性较差。另外，整体吊装需在基础顶部和风电机组塔筒底部设置柔性定位缓冲系统，项目风电机组涉及 8 家厂家，各厂家风电机组塔筒尺寸不一，需多套定位系统，代价较高，故项目不推荐采用整体吊装方案。

（2）分体吊装。分体吊装方案技术成熟，在多个项目成功应用，是目前国内海上风电机组主流安装方案，有半潜驳座底安装及自升式支腿平台船安装两种方式。半潜驳因项目水深变化大的原因，适应性较差。支腿式平台船适应水深范围大，场址条件满足其作业要求，国内市场上该方面设备满足项目需求，项目周边码头港口条件也支持分体吊装陆上预拼装，故最终推荐采用支腿船进行分体吊装。

2. 风电机组吊装工艺

项目风电机组涉及 8 个厂家，不同厂家设备安装工艺不尽相同，根据叶片安装方法大体上分为叶轮安装法和单叶片安装法两种工艺，流程如下。

叶轮安装法：船机设备就位──→由下至上依次安装各节塔筒──→机舱吊装──→叶轮吊装，其中，叶轮事先在支腿船上组装好。

单叶片安装法：船机设备就位──→由下至上依次安装各节塔筒──→机舱及轮毂组合体吊装──→依次安装各叶片。

浅水区域，自升式支腿平台船需乘潮进入机位安装点，完成插腿及船体抬升后进行风电机组吊装作业。

4.4.2.3 海底电缆敷设

海底电缆采用专用敷缆船敷设。深水区域由开沟犁挖槽，边挖边埋；近岸段由两栖式挖掘机预挖槽，浮球法敷设。部分海缆路由基岩出露，需采取保护措施。国内已建、在建海上风电场海缆施工以软质海床敷设为主，基岩出露海床上敷设案例较少。结合现阶段实情，项目海缆保护拟采用穿管保护，并覆盖压覆结构。对保护管、压覆设施结构型式提出多种方案进行技术、经济比选，最终采用穿哈夫球铰球墨铸铁关节套管敷设，并压覆钢丝石笼保护的方案。

第 5 章

项 目 建 设

5.1 基础施工

5.1.1 总体方案

样机试验风电场采用高桩承台基础。首先打入固定平台支撑定位钢桩，然后起重船吊装整体式钻孔平台，安装打桩导向架，起吊打桩锤，进行基础钢管桩沉桩。沉桩到位后，在钻孔平台上进行嵌岩桩施工。完成四根钻孔桩后拆除固定钻孔平台。承台施工前，先在钢管桩上焊接支撑牛腿，起重船整体吊装围堰。承台钢筋在陆上加工好后，通过船舶运输至施工机位处进行安装。调整承台钢筋保护层厚度并安装预埋件。浇筑承台的混凝土由海上混凝土搅拌船生产及布料。承台施工完成后拆除钢套箱、冷却水管压浆。

5.1.2 施工过程

施工平台分为履带吊作业区、钻孔区及靠船设施（图 5.1），履带吊作业区采用"钢管桩＋分配梁＋贝雷梁平台"，钻孔区采用"钢管桩＋分配梁＋贝雷梁平台"和"钢管桩＋分配梁＋整体式桁架平台"两种结构型式。

5.1.2.1 施工平台搭设

利用打桩船沉入 32 根 $\phi1.2m$ 平台支撑桩，浮吊吊装履带吊作业平台上部结构和履带吊，履带吊安装钻孔区平台上部结构，平台桁架由浮吊整体吊装，完成施工平台搭设（图 5.2）。

施工平台具体施工步骤如下：

步骤一：打桩船锤击沉入平台支撑桩（直径 1.2m 钢管桩共计 32 根，含靠船桩）。

步骤二：使用起重船吊装履带吊作业平台结构，起重船整体吊装 130t 履带吊机至作业区。

步骤三：履带吊机完成钻孔区联结系、桩头及分配梁的安装，起重船吊装整体桁架平台（或贝雷片平台）。

5.1.2.2 钢管桩制作及运输

钢管桩由专业的生产单位进行制作和供应。供货商根据设计要求及规范要求编制加工制作工艺及涂装工艺规范，经审批后指导钢管桩加工制作。

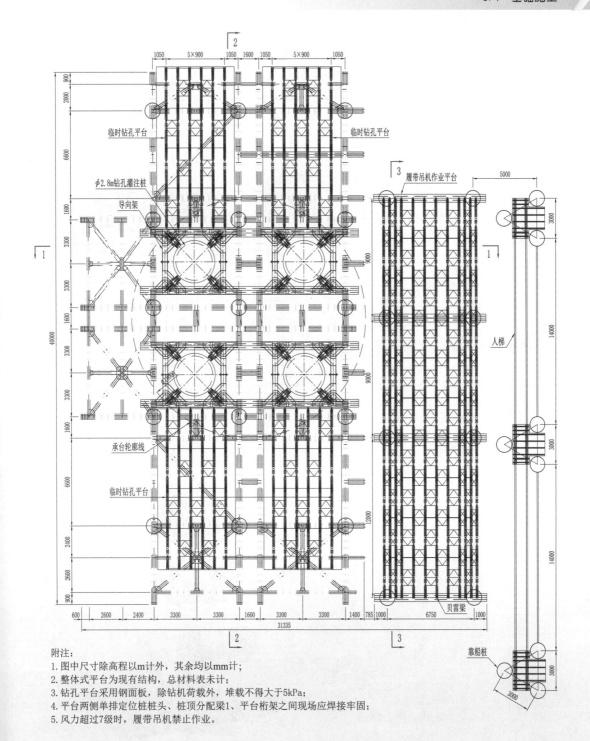

附注:
1. 图中尺寸除高程以m计外,其余均以mm计;
2. 整体式平台为现有结构,总材料表未计;
3. 钻孔平台采用钢面板,除钻机荷载外,堆载不得大于5kPa;
4. 平台两侧单排定位桩桩头、桩顶分配梁1、平台桁架之间现场应焊接牢固;
5. 风力超过7级时,履带吊机禁止作业。

图 5.1 桁架式钻孔平台布置图
(引自《福清兴化湾海上风电场一期(样机试验风场)项目风机基础施工专项方案》)

1.施工流程

为便于施工组织和产品质量控制，钢管桩分工序生产，按照工序控制质量，以保证制作完成后的产品质量。钢管桩具体加工制作工序参见表5.1。

2.实施步骤

（1）材料进场。钢材从钢厂运至钢结构制造厂，经验收合格后，在车间内进行防锈预处理，分类编号存放。

（2）放样、下料。用于卷制钢管桩单元管节的钢板为双定尺料，下料后，开出纵向焊缝对接坡口及管节环向对接焊缝坡口。钢板在下料车间采用三割炬火焰数控切割机下

图 5.2　基础施工平台远景

料，保证下料时各边的平行度和直线度，控制对角线误差在 1～2mm 范围内。钢板所有对接边均按规范要求开焊接坡口。为了提高工作效率和减小坡口热影响区的范围，采用多头同时切割，割嘴布置方法见图5.3。

表 5.1　钢管桩加工制作工序

编号	工序名称	示意图或说明
1	材料采购及工艺试验	
2	下料及坡口加工	
3	单管节卷管、纵缝焊接、矫圆	
4	1+1 管节组对接长、环缝焊接	
5	2+2 管节组对接长、环缝焊接	
6	4+4 管节组对接长、环缝焊接	
7	防腐涂装	在车间内整体涂装
8	运输装船	钢管桩利用附近码头吊机装船，2000t 运输驳船自航启运

注：引自《福清兴化湾海上风电场一期（样机试验风场）项目施工组织设计》。

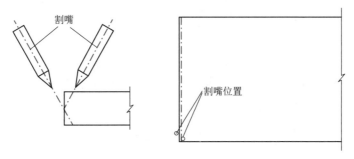

图 5.3 三割炬火焰数控切割割嘴布置

（引自《福清兴化湾海上风电场一期（样机试验风场）项目施工组织设计》）

（3）单节钢管桩制作。首先利用三辊卷板机将钢板卷成单节管，接着用同材质同厚度的钢板作为引弧板焊于对接焊缝两端，在内圆中间部分用马板固定。采用 CO_2 气体保护焊打底焊接，埋弧自动焊进行外圆的直焊缝焊接；拆除马板后进行内直焊缝埋弧自动焊焊接。每道焊缝完成后，经 100% 无损检测合格，再上到卷板机进行矫圆。对各检查项检查，检查合格后，完成单节段的制作，转入下道工序。

（4）中长节段管拼装。将 3～4 个单节钢管桩拼装成 6～9m 的节段管。管节接长在滚轮托架上进行，滚轮托架应固定于稳固地基上，并调整其相对位置于一条直线上。节段拼装时应错开相邻单元节段纵向对接焊缝，相邻管节段纵缝相隔 45°，摆放至焊接滚轮托架上，用马板固定各连接单节管。采用相同焊接方案完成对接焊缝。

（5）钢管桩防腐。钢管桩水上段部分，包含海洋大气区、浪溅区和水位变动区，约 $4.8～-5.5m$ 区段，采用 $800\mu m$ 厚耐磨环氧玻璃鳞片重防腐涂层；水下部分，包含浸没区和泥下区，从 $-5.5m$ 起往下至 $-23.0m$ 的部位，采用 $800\mu m$ 厚耐磨环氧玻璃鳞片重防腐涂层与牺牲阳极的阴极保护联合防腐的方式。

3. 钢管桩堆存及运输

（1）堆存。钢管桩的堆存满足下列要求：

1）涂层涂装后，钢管桩应按不同的规格和沉桩顺序堆放。

2）堆放场地应平整、坚实，不产生过大的不均匀沉降。

3）存放的形式和层数应安全可靠，地基承载力、垫木的强度和堆垛稳定性应满足堆放要求，并避免产生纵向变形和挤压变形。

4）避免由于碰撞、摩擦等造成涂料破损、管节变形和损伤。

5）长期堆存时应采取防腐措施。

（2）钢管桩落驳。钢管桩通过钢结构制作基地专用码头出运，距离施工现场约 150 海里。钢管桩的落驳满足下列要求：

1）落驳时，专职质量员负责对桩基的现场验收，并严格按落驳图（图 5.4）落驳。

2）桩驳上设置半圆形专用支架，支架与钢桩接触面铺设橡胶垫层，并确保每根桩的垫木顶面基本保持在同一平面上。

（3）钢管桩运输。钢管桩采用 2000t 自航驳运至现场。为了保护钢管桩防腐涂层，钢管桩落驳、运输及沉桩需做到以下几点：

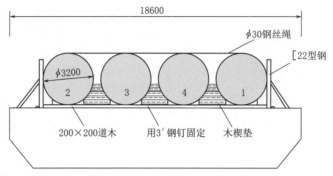

说明：
  1. 图中尺寸均以 mm 计。
  2. [22 槽钢固定架与钢桩接触面外面包 8～10mm 厚橡胶皮。
  3. 吊钢桩 $\phi30$ 钢丝绳外套高压胶皮管。
  4. 按照图中钢管桩标识顺序进行沉桩先后布置及起吊沉桩。
  5. 考虑钢管桩吊耳板单侧取 200mm，同一层钢管桩净距为 500mm，如净距满足不了吊耳板尺寸，考虑钢管桩前后布置，以错开吊耳板空间，如图中所示。

图 5.4　钢管桩落驳示意图

（引自《福清兴化湾海上风电场一期（样机试验风场）项目施工组织设计》）

1）驳船上设置专用支架，支架上垫橡胶垫层等软质材料，在运输过程中钢管桩表面应遮盖一层防晒帆布。

2）吊桩时不得移船，吊桩离开桩驳要迅速，不能拖桩、碰桩。

3）沉桩施工过程中，杜绝重铁件等硬质材料大力撞击钢管桩。

4）沉桩开始前现场需备一定数量的防腐材料，现场施工过程中发现桩身防腐涂层出现破损，应及时予以修补。

5）吊桩时确保吊钩和钢丝绳轻放至桩上，避免对桩身防腐涂层产生冲击磨损。

5.1.2.3　钢管桩沉桩

高桩承台基础采用 4 根直径 3.2m（壁厚 40mm）的钢管桩，桩长约 40～60m，桩尖进入散体状强风化花岗岩不小于 8m 或达到碎裂状强风化花岗岩，单桩重约 170t。施工平台施工完成后，浮吊起吊钢管桩插桩，液压打桩锤进行沉桩，沉桩精度通过施工平台上设置的双层导向装置进行控制和调节。

1. 钢管桩施工辅助结构设计及加工

（1）钢管桩吊耳。为便于钢管桩吊装并确保吊装过程中的安全性，需在钢管桩顶部设置 2 个吊耳及距底部 5m 位置设置 1 个吊耳。钢管桩加工厂家根据图纸要求进行吊耳加工制作，使其与钢管桩焊接成整体。待钢管桩运输至现场后，必须进行检查，确保焊缝质量及销孔同心度和光洁度满足设计要求。

（2）吊装扁担。考虑钢管桩直径大，为了防止其在吊装过程中顶部发生局部变形，因此需专门设计吊装扁担。吊装扁担按现场钢管桩吊装的最大重量设计。直径 3.2m（壁厚 40mm）钢管桩的吊装扁担设计最大吊重为 250t。吊装扁担由钢结构加工厂加工制作，在加工过程中注意焊缝及销孔同心度和光洁度。吊装扁担加工完成后，需严格按照图纸要求进行检查，不满足设计要求时，必须整改到位。

2. 钢管桩沉桩施工方法

钢管桩设计潮位为 −3.00～+3.00m，设计波高 2.5m，设计流速 1.5m/s，设计风速 13.8m/s，施工条件超出设计值时禁止作业。打桩之前，做好各项准备工作，确保钢管桩下放到位后，能及时进行作业。沉桩过程保证钢管桩的稳定性及平台的安全性。

（1）钢管桩装运。

1）根据钢管桩沉桩时的施工顺序和吊装可行性，按顺序分层装船，减少二次起吊对钢管桩的影响。

2）装运钢管桩时，应采用运输胎架固定，并设置垫木，用钢丝绳紧固，防止其滚动。

3）对运输船进行严格检查，采取必要的加固措施。

（2）导向装置安装。为保证钢管桩的准确定位和在自重作用和连续施振时能够垂直下沉，需要安装专门的导向装置，该装置分为上、下层。施工平台安装完成后，可安装导向装置，先安装下层导向，再安装上层导向。由于浮吊受海上涌浪作用影响较大，使钢管桩顺利插入至导向框内存在一定困难，根据现场实际情况确定是否在导向框上增设三角导向架。利用导向装置定位框上的螺栓进行粗调定位，调节装置上的 D8 螺杆进行精确定位，平面允许偏差在 ±50mm，垂直度不大于 1/500。

（3）浮吊抛锚定位及吊装钢管桩。考虑到机位处钻孔平台外尺寸、浮吊吊装作业区域、钢管桩重量、长度，选用 1000t 浮吊作为钢管桩施工的主要吊装设备。钢管桩采用浮吊整根起吊，采用液压打桩锤插打。

浮吊行至施工区域进行抛锚定位，钢管桩运输船停靠在适合浮吊起吊的位置。浮吊的主吊钩与钢管桩之间通过吊装扁担连接，吊装扁担下吊点与钢管桩顶端两吊耳之间通过 150t 卸扣连接；浮吊的副吊钩吊挂钢管桩底部吊耳。同时起钩至一定高度后（图 5.5），钢管桩运输船退出施工区域。利用主副钩起吊使

图 5.5　钢管桩起吊

钢管桩在空中完成竖转后，浮吊绞锚至设计桩位位置，之后沿着导向装置缓慢插入。着床前测量钢管桩的垂直度及平面位置，平面允许偏差在 ±50mm，垂直度不大于 1/500。打桩前可根据水流方向，设置钢管桩预偏，预偏大小建议为 2～5cm。浮吊松钩，钢管桩在自重作用下下沉，入土一定深度后，下沉停止，复测钢管桩垂直度及平面位置偏差。调整钢管桩垂直度满足设计要求后，摘除钢管桩与浮吊吊钩间的连接吊钩。

（4）钢管桩沉桩。采用液压冲击锤插打钢管桩方式沉桩（图 5.6），至设计标高。沉桩过程中，需如实进行钢管桩沉桩记录。工程要求沉桩以标高控制为主，桩底必须进入散体状强风化花岗岩 8～12m 或碎块状强风化花岗岩岩面。施工单位根据地质资料进行了沉桩贯入性分析，结果表明，沉桩至散体状强风化花岗岩 2m 后，平均贯入度小于 1mm，沉桩困难。

只通过增大桩锤能量试图沉桩至设计标高可能会造成钢管桩结构损坏。经分析制定

了钻孔后进行二次沉桩的施工工艺。沉桩未达到设计标高时，先将施工平台加高（图5.7），使用冲击钻机进行钻孔施工，钻孔至钢管桩设计桩底标高以上0.5m后，再使用液压冲击锤进行二次沉桩，直至钢管桩设计标高。

图 5.6　液压冲击锤进行钢管桩沉桩

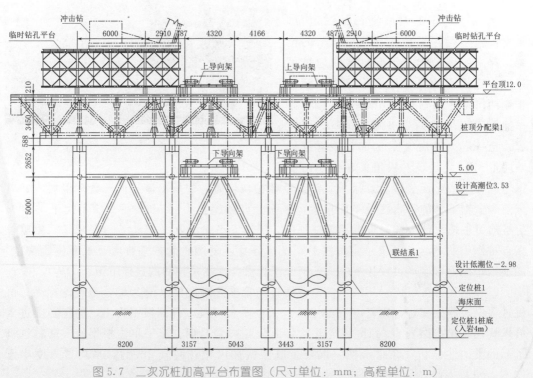

图 5.7　二次沉桩加高平台布置图（尺寸单位：mm；高程单位：m）

（引自《福清兴化湾海上风电场一期（样机试验风场）项目施工组织设计》）

5.1.2.4 嵌岩桩施工

工程区域地质情况比较复杂。散体状强风化花岗岩厚度最大达到 34.4m，采用冲击钻施工容易塌孔；且桩基埋深较大，钻孔深度平均达 70m 以上，超 80m 的桩基数量占比大于 30%，最深孔深达 96m，不适合冲击钻施工；岩石强度较大，最大达 126.4MPa，且入岩深度需 6.2m。通过方案比选，将原定冲击钻施工变为旋挖钻和旋转钻施工。嵌岩桩施工流程见图 5.8。

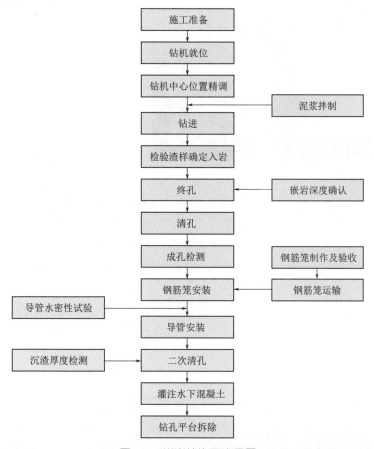

图 5.8　嵌岩桩施工流程图
（引自《福清兴化湾海上风电场一期（样机试验风场）项目施工组织设计》）

1. 施工准备

钢管桩沉至设计标高后，在施工平台上布置钻机、发电机、泥浆循环装置等钻孔设备及其他机械物资；机械物资由驳船运输到施工海域后，采用起重船及 130t 履带吊吊装到施工平台。

2. 旋挖钻机施工

（1）旋挖钻机就位。旋挖钻机底盘为伸缩式自动整平装置，并在操作室内有仪表准确显示电子读数，当钻头对准桩位中心时，各项数据即可锁定，无需再作调整。钻机就位后钻头中心和桩中心对正准确，钻机利用布置在平台上的走道板移孔钻进。

（2）泥浆拌制。旋挖钻孔过程中，泥浆主要起护壁作用。拟采用膨润土配置泥浆，膨润土泥浆具有密度低、黏度低、含砂量少、失水量小、泥皮薄、稳定性强、固壁能力高、钻具回转阻尼小、钻进率高、造浆能力大等优点。根据试桩取得的泥浆配合比，制浆原料可选用塑性指标大于 25，粒径小于 0.074mm，黏粒含量大于 50% 的黏质土制浆。

图 5.9　旋挖钻机钻孔

（3）钻进。旋挖钻机（图 5.9）采用静态泥浆护壁钻斗取土的工艺，钻进时孔内要注满优质泥浆。钻头根据土层情况和钻孔方式选择。黏性土、粉土、填土、中等密实以上的砂土地层选用旋转钻头，碎石土、中等硬度的岩石及风化岩层选用嵌岩钻头。在钻孔过程中根据地质情况，控制进尺速度，防止卡钻或埋钻，严格控制钻头升降速度，减小钻斗升降对孔壁的扰动，避免造成塌孔事故；不同地层钻进应符合下列规定：在硬塑层中钻进时应采用快转速钻进，以提高钻进效率；在砂层等松散易坍塌地层中钻进时宜采用慢转速慢钻进，并应相应增加泥浆比重和黏度；在易缩径的地层中钻进时应适当增加扫孔次数，防止缩径；由硬地层钻至软地层时，可适当加快钻进速度，由软地层钻至硬地层时，应减速慢进。

施工过程中通过钻机本身的三向垂直控制系统反复检查成孔的垂直度，确保成孔质量。钻孔应连续进行，因故钻停时，应注意保持孔内泥浆比重，防止孔壁坍塌。钻孔完成后，应尽快浇注混凝土，防止空孔时间过长造成坍孔事故。钻进过程中，钻渣由循环系统和旋挖钻头导入至沉淀箱，经过沉淀后，采用反铲清理至弃渣箱，再由履带吊调运至弃渣船，达到清渣的目的。

（4）清孔。钻孔达到设计高程后，应进行成孔质量检测，检测孔深、孔径、垂直度等各项指标，符合要求后，报监理工程师验收批准后进行清孔。清孔的目的是要清理孔内钻渣，尽量减少孔底沉淀厚度，保证嵌岩桩的承载力。采用换浆法清孔，保持孔内水位在海平面以上 1.5～2m，以防止坍孔。清孔分两次进行，第一次清孔在钻孔深度达到设计深度后，满足规范要求后方可下放钢筋笼，待钢筋笼安装到位后再进行第二次清孔。

（5）终孔及成孔检测。桩径、垂直度、沉渣厚度是影响基桩承载力的关键因素，成孔质量的好坏会直接影响嵌岩桩的成桩质量。出现成孔质量问题，在成桩后很难处理，需要充分重视成孔质量检测工作。成孔质量问题可以在施工过程中及时发现并处理。通过检测还可以对施工情况进行综合评价，最终选取适合实际场地特点的施工工艺和施工机具。成孔质量在钻孔到位后，由现场制作钢筋笼检孔器对孔径、孔形、垂直度进行检测；利用测锤测量孔深及孔底沉淀厚度。

3. 钢筋笼制造与安装

钢筋笼最长达到 43.95m，总重最大 40.9t，笼顶标高分别为 −22.05m 和 −25m。钢筋笼安装在施工平台以下 34～37m，重量也超过了履带吊机的吊重范围。钢筋笼通过在钢筋加工厂布的胎具上进行长线法制作，完成后拆分成节段，运输至现场，利用履带吊机进行分节安装，最终下放由浮吊进行。

钢筋笼安装具体施工步骤如下：

步骤一：首先，安装钢筋笼下放定位架。其次，履带吊机利用钢丝绳起吊第一节钢筋笼，大小钩同时水平起吊，松小钩起大钩使钢筋笼竖直，沿定位架缓缓下放到孔内，并用定位器进行固定。在下放过程中需要将钢筋笼内部支撑进行割除，割除时防止内支撑掉入孔内。最后，摘除钢筋笼上的卡环，完成第一节下放工作。钢筋笼下放现场图见图 5.10。

图 5.10　钢筋笼下放现场图

步骤二：采用与起吊第一节相同的方法，起吊第二节钢筋笼。按照制作时的标记与第一节进行对位，然后缓缓下放第二节。在下放过程中，先对接声测管，然后对接钢筋笼主筋并进行套筒连接。对接施工完成后，安装对接部分的水平箍筋。缓缓起吊钢筋笼，松开定位器后，下放钢筋笼。

步骤三：起吊第三节钢筋笼，对接第三节与第二节钢筋笼，完成套筒连接施工。由于钢筋笼自重超过履带吊机起重量，利用浮吊换钩下放三节钢筋笼，利用定位器进行固定。

步骤四：第四节钢筋笼施工过程与第三节一致。

步骤五：在钢筋笼顶安装 4 个"十"字形转接器分别与 2 根钢筋对接安装，钢筋笼两根主筋穿过转接器后放置垫板，再安装套筒进行固定。每个转接器分别与 1 根钢绞线连接，钢绞线穿过转接器后安装垫板，再利用挤压套筒进行固定。4 根钢绞线的长度按照设计图纸中钢筋笼标高控制，钢绞线穿过吊具上的预留孔后，利用挤压套筒进行固定。浮吊起钩后下放钢筋笼，钢筋笼下放到位后利用定位器固定吊具。

4. 水下混凝土灌注

混凝土灌注系统由 28m³ 储料斗、滑槽、5m³ 拔球斗、灌注架等组成，具体布置见图 5.11。

5.1.2.5　承台施工

1. 承台施工工艺

基础承台施工工艺流程详见图 5.12。

2. 钢套箱的设计及施工

（1）钢套箱设计。钢套箱外轮廓尺寸为 18.6m，单侧壁板厚度为 0.306m，围堰底高程为 2.234m，钢套箱顶高程为 10.2m。承台混凝土一次性浇筑施工。钢套箱主要由侧板、底板、底龙骨、楔块、牛腿等组成（图 5.13）。侧板水平肋采用预制 T 型梁，间距为 0.9m；竖向大梁采用 HN300×150 型钢，间距为 2.35m；底板采用 I16 型钢和 6mm 厚钢板组合而成；底龙骨采用 2HN900×300 及 HN900×300 型钢。钢套箱材质均为 Q235B。

图 5.11　嵌岩桩混凝土浇筑现场

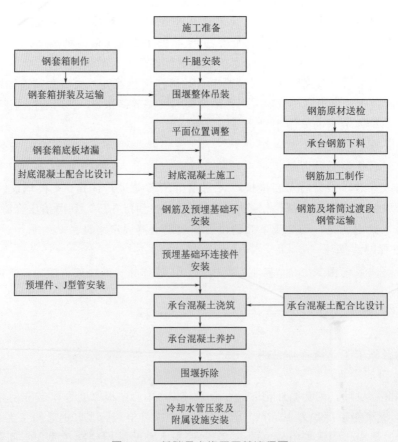

图 5.12　基础承台施工工艺流程图
（引自《福清兴化湾海上风电场一期（样机试验风场）项目施工组织设计》）

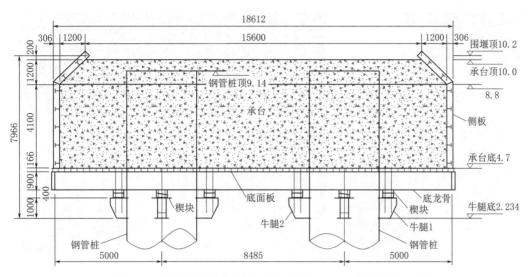

图 5.13　钢套箱的总体布置（尺寸单位：mm；高程单位：m）
（引自《福清兴化湾海上风电场一期（样机试验风场）项目施工组织设计》）

（2）钢套箱制作。严格按照设计图纸及要求进行钢套箱的加工制作，并在加工场内进行预拼装。验收合格后，通过船运至现场进行安装。

（3）钢套箱安装。在钢管桩设计位置现场安装 16 个牛腿及楔块。钢套箱底龙骨，在岸上通过螺栓拼装成整体后，通过浮吊吊装至机位处安装，再进行底板及侧板分块安装。钢套箱在岸上拼装成整体后，通过浮吊整体吊装至机位处安装。

1）牛腿安装。钻孔平台拆除前，在钢管桩桩身设计标高位置处进行牛腿安装。安装时，手拉葫芦上端，将其挂在钢管桩顶，下端吊挂牛腿，调整好牛腿水平位置及标高后，迅速点焊固定牛腿，牛腿标高误差不大于 5mm。焊接完成后，安排专人对焊缝质量进行检查，合格后方可进行钢套箱安装作业。牛腿安装施工现场图见图 5.14。

2）钢套箱吊装。钢套箱在岸上基地拼装成整体，验收合格后，由起重船整体吊运至机位处安装。吊装钢套箱现场见图 5.15。

3）平面位置调整及堵漏。钢套箱吊装完成后，检测其平面位置；安装钢套箱侧板，在侧板及钢管桩上焊接钢板，通过手拉葫芦调整钢套箱平面位置；调整完成后，割除侧板上的钢板，采用 I14 型钢将侧板与钢管桩进行点焊，以增加钢套箱的稳定性；按照预埋件设计要求在侧板上进行放样开孔；钢套箱底板与钢管桩之间缝隙采用环形钢板进行堵漏。

（4）封底混凝土浇注。承台封底混凝土设计厚度为 0.3m，底标高为 4.7m，位于设计高潮位以上。钢套箱安装完成后，对底板进行封堵，并进行基础预埋环的安装和所需预埋件的定位和安装，最后采用干封法进行封底混凝土的浇注。钢套箱封底完成后的内部情况见图 5.16。

（5）预埋基础环的设计与安装。

1）预埋基础环的设计。设计单位根据不同机组供应商的要求进行预埋基础环的设计。基础环通过连接件与 4 根钢管桩进行连接。图 5.17 是根据太原重工的要求设计出的预埋基础环。

图 5.14　牛腿安装施工现场图　　　　图 5.15　吊装钢套箱安装现场图

2）预埋基础环安装。预埋基础环安装是海上风电工程的关键施工环节，安装质量关系到后续风电机组安装及运营，因此对其安装精度要求较高。预埋基础环安装施工的流程见图 5.18。

图 5.16　钢套箱内部俯视图

图 5.17　预埋基础环三维图
（引自《福清兴化湾海上风电场一期（样机试验风场）项目施工组织设计》）

在浇注封底混凝土时进行钢板的预埋，用于焊接支撑柱与限位调整座。根据基础环的中心位置，在预埋钢板上准确放样，划出基础环安装的控制边线，并依据控制边线焊接限位调整座和支撑柱。保持支撑柱顶面标高一致，便于基础环筒体顶面法兰水平度的调整。起重船通过专用吊具将基础环吊至具有外侧限位的支撑柱上，同时使塔架的内边线与调整座的控制边线对齐。必要时用 4 只螺旋千斤顶配合调整座上的调节螺栓，调整法兰顶面的水平度。在法兰顶面布置激光水平仪，用来控制法兰的水平度。当法兰顶面水平度满足设计要求时，对基础环进行对称焊接加固。基础环安装应选择在低平潮或高平潮，并且在现场风浪条件好的时段进行，避免基础环与支撑柱、调整座之间相互碰撞产生变形。基础环

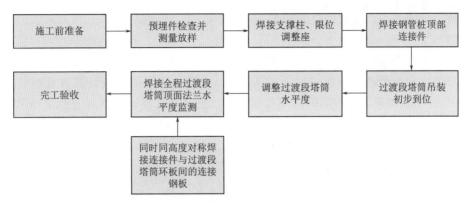

图 5.18　预埋基础环安装施工流程图

（引自《福清兴化湾海上风电场一期（样机试验风场）项目施工组织设计》）

落驳应考虑现场安装的方向性。预埋基础环安装施工现场见图 5.19。

图 5.19　预埋基础环安装施工现场图

（6）焊接连接施工。钢管桩顶部应根据钢管桩实际位置进行划线开槽，并按图纸要求加工坡口；焊接时应有可靠的防护和挡风措施，湿度大于 90％时不准施焊；焊后未冷却的接头，应避免碰到冰雪；为防止焊接裂纹，应进行预热并控制层间温度；当工作地点温度在 0℃ 以下时，应暂停焊接施工；现场拼接焊接应采取防晒、防雨、防风、防寒等措施，不准在母材上引弧。

焊缝外形均匀，焊道与焊道、焊道与基本金属之间过渡平滑，焊渣和飞溅物清除干净；所有焊缝必须完全焊透。焊缝和热影响区表平面不得有裂纹、气孔、夹渣、咬边、未熔合等缺陷。无损探伤检测应在外观检查合格后进行；所有焊缝应为连续焊，不允许有任何接头；所有焊缝应进行 100％ 超声波探伤，探伤检验标准应按 GB 50205—2001 第5.2.4 条的规定执行。X 射线探伤检验：需作射线探伤检验时，按 GB/T 3323—2005 标准评定，一级焊缝Ⅱ级合格，二级焊缝Ⅲ级合格。

3．承台温控方案

（1）冷却水管布置。基础承台内部有钢管桩、预埋基础环、连接件、J 型管、预埋件等钢管件，给预埋冷却水管的布置带来了一定的难度。承台高度 5m，冷却水管分 4 层布置，分别布置在承台高度为＋1m、＋2m、＋3m、＋4m 处。基础环外部的同一层冷却水管按绕开钢管桩及基础环等结构进行布置，采用"见缝插针"的原则进行安装；基础环内通过环向冷却水管进行布置（图 5.20）。冷却水管所采用的材料是具有良好导热性能的 D42×2.5mm 钢管，钢管间采用钢骨网树脂软管进行连接，与钢管连接端部用铁丝牢固绑扎至少 2 道。

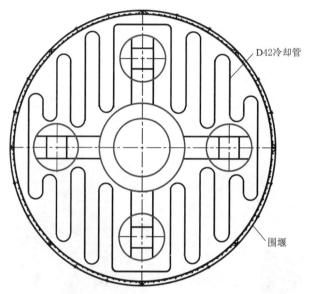

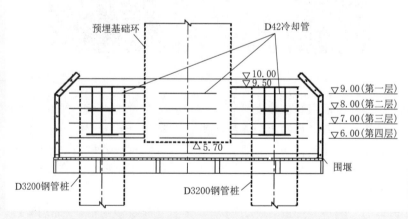

图 5.20　冷却水管布置图（高程单位：m）

（引自《福清兴化湾海上风电场一期（样机试验风场）项目施工组织设计》）

（2）冷却水管使用及控制。冷却循环系统布置见图 5.21，采用循环水作为冷却水，设置 2 个容积大于 10m³ 的连通蓄水箱，一个用于冷却进水，另一个用于冷却出水。冷却出水在水箱自然冷却一定时间并蓄满时，由水泵抽取到供应蓄水箱里进行补水。混凝土升温期可定期向进水箱补充新鲜水或冰块，以降低进水温度，提高冷却水降温效果；若进水温度与混凝土内部最高温度之差大于 25℃，需停止补充冷水，必要时补充热水以满足进水温度与混凝土内部最高温度之差小于 25℃ 的要求。

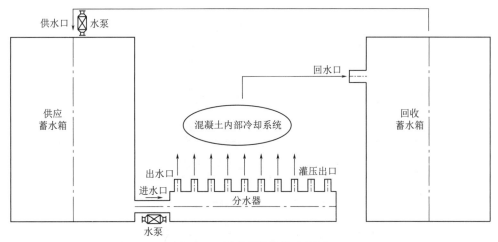

图 5.21 冷却循环系统布置图

（引自《福清兴化湾海上风电场一期（样机试验风场）项目施工组织设计》）

（3）混凝土温度控制标准。参照《大体积混凝土施工规范》（GB 50496—2009）相关规定，工程设置浇注温度、内表温差及降温速率三个主控标准，其他为参考标准。

（4）混凝土温度控制原则。控制混凝土浇注温度；尽量降低混凝土的水化热温升，延缓最高温度出现时间；通过保温控制温峰过后混凝土的降温时间；降低混凝土中心和表面之间、新浇与先浇混凝土之间的温差，以及控制混凝土表面环境气温之间的差值。

（5）现场温度控制措施。在混凝土施工中，应从混凝土的原材料选择、配合比设计以及混凝土的拌和、运输、浇注、振捣到通水、养护等全过程进行控制，以达到基本控制混凝土质量、混凝土内部最高温度、混凝土内表温差及表面约束的目的，从而控制温度裂缝的形成及发展。

4. J 型管安装

J 型管与底龙骨的相对位置见图 5.22，为避免二者位置冲突，J 型管分两次进行安装，先将承台内的 J 型管进行安装；待承台施工完成后，再安装承台以下 J 型管（J 型管连接法兰设置在封底混凝土预留孔内）。

由于 J 型管底座在钢管桩加工时已焊接到管桩位置，沉桩时 J 型管底座与设计位置可能存在偏差，因此在沉桩完成后，应对 J 型管位置进行实测，并报设计单位进行复核后，确定 J 型管安装位置。J 型管的位置偏差需要在设计单位认可范围内。

5. 承台钢筋制作安装

承台内钢筋在岸上加工厂完成半成品加工制作后，由运输船水运至现场进行绑扎。钢筋保护层厚度采用预制混凝土垫块进行控制。

（1）施工工艺流程。承台钢筋施工工艺流程见图 5.23。

（2）钢筋试验。钢筋进场后，经母材复检、焊接试验合格后，进行下料、弯曲成型或焊接加工，经工作船码头吊运至运输船上，再运至施工现场进行安装绑扎。图 5.24 是承台钢筋施工现场照片。

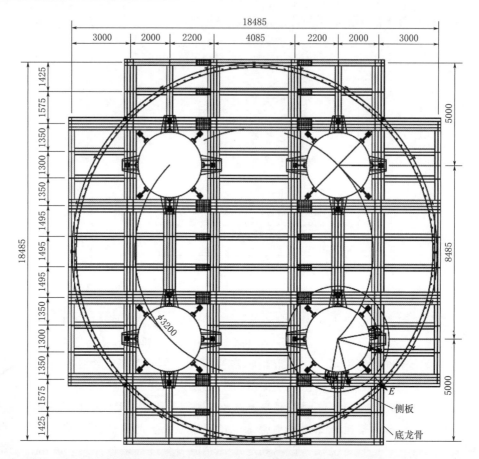

图 5.22　J 型管与底龙骨相对位置示意图（单位：mm）

（引自《福清兴化湾海上风电场一期（样机试验风场）项目施工组织设计》）

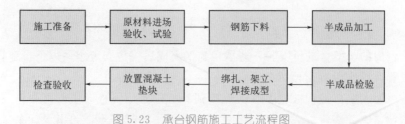

图 5.23　承台钢筋施工工艺流程图

（引自《福清兴化湾海上风电场一期（样机试验风场）项目施工组织设计》）

（3）钢筋接头处理。钢筋接头数量、长度及机械性能应符合相关规范要求，并严格按规范和设计要求进行绑扎或焊接，焊接质量必须满足规范要求。

（4）技术质量要求。钢筋进场应有原材料质保书，不同批次钢筋进场进行跟踪试验（原材料试验和焊接试验），试验合格后方可投入使用；钢筋半成品进行弯钩、折曲或其他加工，应采用不会损伤材料的冷弯方式；闪光对焊前，每批次钢筋制作两个试件进行冷弯试验，监理工程师旁站检查，试验及检查合格后投入使用；进行搭接焊时，钢筋接头做成双面焊缝或单面焊缝。双面焊缝长度不少于 $5d$（d 为钢筋直径），单面焊缝长度

不少于 $10d$。在焊缝长度内的钢筋略微弯曲，使焊接成型的钢筋保持在同一轴线上；钢筋的数量、规格、位置和保护层，以及钢筋绑扎、连接，应严格按照设计图纸进行施工。钢筋骨架底部与侧面使用预制混凝土垫块，侧向垫块设置带有铁丝并与钢筋扎紧，支垫牢固。垫块强度应高于构件混凝土强度；钢筋绑扎用的铁丝头不得伸入保护层内，在混凝土浇注前垫好保护层，确保钢筋保护层的厚度不发生偏差；清除外露钢筋表面松脱的热轧氧化皮铁锈、油脂或其他物质；钢筋遇预埋件或安装预留孔应适当移位，并采用钢筋加强措施。

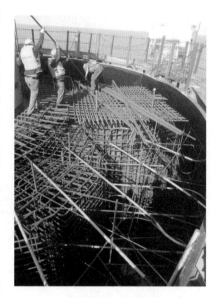

图 5.24　承台钢筋施工现场

6. 承台混凝土浇注

承台采用 C45 高性能海工混凝土，要求进行一次浇注，浇注方量约 1100m^3。混凝土由两台海上混凝土工程船进行供应，供应能力约为 $110\text{m}^3/\text{h}$，浇注时间约 10h。

（1）混凝土原材料技术要求。原材料主要包括骨料、水、水泥、混合材料、外加剂等。其技术要求如下：粗骨料含泥量小于 0.5%，泥块含量小于 0.25%，采用 $5\sim31.5\text{mm}$ 连续级配；细骨料采用中粗砂，含泥量小于 2%，泥块含量小于 0.5%，细度模数为 $2.5\sim2.7$；混凝土搅拌用水采用饮用水；水泥采用强度等级为 42.5 级 P. Ⅱ 型硅酸盐水泥。高性能混凝土为胶凝材料，在施工中要严格控制质量，确保胶凝材料和水泥的稳定性。粉煤灰掺量不大于胶凝总量的 50%，磨细高炉矿渣的比表面积控制在 $360\sim440\text{m}^3/\text{kg}$，混合掺料时采用预先在工程加工成复合料；高效减水剂减水率大于 25%。

（2）混凝土配合比设计。开工前向监理工程师上报混凝土配合比，并取得监理工程师的批准。高性能混凝土的最大水胶比为 0.35，胶凝材料总量 $400\sim500\text{kg}/\text{m}^3$。混凝土的抗氯离子渗透性不大于 1000C，混凝土抗氯离子渗透性的试验方法参照《海港工程混凝土结构防腐蚀技术规范》（JTJ 275—2000）附录 B。

（3）混凝土浇注。承台混凝土采用一次浇注成型的施工工艺，分层下灰浇注，分层厚度控制在 300mm 以内。混凝土的浇注连续进行，如因故间断，间断时间应当小于前层混凝土的初凝时间或能重塑的时间。混凝土在浇注过程中，控制混凝土的均匀性和密实性，不出现露筋、空洞、冷缝、夹渣、松顶等现象。承台混凝土浇注现场见图 5.25。

承台大体积混凝土在一天中气温较低时进行浇注，并控制混凝土水化热温度，具体技术措施为：①优选承台混凝土原材料，优化承台耐久性混凝土配合比设计；②减少承台混凝土浇注厚度，分层厚度控制在 30cm，加快混凝土散热速度；③在混凝土内埋设冷却管通水冷却。整体降温是大体积混凝土防裂最有效的措施，在本工程承台施工时采取在承台内埋设循环冷却水管进行混凝土降温；④混凝土浇注后注意覆盖保温，加强养护，遇气温骤降的天气采用保温措施，防止裂缝产生。混凝土一经浇注，立即进行全面的振捣，使之形成密实、均匀的整体。

图 5.25　承台混凝土浇注现场

1）热期混凝土施工。选择一天中气温较低时段浇注混凝土，浇注过程中采取以下措施以保持混凝土温度不超过 25℃：①在生产及浇注时对配料、运送、泵送及其他设备进行遮荫或冷却；②喷水冷却骨料；③与混凝土接触的模板、钢筋等表面，冷却至 30℃ 以下再进行混凝土浇注；避开在阳光强烈的中午高温时段浇注混凝土。

2）冬期混凝土施工。施工要求：①如室外日平均气温连续 5d 低于 5℃，混凝土工程施工所用材料及施工要求应符合相关规范规定，保证混凝土在浇注后的头 7d 不低于 10℃；②搅拌混凝土时，搅拌时间较规范规定的延长 50％；③选择在一天中高温时段浇注混凝土。

3）混凝土养护。采用在钢套箱、基础预埋环内蓄水养护。

4）混凝土防裂施工措施。采取施工措施后，经温度应力分析，不会产生结构裂缝。采取的施工措施包括配合比设计、水泥品种选择、胶凝材料选择、钢围堰加设保温层、混凝土入模温度控制、埋设循环冷却水管、延长拆模时间、加强混凝土养护等。

（4）混凝土防腐。混凝土的龄期达到 28d，通过合格验收后，混凝土结构表面采用硅烷浸渍保护进行防腐。硅烷系液态憎水剂浸渍混凝土表面，使其与已水化的水泥发生化学反应，反应物使毛细孔壁憎水化，使水分和水分所携带的氯化物难以渗入混凝土。

混凝土表面硅烷浸渍采用异丁烯三乙氧基硅烷单体作为硅烷浸渍材料，其质量应满足下列要求：①异丁烯三乙氧基烷的含量不应小于 99％；②硅氧烷含量不大于 0.3％；③可水解的氯化物含量不应大于 1/10000；④密度应为 0.88g/cm³；⑤活性应为 100％，不得以溶剂或其他液体稀释。

5.1.2.6　附属结构安装

附属构件包括防撞管、爬梯、内平台、外平台、电缆管、阴极保护系统等结构。为避免防撞管、爬梯、内平台、外平台、牺牲阳极、电缆管等结构在打桩过程中损坏，均采取沉桩后现场安装的措施。内平台应在沉桩之后及时安装，集成式附属构件在场内制作组拼，现场整体吊装。图 5.26 是施工中的基础承台靠泊系统。

5.1.3 经验总结

针对试验风电场复杂的海况、气象及施工条件，项目组创新性提出"临时辅助施工平台"及"直立式大直径钢桩＋嵌岩桩的桩基"方案。这两种方案的设计及实施，为试验风电场施工有条不紊的推进提供了可靠的技术支撑。

5.1.3.1 临时辅助施工平台

施工平台分为履带吊作业区、钻孔区及靠船设施，履带吊作业区采用"钢管桩＋分配梁＋贝雷梁平台"型式，钻孔区采用"钢管桩＋分配梁＋贝雷梁平台"及"钢管桩＋分配梁＋整体式桁架平台"两种结构型式。这种搭建作业平台的方法借鉴了施工单位中铁大桥局造桥的施工经验，为国内海上风电项目首创，此施工平台搭设虽然造价相对高一些，但对保证施工安全、增加施工

图 5.26　基础承台靠泊系统

有限日期、延长施工作业面有了显著的提高，在海上风力到达 8 级以上（常规海上施工条件为风速 6 级，浪高 1.5m），还能保证海上交通船只靠泊、施工作业人员进场、施工工序的正常进行。

样机试验风电场位于台海中部，夏秋两季受台风影响严重，冬季受季风影响严重，特别是 2017 年 10 月底至 2018 年 2 月底，海上风浪较大，海上风力达到 8 级以上天数占比明显增加。由于基础施工受环境因素影响较大，常规的钻孔平台施工在天气情况恶劣的情况下无法正常进行，采用履带吊机吊装平台配合整体式钻孔平台的施工方案既能有效地规避环境因素的不利影响，又能大大降低海上大型吊装设备的工作量，节约施工成本。

5.1.3.2 钢管桩沉桩

为保证基础钢管桩沉桩平面位置及倾斜度满足设计要求，保证钢管桩在自重作用下及在连续施振时能够垂直下沉，整体式钻孔平台共设置上下两层导向装置。其上层导向装置设置于钻孔平台顶部，下层导向装置设置于联结系顶部。插打基础钢管桩时，打桩船抛锚并起吊钢管桩，通过松紧锚缆，微调船位，使桩到达预定位置，再通过钻孔平台导向装置进行二次定位，使桩依靠自重下沉，最后由测量人员进行精确定位。沉桩开始阶段要重锤轻打，以防溜桩。在沉桩施工过程中，需要重点考虑桩底遇到孤石及塌孔的问题。

由于主体钢管桩直径及壁厚较大，设计不允许插打时进行接桩，而通过增大能量锤又可能会造成钢管桩刃脚结构损坏，因此，对部分下沉困难桩位，当沉桩未达到设计标高时，在整体式平台之上再增加 1 层临时钻孔平台，将平台加高后，先使用冲击钻进行钻孔施工，钻孔至钢管桩设计桩底标高以上 0.5m 后，再使用液压冲击锤进行二次沉桩，直至沉桩至设计标高。

5.1.3.3　嵌岩桩施工

兴化湾项目水文条件恶劣（水深差异大、潮差大），地质条件复杂（覆盖层厚度变化大、地质分层差异性大），且存在分布不详的块球体。为解决复杂岩基条件下的风电机组基础桩基设计难题，项目组创新性地提出了直立式大直径钢桩＋嵌岩灌注桩的桩基设计方案，对开展嵌岩施工装备进行比选。

Y5-1 号桩和 Y9-2、Y9-3 号桩在钻孔过程中，桩底岩层出现孤石（块球体）情况，对施工正常推进造成了较大的影响。其中 Y5-1 号桩底部出现了较大变形的情况，严重影响了施工工期的正常推进。针对这种问题，采取的施工方案为：钢管桩不再跟进，切割桩顶超出部分和桩底变形部分，同时要考虑孔内翻砂和塌孔的风险，采用"外堵内清"的方法，即桩底外采用高压旋喷桩压浆的工艺，向桩底周围注入水泥浆，固结周围砂石土体，桩底内则对冒进孔内的土砂进行循环抽渣处理后通过灌注封底混凝土的方法来遏制桩底内部及外部的翻砂情况。Y9-2、Y9-3 号桩底部变形情况相比 Y5-1 号桩，变形量较小，不需要采用 Y5-1 号桩那么复杂的方式，采取的施工方案为：钢管桩不再跟进，切割桩顶超出部分和桩底变形部分，采取向孔内投运黄土及回填片石或者浇注封堵混凝土的方法对孔内漏砂情况进行堵漏处理，然后正常钻进。

Y5-1 号桩和 Y9-2、Y9-3 号桩在钻孔过程中，桩底岩层出现孤石（块球体）情况，造成这种情况的主要原因还是场区内地质条件比较复杂。目前国内的地质勘测技术条件有限。项目中钢管桩直径为 3.2m，探头直径为 10cm，一个机位只进行 3 个点的勘测，这种"以点带面"的勘测方法，不能完全保证地勘资料的准确性，特别是在遇到特殊异常地质的机位，显得无能为力，所以在后续的海上风电施工地质勘测中，务必要重视这个问题，从勘测方案上做重点突破，同时也要积累处理地质异常的经验。

5.2　海缆施工

5.2.1　工程概况

海缆敷设工程为临时送出方案中的海缆敷设，根据施工区域可将工程敷设划分为主海缆和机间海缆两个部分。

5.2.1.1　主海缆

风电场 14 台风电机组被分成 A、B、C 共三组集电线路，容量分别为 25MW、29MW、24.4MW。为了降低成本，首台风电机组布置尽可能靠近升压站，同时需要兼顾样机工程建设施工顺序要求。主海缆路由是从 110kV 升压站至三组集电线路的首台风电机组。

三根主海缆路由从 110kV 临时升压站内的 35kV 开关柜引出后，经站内海缆井，从预埋的防腐钢管穿出至潮间带，朝风电场 A 区域场地轮廓线西北角敷设，经直埋陆地段和潮间带入海底段，进入海底段后继续敷设至 A 区域场地轮廓线西北角附近，电缆转向沿 A 区域西侧范围线敷设，一直敷设至 Y1、Y6 和 Y10 风电机组基础处，通过风电机组基础 J 型管到达风电机组塔筒外侧承台底部，在 J 型管顶部采用锚固装置进行锚固，经电缆支架后通过风电机组塔筒预留孔洞进入风电机组底部与风电机组内环网柜相连。

海底敷设深度为 2.5～3m，海缆间距为 30m，潮间带敷设深度为 1.5～2.0m，海缆间距为 4～30m。

升压站内陆地段敷设在电缆沟内，海上到电缆沟的部分采用穿管敷设，管道为预埋防腐钢管。电缆沟内的海缆敷设在桥架上。

5.2.1.2　机间海缆

项目的集电线路分组及机间海缆情况如下：

A 风电机组：Y1～Y5 风电机组。5 台 5MW 风电机组，风电机组总容量为 25MW。

B 风电机组：Y6～Y9 风电机组。Y6、Y7 为 2 台 6.7MW 风电机组，Y8、Y9 为 2 台 5.5MW 风电机组，风电机组总容量为 24.4MW。

C 风电机组：Y10～Y14 风电机组。Y10～Y13 为 4 台 6MW 风电机组，Y14 为 1 台 5MW 风电机组，风电机组总容量为 29MW。

机间 35kV 交流复合海缆起始于风电机组内环网柜，经电缆支架并通过风电机组塔筒外侧承台底部 J 型管进入海底，在 J 型管顶部采用锚固装置进行锚固，底部采用中心夹具固定。然后敷设至下一风电机组的基础处，通过 J 型管、电缆支架后与风电机组内环网柜相连。

5.2.2　主海缆路由选择分析

风电场风电机组通过 3 回 35kV 海缆在风电场场区西北侧的福清核电站侧登陆，接入新建 110kV 升压站，升压后经 1 回 110kV 线路 T 接至 110kV 福清核电施工变与 220kV 华塘变电站的 110kV 侧架空线路送出。设计初期，对于主海缆的路由选择，提出了三套方案。

方案一 [图 5.27（a）]：三条主海缆分别由试验风电场北端的 Y1、Y6 和 Y10 风电机组接出后，沿风电场北边界向东北接出约 1km 后汇集，然后经桃仁岛东侧向北登陆，接入 110kV 临时升压站，海缆全长 30.6km。

方案二 [图 5.27（b）]：三条主海缆分别由试验风电场北端的风电机组接出，经桃仁岛西侧沿福清核电温排水区边界以及规划 C1 区边界向北登陆，接入 110kV 临时升压站。海缆全长 26.7km。

方案三 [图 5.27（c）]，三条主海缆分别由试验风电场南端的风电机组接出，沿试验风电场南边界向东北接出，然后沿试验风电场东边界向北登陆，接入 110kV 临时升压站。海缆全长 36.5km。

综合比较各方案的技术经济指标，最终选定路由最短的方案二。

5.2.3　海缆路由区海域情况

5.2.3.1　地质情况

工程区在大地构造划分上位属闽东火山断坳带。海区属南亚热带海洋性季风气候，气温较高，气候暖和。工程海域潮流占主导地位，余流较弱；潮流主要为规则半日潮流，运动形式为往复流，涨潮流向偏西北，落潮流向偏东南，落潮流历时长于涨潮流历时。

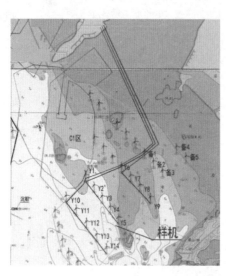

（a）方案一

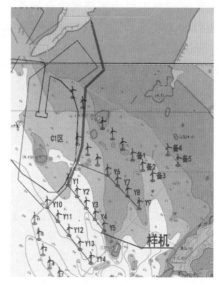

（b）方案二

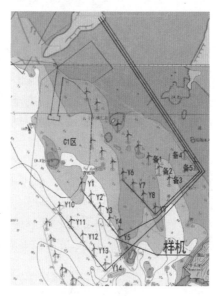

（c）方案三

图 5.27　主海缆路由方案

（引自《福清兴化湾海上风电场一期（样机试验风场）项目海缆设计方案》）

5.2.3.2　地形地貌

1. 登陆端地貌

登陆端陆地主要为沿海侵剥蚀丘陵地貌，岩性主要以燕山早期第三次侵入黑云母花岗岩、燕山早期第二次侵入灰白色花岗闪长岩及侏罗系南园组第二段浅灰色流纹质晶屑凝灰熔岩夹凝灰岩、砂岩为主，局部为燕山晚期第一次侵入的石英闪长岩及闪长岩。福清核电站厂区在登陆点附近。

2. 海底地貌

路由区内海底地貌主要为潮滩和水下浅滩,海底地形平坦,由岸向海约 3.3km 为潮滩,滩面宽坦,坡度 1‰～2‰,低潮时完全出露;潮滩往下为水下浅滩,大部分水深在 10m 以内,地形平坦,坡度小于 1°。

工程区内礁石主要为青蛇礁,该礁石为干出礁,低潮时出露,高潮时被水淹没,青蛇礁附近地形变化较大,水深最大达 15.3m;青蛇礁西北存在一挖坑区域,该区域由于人工扰动影响,地形坑洼不平,区域水深 7.0～13.3m,沉积层较厚;在路由区南端由于潮汐通道影响,海底地形变化较大,且有基岩出露。

5.2.3.3 水文情况

路由区海域场内观测期年平均海面为 0.28m,潮位在 −4.15～4.57m 之间,最大潮差为 7.77m;观测期间年平均涨潮历时 6 小时 4 分钟,平均落潮历时 6 小时 15 分钟。设计高、低潮位分别为 3.53m 和 −2.98m。全年常浪向为 SSW,次强浪向是 NE 和 ENE。全年的波向以 SWS 为主。夏季波向分布最为集中,冬季波向的分布最为分散。

工程海域潮流占主导地位,余流较弱;潮流主要为规则半日潮流性质,运动形式为往复流,涨潮流向偏西北,落潮流向偏东南,落潮流历时长于涨潮流历时;垂向流速分布自表层至底层呈逐渐减小趋势,无异向流层存在。

全年主要的有效波周期接近 4s,且一般小于 7s,对应最常出现的有效波高小于 0.1m;春季主要的有效波周期介于 4～4.5s;夏季最常出现的有效波周期介于 3～4s;秋季主要有效波周期介于 3.5～4s;冬季没有周期小于 3s 的短波,最常出现的波周期介于 3～4s。

5.2.3.4 气候情况

兴化湾的年平均温度在 20.7～20.9℃之间,年平均日照时长为 1708.2～1877.7h,气温较高,气候暖和;年平均降水量为 1274.4～1536.2mm,年平均相对湿度为 73%～75%,降水中等,湿度稍低;年平均风速为 2.1～6.0m/s,湾内岛区风速较大,湾底陆域风速较小。6—8 月盛行偏南风,9 月至次年 5 月盛行偏北或偏东风。

根据大气环流和天气系统在一年中的演变情况,项目区域内自然天气季节划分为:3—6 月为春季,7—9 月为夏季,10—11 月为秋季,12 月至次年 2 月为冬季。春季天气多变,忽冷忽热,常有暴雨,多阴雨天气;夏季光照强,温度高,多台风影响;秋季干燥少雨,晴天多;冬季温度低,相对干冷。

5.2.3.5 功能区域

工程区内存在较多设施养殖。施工开工前,建设单位已与三山镇、沙埔镇政府就项目实施与影响的无权属设施养殖达成相关协议,保证设施养殖获得合理补偿。

项目建设位置距离福清核电站较近,海底电缆也穿越核电 5km 限制区,建设单位在施工开工前取得福清核电站建设单位同意。

海底电缆路由符合福建省海洋功能区划,符合其他相关规划。海底电缆路由建设对附近港口码头、航道航路、锚地、已敷设海底电缆等基本无影响。

5.2.4　海缆结构

5.2.4.1　海缆作用

1. 输送电能

海底电力电缆的主要作用是在海底传输大功率电能，与地下电力电缆的作用相同，只不过应用场合和敷设方式不同。由于海底电缆工程被世界各国公认为复杂困难的大型工程，环境探测、海洋物理调查，以及电缆的设计、制造和安装等方面，都需要应用较为复杂的技术。因而海底电缆的制造厂家在世界上为数不多，除我国外主要还有挪威、丹麦、日本、加拿大、美国、英国、法国、意大利等国，上述这些国家除制造外还提供敷设技术。

对于风电场而言，海底电力电缆主要保证了海上风电场电能的顺利输出，同时，为风电机组在停运状态下提供电源，以保证海上风电机组除湿防腐等保护设备的正常运行。

2. 通信

海上风电工程中所用的海缆通常采用光电复合海缆，电缆外护套内设置光纤。这样在传输电能的同时，还可用于通信信号的传输，保证了风电机组间以及风电机组与陆上集控/调控中心之间的通信与控制信号的可靠传输。

5.2.4.2　海缆结构

1. 海缆结构简述

项目采用的海缆是三芯铜导体铅护套光纤复合电缆，属于三相共缆电力电缆。整个海缆系统由海缆本体、海缆保护系统、海缆锚固装置、电缆接头及光纤接头构成。

（1）海缆本体。项目所采用的海缆为三相铜导体交联聚乙烯绝缘铅套防水层粗钢丝铠装聚丙烯纤维外被层光纤复合海底电力电缆，海缆结构示意图和实物截面分别参见图4.10 和图 5.28。

图 5.28　海缆截面

各结构层作用说明如下：

1）阻水铜导体。铜导体采用正规绞合，分层嵌入阻水带，分层紧压。正规绞合是为了方便内层线芯做阻水处理，以及在制作工厂软接头时，焊接铜导体较方便，且有足够的机械强度。阻水处理采用国内通用的阻水膨胀带隔断工艺。

2）导体屏蔽层。对于电力电缆而言，在导体表面加一层半导体材料的屏蔽层，它与被屏蔽的导体等电位，并与绝缘层接触良好，避免在导体与绝缘层之间发生局部放电。这一层屏蔽，又称为内屏蔽层。对于海底电缆，绝缘屏蔽层还可以增强导体的纵向阻水性能。导体屏蔽一般设计成重叠绕包高强度半导体阻水带和挤包导电聚烯烃屏蔽层结构。

3）主绝缘。目前 35kV 电缆主绝缘材料均采用交联聚乙烯材料（简称：XLPE）。该材料在电气性能上有较小的介质损耗因数，绝缘性能较好，同时 XLPE 电缆的电容也较小。在无有效接地系统中，充电电流和单相一点接地故障电流可得到有效降低。本项目采用偶氮交联聚乙烯作为主绝缘材料。

4）绝缘屏蔽层。绝缘屏蔽层在电气性能上的作用与导体屏蔽层类似，均可以有效降低绝缘层表面与外部结构的电位梯度，减小局部放电概率。

5）阻水缓冲层。在绝缘屏蔽层外重叠绕包半导体阻水膨胀带，形成阻水缓冲层，其作用为：①半导体阻水缓冲层与导体中嵌入的阻水材料共同构成了海底电缆的纵向阻水结构；②对下一道连续挤铅工序提供一层必要的防烫伤保护层；③对 XLPE 绝缘层运行温升产生的膨胀起到缓冲作用。

6）合金铅护套——金属屏蔽层。合金铅护套作为海底电力电缆的金属屏蔽层，亦是海缆的径向阻水层和防腐蚀层，同时又是瞬态短路电流的通路。由于合金铅的力学强度和蠕变性能要比纯铅高，因此电缆铅护套大多采用合金铅挤包而成。本项目合金铅护套牌号为：A 号铅锑铜合金；主要成分为：锑 0.4%～0.5%，铜 0.02%～0.06%，其余为铅及其他微量金属。

7）塑料增强保护层——外护套。合金铅比较柔软，机械性能较差。为了保护铅套在制造、敷设和使用中不受损伤，通常在合金铅护套外，用挤塑机挤制一层塑料增强保护层，两者之间还要涂敷一层黏结剂，使其成为一个整体，从而提高对电缆线芯的综合保护性能，其材料为海缆专用的低密度聚乙烯护套料。其主要作用为：①改性聚乙烯护层机械强度优于的铅护层，能部分吸收和分散外部对铅护套的应力，可提高电缆铅套的耐浪涌冲击性能及抗疲劳性能；②与合金铅护套共同构成了径向防水屏障；③与合金铅套共同构成防腐蚀结构，可有效地隔绝海水中化学、生物等因素对海缆的腐蚀侵害。

海底电缆铅套外的外护套层，是海底电缆防水、防腐蚀保护设计的关键构件。为了改善护套外层的电位分布，通常会在护套外表面涂刷一层半导体石墨。

8）成缆填充条。海缆的成缆填充用料采用发泡 PE 填充条。PE 填充条较柔软，成缆工艺性能较好，成缆后外形较圆整。填充层采用外围捆扎结构进行紧固以防松散变形。

9）外护层。海底电力电缆的外护层一般由内衬层、钢丝铠装层和外被层三部分组成。三芯海底电力电缆一般采用单层镀锌粗圆钢丝铠装。如敷设于浅海礁盘上的海底电缆，由于受到潮流的冲击，海底电缆在坚硬的礁石上摩擦，铠装钢丝层比较容易磨耗损毁。因此有必要采用相应的保护措施。

10）光缆单元。在三芯海底电力电缆成缆时，在填充区中加入两根海底光纤单元（光纤单元结构参见图 5.29），每根光纤单元含有 24 根光纤，两根共 48 根光纤，其中单模光纤 2×20 根，多模光纤

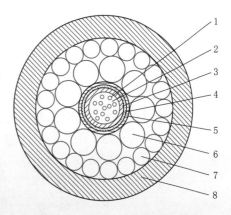

图 5.29　光纤单元结构截面图

（引自《福清兴化湾海上风电场一期（样机试验风场）项目青岛汉缆产品说明书》）

1—单模光纤；2—光纤膏；3—高模量聚酯松套管；4—填充油膏；5—不锈钢松套管；6—铠装内层磷化钢丝；7—铠装外层磷化钢丝；8—高密度聚乙烯增强保护层

2×4 根。其结构为细钢丝铠装、不锈钢复合松套管的光缆单元结构，称为不锈钢复合松套管型光缆单元。内、外两层高强度磷化钢丝的绞合方向相反，构成无旋转扭矩的平衡铠装，以提高不锈钢复合松套管光缆单元的抗张力破坏性能。

（2）海缆保护系统。

1）海缆登陆风电机组平台的方式选择。海缆端部保护形式取决于海缆登陆方式。目前，海缆登陆方式主要有 J 型管登陆和无 J 型管登陆两种方式。

J 型管登陆是在桩基基础上安装 J 型管，海缆从其底部的喇叭口穿入后登陆风电机组平台。该登陆方式优点在于不会破坏桩体结构，保证了桩基的完整性，适用于小直径桩基基础的风电机组平台。缺点在于需要在桩基上安装两根 J 型管，增加了造价并延长了海上作业时间。

无 J 型管登陆是直接在桩基上开孔，并预留海缆管道，海缆从开孔处穿入桩基经海缆管道后登陆。该登陆方式优点在于无需要安装 J 型管，减少了造价以及海上作业时间。缺点在于需要在桩基上开孔，孔径通常在 300mm 左右，对桩体结构有一定的损伤，影响桩基的受力特性，适用于大直径桩基和重力式基础的风电机组平台。

由于本项目采用的是高桩承台基础，桩径通常在 2m 左右，在桩基上开孔对桩基的受力影响较大，因此统一采用 J 型管登陆方式。

2）海缆端部保护。从海床面到 J 型管喇叭口之间的海缆悬空，在海水洋流动力影响下，基础周围易形成冲刷凹陷区，海缆悬空长度会进一步扩大，易发生过度弯曲和疲劳损伤现象。另外，砂石、抛弃物等极易对该处海缆造成磨损和冲击损害。该区段海缆需增加相应的保护。

考虑海缆在 J 型管内的摆动，通过中心夹具，抱紧海缆，卡于 J 型管喇叭口，限制海缆摆动。同时，为了防止塔筒四周塌陷区造成海缆悬空而过度弯曲，采用刚性模块化弯曲限制器进行弯曲过渡保护。该弯曲限制器设计有最小弯曲半径，确保海缆的弯曲半径不会小于设计半径。项目采用 DCJ－A100 型中心夹具和 DRW－X 型弯曲限制器，弯曲限制器长度为 9m，以保证最小弯曲半径不小于电缆直径的 20 倍。中心夹具以及弯曲限制器均采用哈呋式结构，即分半剖分结构，该结构可以在安装船上进行安装，以减少潜水员水下工作量。弯曲限制器的材料为高密度聚氨酯材料，采用柔性互锁模块化结构。通过机械锁定防止海底电缆和刚性结构之间界面处的过度弯曲。当海底电缆受到外部负载时，通过弯曲限制器锁定最小弯曲半径对海缆进行保护。

3）浅埋段保护。主海缆路由途中存在一段较薄淤泥层，海缆埋深在 1m 以内。为保证海缆的可靠性，采用石笼保护，保护范围约为 600m。石笼主要通过两种方式对海缆进行保护。

方式一：石笼覆盖。由于埋深较浅，海缆容易受到所在海域的渔船、施工船舶抛锚损伤的威胁，在海缆埋层上加盖了相当厚度的石块，从而减小了船舶抛锚对其损伤的概率。

方式二：重力压持。由于海缆埋深较浅，淤泥对其夹持力较小，海缆在洋流的作用下会产生左右摆动和蠕动，海缆外护套和裸岩的接触面会产生相对位移而导致海缆表面磨损，从而损伤海缆，石笼保护通过大量石块的重量，增加了对海缆的压持力，从而阻止了海缆外护套相对于岩石表面的移动，避免由此导致的海缆损伤。

（3）海缆锚固装置。海缆经 J 型管登陆风电机组机位平台后，但由于其竖直段自重大，存在滑坠的风险。海缆锚固将海缆牢靠的锚固于风电机组机位平台，以防滑坠，提高其运行的可靠性。

项目针对机位平台及机位间连结特点，每机位平台配备两套锚固装置，且均设置于 J 型管上端出口处。锚固装置的设计遵循适配海缆的原则，即锚固范围与海缆线径相匹配；海缆锚固装置主体部分由内、外两层不锈钢套管组成，并通过不锈钢螺栓与 J 型管端法兰面相连，见图 5.30。

为提高海缆锚固装置的防腐性能，海缆锚固装置各零部件均采用不锈钢材质，且待安装完毕后进行必要的涂漆处理，双色铜扁线接地。

图 5.30　海缆锚固装置

（4）电缆接头。海缆敷设完毕后，为使其与风机系统构成连续、完整的输供电线路系统，须对风电机组机位侧海缆进行终端头制作，并与主网系统或风电机组环网柜对接。电缆接头须保持电缆密封，以防止潮气侵入电缆内部；并保证良好的绝缘性能，以满足长期安全可靠运行的要求。

项目的海缆接头均为终端接头，无中间接头，终端接头有两种形式：一种是在升压站 35kV 开关柜内的带裙边的 35kV 高压电缆终端接头（图 5.31）；另一种是风电机组环网柜内的 T 型海缆接头（图 5.32），即通常所说的电缆中间分支头，接头的形状像"T"字形。T 型电缆接头作为电缆主线连接，在其尾部可接肘型插头，以增加电缆进出线路数；也可接肘型避雷器，以作设备保护之用；还可接接地电缆头，以便于对设备和电缆进行检修。

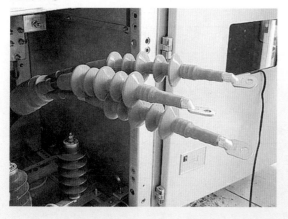

图 5.31　35kV 开关柜内接头

图 5.32　T 型海缆接头（密封堵头未安装）

（5）光纤接头。光纤接头的作用是将两根光纤端部联结在一起，并对接续部分进行保护。光纤接头是光纤的末端装置。光纤接头制作主要采用熔接工艺。

2. 海缆选择及主要结构参数

根据电缆路径，35kV 海缆有多种敷设方式。虽然大部分海缆在海底埋设，海底的温度较低，土壤的热阻系数小，埋设的电缆载流量较大，但由于进入风电机组塔筒底部、进入升压变电站的电缆通道中充满空气的管道中敷设，且敷设系数不同，空气管道中电缆载流量较小。本工程海缆载流量应按海缆在上述各种工况下结合一定裕度的最小值来确定。通过上述原则选择，结合风电机组的分组情况列出各段海缆型号规格见表 5.2，各种规格海缆的结构尺寸参见表 5.3。

表 5.2　　　　　海缆型号规格

海缆规格: HYJQF41-26/35-3×(S)+OFC		截面积					
		70mm²	150mm²	185mm²	240mm²	300mm²	400mm²
空气管道中载流量		223A	223A	343A	390A	438A	582A
海底载流量		256A	256A	385A	423A	483A	621A
A组	风电机组容量	1×5MW	2×5MW	3×5MW	4×5MW	5×5MW	
	载流量	87A	174A	261A	348A	435A	
B组	风电机组容量	1×5.5MW	2×5.5MW	2×5.5MW+1×6.7MW		2×5.5MW+2×6.7MW	
	载流量	96A	192A	309A		425A	
C组	风电机组容量	1×5MW	1×5MW+1×6MW	2×5MW+1×6MW	2×5MW+2×6MW		2×5MW+3×6MW
	载流量	87A	191A	295A	399A		503A

表 5.3　　　　　海缆的结构尺寸　　　　　单位：mm

截面规格	截面积 70mm²		截面积 150mm²		截面积 185mm²	
	厚度	外径	厚度	外径	厚度	外径
导体		10.0±0.3		14.6±0.3		16.2±0.3
导体屏蔽（绕包+挤包）	0.2+0.8	12.6±0.6	0.2+0.8	17.2±0.6	0.2+0.8	18.8±0.6
绝缘	10.5	33.6±1.0	10.5	38.2±1.0	10.5	39.8±1.0
绝缘屏蔽	1	35.6±1.2	1	40.2±1.2	1	41.8±1.2
半导电阻水带	0.6	37.6±1.5	0.6	42.2±1.5	0.6	43.8±1.3
铅套	2	41.6±1.7	1.9	46.0±1.7	2	47.8±1.5
PE 内护套	1.8	45.2±2.0	1.9	49.8±2.0	2	51.8±1.7
石墨层	0.1		0.1		0.1	
成缆外径		97.4±3.0		107.3±3.0		111.6±3.0
布带绕包	0.1	97.8±3.2	0.1	107.7±3.2	0.1	112.0±3.2

续表

截面规格	截面积 240mm²		截面积 300mm²		截面积 400mm²	
	厚度	外径	厚度	外径	厚度	外径
PP 垫层	3	99.8±4.5	3	109.7±4.0	3	114.0±4.0
钢丝铠装	6	111.8±5.0	6	121.7±5.0	6	126.0±5.0
防腐沥青	0.5		0.5		0.5	
外被层	2×3.0	117.8±7.0	2×3.0	127.7±7.0	2×3.0	132.0±7.0
导体		18.4±0.3		20.6±0.3		23.8±0.5
导体屏蔽（绕包＋挤包）	0.2+0.8	21.0±0.5	0.2+0.8	23.2±0.5	0.2+0.8	26.4±0.7
绝缘	10.5	42.0±1.0	10.5	44.2±1.0	10.5	47.4±1.0
绝缘屏蔽	1	44.0±1.2	1	46.2±1.2	1	49.4±1.2
半导电阻水带	0.6	46.0±1.5	0.6	48.2±1.5	0.6	51.4±1.5
铅套	2	50.0±1.7	2.1	52.4±1.7	2.1	55.6±1.8
PE 内护套	2	54.0±2.0	2	56.4±2.0	2.1	59.8±2.0
石墨层	0.1		0.1		0.1	
成缆外径		116.3±3.0		121.5±3.0		128.8±3.0
布带绕包	0.1	116.7±3.2	0.1	121.9±3.2	0.1	129.2±3.2
PP 垫层	3	118.7±4.0	3	123.9±4.0	3	131.2±4.0
钢丝铠装	6	130.7±5.0	6	135.9±5.0	6	143.2±5.0
防腐沥青	0.5		0.5		0.5	
外被层	2×3.0	136.7±7.0	2×3.0	141.9±7.0	2×3.0	149.2±7.0

5.2.5 海缆施工设备

海缆敷设施工船组由海缆敷设船、锚艇、工作艇组成。海缆敷设船是海缆敷设安装工程中的主要工作船，锚艇和工作艇作为辅佐船。项目采用的锚艇是平浙 8 号锚艇（图 5.33），主要用于海缆船锚定位抛锚定位、海缆船的牵引锚抛锚定位，以及在无需敷缆工作时，负责海缆船的移动。工作艇为吃水在 0.5m 以下的小艇，主要用于海缆船与机位之间，以及浅滩登陆时的人员、物资及工器具的运输。

图 5.33　平浙 8 号锚艇

项目先后采用源威 5 号和三航驳 203 号海缆船，二者结构十分相似。三航驳 203 号海缆船的结构和布局参见图 5.34，其主要参数见表 5.4。

图 5.34　三航驳 203 号海缆船

表 5.4　　　　　　　　　　　海缆敷设船主要参数

项目	参数	项目	参数
船名	三航驳 203 号	船东	上海申南
船长	60m	船宽	20m
型深	3.5m	最小吃水	0.7m
最大吃水	2.8m	移动方式	拖带
排水量	1600t	用电缆型号	35kV
装载量	1100t	敷缆长度	33km
抗风等级	8 级	承载人数	25 人

海缆敷设船主要由船体、储缆盘、退扭架、水力敷设机以及牵引锚定系统五个部分组成。

（1）船体。三航驳 203 号海缆船船体是一艘工程用浅吃水驳船，船体呈长方形，船体尺寸为 60m×20m×3.5m（长×宽×深）。驾驶室、办公及生活设施设置在船尾，敷缆设备布置在驳船主甲板上。

（2）储缆盘。由于海底电缆施工的特殊性，海缆通常从生产厂家出厂后直接存放于海缆船的储缆盘内。三航驳 203 号采用的是立式内外盘双出缆单回转盘结构，可同时在直径为 5m 的内盘与直径为 18m 的外盘上盘绕储存两层电缆，并分别驱动配合送缆机对外输送电缆，在施工上更具灵活性。该储缆盘最大储缆重量为 1100t，最大储缆长度为 33km。

（3）退扭架。电缆在运输和盘放过程中会产生扭转力，尤其是由水平输送带输送至电缆盘这一过程，成为电缆内部产生扭转力的主要原因。为了克服这一扭力，海缆在敷设施工时，需要依靠一定的高度进行退扭操作，以消除电缆内部的应力，防止应力过大造成铠装膨胀甚至绝缘破损。退扭架是实现退扭操作的装置。三航驳 203 号上采用的是"T"字形横向布局退扭架，由一个立柱型桁架配合缆线承载用的构架所构成，退扭架离船甲板高度为 19m。

（4）水力敷设机。海底电缆由海缆水力敷设机进行埋设。其海缆水力敷设机对软土底质的海缆敷设均有较好的效果。三航驳 203 号上的水利敷设机能铺埋直径在 220mm 以内的海底光电缆，埋深可在 1.5～3.2m 之间调节，最大能达到 3.2m，适用于含水量 W $=40\%$，液性指数小于 1.3，塑性指数 I_P 在 30% 左右，抗剪强度在 2MPa/cm^2 左右的较坚硬的黏土土质。水力机械海缆敷设机主要技术参数见表 5.5。

表 5.5 水力机械海缆敷设机技术参数

项　目	参　数	项　目	参　数
电缆直径	20～220mm	持续工作能力	2000h
埋设深度	1.5～3.2m	水泵站总功率	350kW×2
牵引速度	1～12m/min	破土剪力	24kPa
作业水深	1.8～80m	主机重量	11t
抗水流能力	6 节	外形尺寸（长×宽×高）	11m×5m×3m
作业拖曳力	7～10t		

（5）牵引锚定系统。三航驳 203 号的牵引锚定系统分为牵引系统、锚定系统、辅助定位系统三个部分。牵引系统采用的是牵引锚加钢缆绞盘，布置方式为船侧位布置，安装在水力敷设机对边的船体中点，这样布置可以最大限度地抑制洋流对船体的影响，从而最大限度地稳定船体。牵引系统由锚体、钢丝绳和卷扬机构成，使用时通过锚艇将锚体抛至预定位置，卷扬机驱动船体向预定航向行进。

锚定系统共有四个定位锚，分别布置在船的四个角上。其主要作用是停船时固定船体，其中，与牵引系统同侧的两个定位锚在敷缆过程中还起到稳定船体不受洋流影响，并对海缆敷设路由有纠偏作用，定位锚结构与牵引锚相似。施工过程中多采用"八"字抛锚法。

项目采用法国 FX-412 型 DGPS 辅助定位系统。该 DGPS 采用国家差分 GPS 参考台的差分信号进行修正，系统定位精度为 1m。

操作系统为海达 6.1 导航软件。海达 6.1 是导航控制软件包，可以显示船的航迹、测线、锚位、障碍物或建造物。质量控制数据可与航迹信息同时显示。该系统能够从几个定位系统中提取数据并直接对比。

监测系统为上海源威建设工程有限公司研制的电缆敷设监测系统。该系统通过数据采集仪采集各传感器传输敷设速度、牵引张力、电缆张力等信号，并接入计米器，水深仪，流速仪，经初步转换后传输给后台应用处理软件，经运算及处理，反映至微机显示器上或外接显示屏上，进行连续存储。

5.2.6 海缆敷设施工

5.2.6.1 准备工作

1. 试验

（1）出厂试验。海缆出厂前，由制造厂按 JB/T 11167.1—2011、GB 12706—2008 及 GB/T 18480—2001 规定进行海缆出厂试验。出厂试验项目参见表 5.6。

表 5.6　　　　　　　　　　　海 缆 出 厂 试 验 项 目

序号	试 验 项 目			试 验 方 法 标 准
1	电缆	导体直流电阻试验		GB/T 3956—2008 、JB/T 11167.1—2011
2		局部放电试验*		IEC 60502、GB/T 12706—2008、GB/T 3048.12—2007、JB/T 11167.1—2011
3		交流电压试验 65kV/30min		IEC 60502、GB/T 12706—2008、JB/T 11167.1—2011
4		外护套直流耐压		IEC 60502、GB 2952.1—2008、JB/T 11167.1—2011
5	光缆	外观和机械检查	长度	GB/T 18480—2001
6			尺寸	GB/T 18480—2001
7			质量	GB/T 18480—2001
8		光学性能	衰减常数	GB/T 18480—2001
9			衰减均匀性	GB/T 18480—2001
10			色散	GB/T 18480—2001
11		电气性能	直流电阻	GB/T 18480—2001
12			绝缘电阻	GB/T 18480—2001
13			直流电压	GB/T 18480—2001

*　局部放电试验在 $1.73U_0$ 时，放电量小于 5pC。

（2）现场试验。

1）交流耐压试验。

主海缆：电压的波形基本是正弦波，频率应为 20～300Hz。试验电压为 52kV/1h，不击穿。

机间海缆：交流 26kV/24h，不击穿。

2）外护套试验。在金属套和外护套表面导电层之间以金属套接负极按 8kV/mm、最大 25kV 施加直流电压，历时 1min，外护套应不击穿。现场试验结果合格。

3）光缆的 OTDR 测量。现场安装调试完成后，应对各部分双方 OTDR（光时域反射）进行测量。对多模光纤进行 850nm 和 1300nm 测量，对单模光缆进行 1310nm 测量。测量的范围应设置大约为实际长度的两倍。

2. 施工前准备

（1）海缆装船。由于海缆敷设的特殊性，海缆通常是在海缆制造厂码头直接安装在海缆敷设船上，然后运输至施工海域进行敷设。

本项目施工过程中海缆共涉及 6 种型号截面积，从 70～400mm² 不等，且长短不一。根据施工计划，海缆分两次装船，装船顺序如表 5.7 所示。

表 5.7　　　　　　　　　　海 缆 装 船 顺 序

第一次　源威 5 号装缆					
位　置	型号截面积/mm²	长度/m	位　置	型号截面积/mm²	长度/m
外盘最低层	70	790	外盘第三层	240	720
外盘第二层	150	745	外盘最上层	300	6720

续表

第二次 三航驳 203 号					
位 置	型号截面积/mm²	长度/m	位 置	型号截面积/mm²	长度/m
内盘最低层	70	880	外盘最低层	240	915
内盘第二层	185	800	外盘第二层	185	995
内盘第三层	70	1680	外盘第三层	70	1710
内盘最上层	400	7930	外盘最上层	300	7330

（2）设备调试。

1）敷设施工船在码头布置安装水力敷设机，敷设施工船将犁头吊在船头扒杆上，连接管系及线路，放置泵系及抽水系统。

2）由起重船将电缆吊到施工船甲板上，固定电缆盘，并将电缆拉出，放置于敷缆设备上。

3）施工船到达施工海域后，布置准备工场。

4）水力敷设机进行试验，主要检查水力敷设机是否能正常运行，射水压力是否正常。

（3）扫海。为确保施工作业过程中施工船舶、锚艇、拖轮以及水下敷设机和电缆的安全，需要在正式施工前对施工海域进行扫海作业。

扫海作业均为锚艇或拖轮，尾端系留专用扫海锚，宽度为 1.5m，在海缆施工路由上反复拖带，以清除海底路由上特别是要求埋设段海床表层的废物及障碍，如与路由交越的钢缆或绳索，路由调查中提出的不明反应物，以及其他有可能阻碍埋设施工进行的物体。

扫海作业不包括已知的海底管线区域，防止造成意外损坏。

5.2.6.2 海底电缆敷设

根据海缆敷设施工区域的不同，分为主海缆敷设和机间海缆敷设两个主要区域。主海缆为各回路首台风电机组至登陆点之间所经过的近海深水区域。

1. 主海缆敷设

主海缆敷设的施工顺序：滩涂区域海缆敷设——近海深水区域海底电缆敷设——终端登平台施工——海缆冲埋、固定——终端电气安装——测试验收。

（1）滩涂区域海缆敷设。浅水滩涂区域是指最小水深在 2.7m 以下的区域，该区域离岸距离（船行驶至搁浅）2.5～3km，根据兴化湾海域潮水情况，每天两次高潮水时段，且每半个月一个大潮期，每个大潮高潮水期可敷缆船可行进约 800m，因此，在敷设时间上采用高潮涨水行进，低潮抛锚停船的方式。此段海域采用水力敷缆机敷设，敷设方法与深水区相同。

考虑本海域的潮水特性，为缩短施工时间，A、C 两回集电线路主海缆采用的是由升压站登陆点向终端风电机组（Y1、Y10）敷设，而 B 回集电线路主海缆采用由终端风电机组 Y6 向升压站登陆点敷设，以避开小潮水期。

两种方式的登陆浅滩方式略有不同，前者敷缆机犁头朝向登陆点方向，后者的敷缆机犁头朝向与登陆点成 90°方向。即后者在离岸较近时需要调整抛锚位置将船身旋转 90°后，再尽量靠近岸边搁浅停泊。

局部露滩部位采用挖掘机进行电缆沟开挖与回填。登陆点海缆敷设应在高潮位时将铺缆船尽量靠近岸边，通常距离在 150m 以内。敷缆船航行至海缆登陆点外至搁浅水深海域抛锚，海缆采用顺"八"字盘缆法将海缆盘于海滩上。海缆端部铅封并安装好牵引挂网后，由岸上登陆点施工人员操作卷扬机牵引，从储缆盘引出至扭缆架后，由升压站内海缆登陆点预埋管口登陆。始端登陆完毕后，直埋部分沉入沟中进行回填保护，电缆沟部分上卡固定，预埋管口锚固固定。

（2）近海深水区域海缆敷设。海底电缆在滩涂区域敷设完成后，随着大潮高潮水期进入近海深水区域，该区域最小水深在 2.7m 以上。

1）敷设机投放及启埋作业工艺程序：电缆装入敷设机电缆槽——敷设机起吊，脱离停放架——敷设机缓缓搁置海床面——检查电缆与敷设机相对位置——启动高压水泵供水——敷设机入水——启动埋深监测系统——启动 DGPS 导航定位系统——启动牵引锚——施工船起锚，开始牵引敷埋作业。

2）电缆埋设施工。

a. 直线段敷设。海底电缆敷设过程中，依靠牵引缆向预定方向行进，依靠与牵引锚同侧的定位锚轮换抛锚定位来稳定船身减小水流影响，控制船位，保证路由精度。敷设时施工船如果偏离路由轴线，通过调整定位锚，以纠正施工船的航向偏差。

施工船上设立控制室，由定位测量人员报告当前船位坐标及偏差；由电测人员报告敷设机牵引力、敷设深度、敷设机姿态、流速、风力等数据，及时反映给施工指挥人员。

敷设机的敷设速度由施工船行进速度决定，施工船通过牵引锚的 16t 钢缆绞盘行进，并由电动绞盘来控制与调节速度。项目海底电缆敷设速度一般控制在 2～3m/min。

电缆敷设过程中，应及时观察海底地形及水深的变化，并相应调整高压供水皮笼的长度。

海缆敷设过程中，每敷设 2km 海缆，就需要对光纤进行一次通断及衰减测试，以确保光纤单元无损坏。

b. 拐点敷设。为了尽可能地避开岩石地貌，养殖区，项目主海缆共设有三个拐点，以向左侧拐转为例，拐点转向方式（图 5.35）为：①牵引锚按拐点预计路由方向，向左前方放缆抛锚，通常距离在 100m 左右；②右侧定位锚向与船体成锐角方向约 80°抛锚定位，左侧定位锚与右侧定位锚几乎垂直方向抛锚定位；③启动右侧定位锚绞盘，在右侧定位锚牵引力的作用下，船体开始向预计方向转向，同时，启动牵引锚的钢缆绞盘和左侧定位锚绞盘，使牵引钢缆和左侧定位锚保持张紧状态，以稳定船体；④待牵引钢缆与预计路由线路重合后，进入直线行

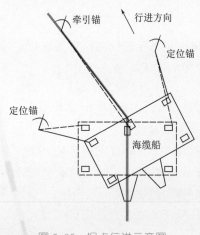

图 5.35　拐点行进示意图
（蓝色为路由）
（引自《福清兴化湾海上风电场一期（样机试验风场）项目海缆敷设工程的施工方案》）

进状态；⑤若拐点角度过大，可以多次重复上述操作，直到满足路由方向要求。

3）终端海缆"Ω"环状敷设。为维护方便，海缆终端设计有直径为 40m 的"Ω"环，以保证海缆余量足够，"Ω"环的敷设控制过程为：①施工船行进至离目标风电机组 50m 左右时停止前进；②调整施工船锚位，使船身转向至长度方向与路由方向平行，水力敷设机锚头与路由方向垂直；③调整船体各定位锚以及牵引钢缆，让敷设机犁头按照"Ω"环方向行进至距离目标风电机组 40m 左右处，停止行进；④按海缆登陆风电机组平台程序操作海缆登陆平台，形成"Ω"环。

4）电缆敷设路由控制。

a. 电缆敷设导航定位系统。采用法国 FX-412 型 DGPS 导航定位系统。该 DGPS 采用国家差分 GPS 参考台的差分信号进行修正，系统定位精度小于 1m。

操作系统为海达 6.1 导航软件，可以显示船的航迹、测线、锚位、障碍物或建造物。质量控制数据可与航迹信息同时显示。系统通过从几个定位系统中提取数据，并相互直接对比后综合分析获取准确的海缆实际敷设路由。

b. 电缆敷设稳船即纠偏措施。电缆敷设施工时，海上作业时间较长，施工船容易受到风、浪、流、潮汐作用的影响，导致电缆偏离设计路由。

在船体布置上，施工船采用牵引钢缆与水力敷设机横向布置的方式可以最大程度上减小水流对施工船的影响，同时，施工船前方由钢缆牵引，后方的水力敷设机相当于稳船锚；此外，施工船与牵引钢缆同侧的定位锚采用轮换抛设"八"字锚的方式稳定船体。

施工中，技术人员通过 DGPS 接收机采集当前船位坐标和敷缆偏差数据；软件计算后可以及时反映船体所受外力大小与方向。偏差控制指挥人员由此可以及时指挥调节定位锚，从而减小安装船的铺缆偏差。

施工过程中，专业技术人员在施工船上对电缆实行连续实时监测，包括电缆弯曲半径、电缆张力等。

c. 敷设机回收。敷设作业行进至终端海域附近，抛设定位系，"八"字开锚，4 只定位锚固定船位，然后进行敷设机的回收操作。操作程序如下：调整敷设机起吊索具将敷设机移位至距船尾 7～9m 处；逐件卸去导缆笼；采用把杆将敷设机吊出水面，调整牵引钢缆及起吊索具，将敷设机搁置在专用停放架上。

5）浅埋段保护（裸岩、水下开槽）。主海缆路由途中存在一段较薄淤泥层，海缆埋深在 1m 以内，为保证该区域内海缆的可靠性，采用石笼抛石保护。

石笼采用双层镀锌钢丝网，网内置直径 300mm 左右的石块，要求石块光滑不损伤海缆表层，钢丝网网边丝直径 3.4mm，其他网丝直径为 2.5mm。每个石笼长 3m，宽 2m，厚 0.45m（图 5.36）。

采用安装船吊装方式将石笼放于海缆所经路由处，保护范围长约 600m，以海缆为中心左右各抛装 2m，厚度为 0.4m，石块无明显尖角以保证石笼不损伤海缆。

图 5.36　保护电缆用石笼

（3）终端登平台施工。敷设机回收完毕后，进行与海缆登平台操作。

J 型管喇叭口在海床面以下，存在被泥沙掩埋的可能，同时，喇叭口前端敷设区域存在平台施工期遗留的施工垃圾。在海缆登陆风电机组平台前，需要潜水员下水清理喇叭口。

海缆初次牵引时（穿 J 型管），施工船舶调整合适起吊位置，然后吊机悬挂一开口滑轮，利用船舶自身卷扬机缓慢牵引 J 型管内牵引钢丝，边牵引、边放海缆。当海缆放到安装弯曲限制器标记时停止牵引，施工船上安装弯曲限制器；安装完成后继续牵引海缆登上平台，当电缆头到达 J 型管喇叭口时，牵引卷扬机牵引直到电缆头进入喇叭口（可在电缆头上安装合适的锥形带帽），当电缆登入风电机组平台后利用枕木或自制工具防止电缆退落，之后，更换吊带分段将海缆拉出，当海缆上所做的标记登陆平台，牵引速度变慢并注意观察受力情况；当弯曲限制器将要进入喇叭口时，潜水员下水检查弯曲限制器是否完全进入喇叭口。

图 5.37　穿入塔基预留孔

海缆登陆后，将海缆外被层及钢丝铠装层剥离，由塔基预留孔内穿入至风电机组塔筒底部（图 5.37），达到预留长度后对海缆在 J 型管上端进行锚固，同时在塔基内固定。锚固完成后，潜水员下水对"Ω"环部分海缆进行人工冲埋，以达到埋深要求。

（4）海缆接头制作。

1）电气接头制作。以 ABB 生产的 T 型电缆终端接头为例，简述海缆接头的制作工序与流程。制作工序：电缆整理——电缆预留长度检查——相序检查——电缆头使用材料及工具检查——根据图纸尺寸切剥电缆——接地线制作——恢复铠及铜屏蔽零电位——做好绝缘处理——对半导电层和主绝缘的毛刺进行打磨和抛光处理——清洁工作——尺寸校核——附件安装工作——记录。

电气接头具体制作流程如下：

a. 按所用附件提供的说明书规定量取所需尺寸，剥除外护套、铠。用砂纸将铠焊接地线处打光，将地线分别焊在铜屏蔽和铠上。从单相电缆头部往下取 245mm 长度剥除电缆外护套，从顶端量出 225mm 去掉钢铠，从顶端量出 220mm 去掉内护套层，从顶端量出 175mm 去掉铜屏蔽层，从顶端量出 155mm 去掉半导电层。注意在剥半导体层时，走刀力度不能压太深，以免划伤嵌入绝缘层中的主绝缘和半导体颗粒。

b. 清洁电缆绝缘层表面，保证干净、光滑、无凹痕。清洁时应注意，先清洁半导体层再清洁主绝缘层。在电缆端部剥去长 65mm（线芯长度）的绝缘层，露出导体，用 PVC 带临时包扎导体线芯端部，然后在线芯绝缘端部和半导体电层端部倒 45°斜角打磨光滑。

c. 将电缆外皮从铜屏蔽往下 240mm 用酒精清洁巾擦拭干净。在绝缘层表面均匀涂上硅脂膏，将绝缘管套上至三叉根部处，加热固定。在端头处用 PVC 胶带做好相色标记。

　　d. 安装应力锥。先从顶端向下量取适当长度，用 PVC 带缠绕做好标记。当套入应力锥时，应力锥底部套在 PVC 带上边沿处，用酒精清洁巾擦拭多余硅。最后用绝缘带缠绕应力锥底部到顶端向下规定长度处，至少缠绕 3 圈，防止水气进入电缆。

　　e. 接线端子制作。用酒精清洁巾清洗导体表面，将接线端子套在导体上，摆正接线端子方向，使其螺孔与套管孔对正后，用压线钳压接接线端子，压接线 2~3 道，用清洁巾擦去绝缘层和压接端子间多余的导电膏，锉平毛刺。

　　接线端子附近的电缆绝缘层和应力锥表面用酒精布擦拭干净，并在应力锥表面均匀涂上硅脂。清洁并润滑电缆头套筒内侧，缓慢地将电缆接头推入，直到在电缆插头端部看见接线端子的螺孔。调整电缆接头的尾部与应力锥底部紧密相连，用清洁巾擦去多余的硅脂。

　　将导电杆旋入压接端子的螺孔，用内六角扳手拧紧。

　　制作铜屏蔽和钢铠接地时，先检验电缆剥削长度是否符合厂家给定尺寸。电缆头安装完成后，手动对电缆头的安装情况进行检查，确认电缆头连接牢固，无松动。安装完成的 T 型电缆头见图 5.38。

　　2）光纤接头制作。光纤接头制作工艺主要包括端面的制备、裸纤的切割和光缆的熔接。图 5.39 为光纤接头制作时的照片。

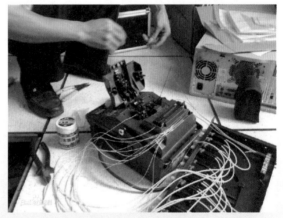

图 5.38　安装完成的 T 型电缆头　　　　图 5.39　光纤接头制作

　　a. 端面的制备。光纤端面的制备包括剥覆、清洁和切割。合格的光纤端面是熔接的必要条件，端面质量直接影响到熔接质量。要求光纤涂面层的剥除干净，不损伤光纤内芯，长度以 5cm 左右为宜。观察光纤剥除部分的涂覆层是否全部剥除，若有残留，应重新剥除。如有极少量不易剥除的涂覆层，可用酒精棉球浸渍擦除。剥除后用酒精面将光轴擦拭干净。

　　b. 裸纤的切割。

c. 光缆的熔接。光纤熔接是接续工作的中心环节，因此熔接机的使用和熔接操作中必须按规范操作。根据光缆工程要求，配备合适的熔接设备。熔接前根据光纤的材料和类型，设置好最佳预熔主熔电流、时间以及光纤送入量等关键参数。熔接过程中还应及时清洁熔接机 V 形槽、电极、物镜、熔接室等，随时观察熔接中有无气泡、过细、过粗、虚熔、分离等不良现象，注意测试仪表跟踪监测的结果，及时分析产生上述不良现象的原因，采取相应的改进措施。如多次出现虚熔现象，应检查熔接的两根光纤的材料、型号是否匹配，切刀和熔接机是否被灰尘污染，并检查电极氧化状况，若均无问题，则应适当提高熔接电流。

（5）海缆试验。海缆敷设安装完成以后，进行海缆现场电气试验及光纤试验。

2. 机间海缆敷设

机间海缆指的是风电机组间海缆，由于机位位置、载流量不同，因此各段机间海缆线径、长度不尽相同，且海域的水深条件也不尽相同。本项目海底电缆施工采用浅吃水的工程驳船作为电缆施工船，然后采用绞锚牵引的方法进行海底电缆的敷埋施工。为确保牵引钢缆的敷设精度，敷设主牵引钢缆作业采用 DGPS 定位导航，路由偏差通过采用 DGPS 定位系统进行实时测量和控制。

机间海缆敷设的主要施工流程为：始端登平台施工——→海缆中段敷埋施工——→终端登平台施工——→海缆冲埋、固定——→终端电气安装——→测试验收。各工序工艺与主海缆敷设相似，不再赘述。

5.2.7　异常情况处理

由于 Y5 和 Y9 桩基施工出现滞后，机间海缆无法及时安装。将海缆在机间敷设于海底，然后将 Y5 和 Y9 侧的海缆端部分别铅封后沉入海底，并做好浮标。后续具备施工条件后，再将其打捞出水，制作电缆光纤接头进行风电机组内安装。

铅封主要的工艺流程如下：

（1）沿外被层和铠装层的绞向反方向将外被纤维和铠装钢丝从缆芯上剥离除去外被纤维，露出缆芯，切掉 0.6m 长的缆芯，并将三个缆芯分开，见图 5.40（a）。

（2）将每个缆芯的 PE 护套剥离 50mm，露出铅套，用合适的工具将铅套表面清理干净，并剥成花瓣状，然后用喷灯对每个缆芯进行铅封，铅封要均匀、无气孔，厚度不小于 2mm，见图 5.40（b）。

（3）铅封冷却后用防水胶带在 PE 护套和铅套结合处进行缠绕密封，防止水分纵向进入两护套的缝隙，然后用胶带将三个线芯紧紧地捆扎在一起，见图 5.40（c）。

（4）尽可能按原钢丝的绞向和节距恢复原铠装层，用直径为 4mm 的镀锌钢丝在电缆端头的若干位置将铠装层扎紧。

（5）安装牵引网套前，首先整理铠装层，使所有的钢丝头向内弯，然后绕包塑料带将电缆头圆滑的包覆。套入牵引网套，在合适的位置将网套的末端用钢丝扎紧，并用胶带进行适当绕包。

（6）在牵引网套上将浮标绑扎牢固后，将铅封海缆端部沉入海底。

（a）缆芯剥离

（b）缆芯铅封

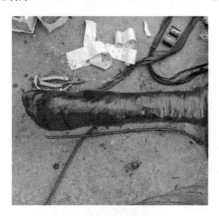

（c）防水胶带绑扎

图 5.40　海缆端头铅封

5.3　升压站及送出线路工程施工

　　三峡福清兴化湾样机试验风电场项目陆上升压站为临时过渡变电站，布置在福清核电站东北侧的坡地上，占地尺寸为 45m×75m，站区面积约 3150m^2。升压站主变容量为 80MVA，电压等级 110kV。为方便后期拆除设备及节省投资，采用预制舱式升压变电站。电气主接线采用线变组接线方式，站内布置 1 台 80MVA 主变，1 套 GIS 设备及 5 个预制舱。预制舱分别为 35kV 开关柜预制舱、SVG 启动预制舱、SVG 功率柜预制舱、继保室预制舱和生活办公预制舱。升压站四周采用砖砌实体围墙围护，围墙高度 2.5m，大门采用电动伸缩门，站内铺设水泥路面，设备区用碎石填充，不设绿化，照明采用路灯加投光灯方式。升压站内 80MVA 主变，以一回 110kV 线路 T 接于 220kV 华塘变至 110kV 海岐专变的 110kV 线路，并入省电网。

5.3.1　升压站土建工程

5.3.1.1　场地地质条件

　　升压站场地位于福清核电站东北方向的沿海浅滩。场址的原始地貌类型属潮间带地貌，现已填海造地成陆。场地除个别小土堆及堆石外，总体地形平坦开阔，地面标高为6.33～6.9m。根据设计方案，基础采用预制舱结构，埋深约2.5m，主要涉及的土层为①层填土，该层土堆填时间5～8年，欠结固，密实度和均匀性较差，厚度较大，局部呈高压缩性，不能直接作为建筑物基础持力层。另外，①层填土下卧的②层淤泥混砂呈软塑—流塑状，厚度较小，力学强度较低，为欠固结土，需要进行地基处理。地基处理方案由原设计的钻孔灌注桩方案改为强夯。

5.3.1.2 强夯的技术要求

1. 强夯处理后的地基要求

强夯处理后的地基承载力特征值为130kPa。

2. 技术要求

（1）换填。换填材料采用碎石土，填筑标高不小于7.50m，分层填筑，每层厚度0.3m，经夯实后再回填下一层，压实度不小于94%。

碎石土最大粒径小于100mm，土中不得含有淤泥、淤泥质土、植物等杂质。

（2）强夯能级。根据设计图纸并结合地质资料的填土厚度，可知强夯区域为48m×68m，夯击能为3000kN·m。

（3）试夯。在大面积强夯施工前，选择一块面积不小于20m×20m且有代表性的场地进行试夯，并对试夯后的场地进行检测，检验强夯效果。初定夯击能为3000kN·m，点夯2遍，然后低能量满夯2遍，并按1/4锤印搭接。夯点间距 d 取2～3倍的锤径，锤径为2.2～2.4m，夯锤质量取15～40t，最终夯击能、夯击遍数、夯点间距应通过试夯确定。夯击收锤标准如下：

1）夯坑的夯沉量最大、夯坑周围隆起最小为基本原则。

2）最后两击的平均夯沉量不大于50mm。

3）夯坑周围地面不应发生过大的隆起。

4）不因夯坑过深而发生提锤困难。

（4）夯点布置。场地回填土采用碎石土，采用中等间距，2.5倍锤径，夯锤直径2.4m，夯点布置采用6m×6m正方形布点，第二遍夯点位于第一遍夯点中间，夯点布置见图5.41。

3. 强夯施工步骤

（1）强夯施工流程。

1）夯前应进行场地平整及地面高程测量，按照设计图纸进行夯点布置，在地面标出第一遍点夯位置，用钢卷尺通过调整脱钩装置对落距进行设置与控制，以保证达到设计要求的夯击能。

2）第一遍点夯，在施工现场平面内布置3m×3m（梅花形）方格网，夯机就位后，按所设计的施工参数和控制击数施工。

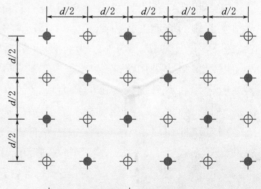

●第一遍夯点；⊕第二遍夯点；d 为夯点间距

图5.41　夯点布置示意图

（引自《福清兴化湾海上风电场一期（样机试验风场）项目升压站土建设计图纸》）

118

测量并记录每一击的夯沉量，通过统计分析，校核确定合适的施工参数和控制标准。

3）经过计算，当夯锤重量为 21.68t 及夯锤提升至 14m 时，夯能为 3035kN·m，因此确定夯锤提升高度为 14m，夯击次数为 10 次。

4）将夯锤起吊到预定高度，开启脱钩装置，待夯锤脱钩自由下落后，放下吊钩，测量锤顶高程，若发现因坑底倾斜而造成夯锤歪斜时，应及时将坑底整平。

5）按设计规定的夯击次数和控制标准完成两遍点夯，所有点夯完成后进行场地平整并测量场地高程。

6）按低能量满夯两遍，并按 1/4 锤印搭接。

（2）质量允许偏差。

1）夯点测量定位偏差不大于 ±50mm。

2）夯锤就位偏差不大于 ±150mm。

3）各夯区放线允许偏差不大于 ±50mm。

4）夯沉量观测允许偏差不大于 ±5mm。

（3）强夯检测。根据每 1000m² 做 3 点重型动力触探的要求，本场地共布置 10 点重型动力触探，布置原则根据承载力大的基础位置平均分布。检测质量的评定标准为加固后的①层填土的动力触探锤击数不少于 12 击。强夯后回填土密实度判别标准见表 5.8。

表 5.8　　　　　　　　　　强夯后回填土密实度判别标准

圆锥动力触探锤击数实测值	密实程度	圆锥动力触探锤击数实测值	密实程度
$N_{63.5} \leqslant 5$	松散	$10 < N_{63.5} \leqslant 20$	中密
$5 < N_{63.5} \leqslant 10$	稍密	$N_{63.5} > 20$	密实

注：引自《福清兴化湾海上风电场一期（样机试验风场）项目动力触探报告》。

根据《岩土工程勘察规范》（GB 50021—2001）岩土参数统计分析结果见表 5.9。

表 5.9　　　　　　　　　　岩土参数统计分析结果

测点	修正后每贯入 0.10m 所需的锤击数		标准差	变异系数	均匀性	密实度
	区间值	平均值				
DT01	18～27.52	23.080	2.367	0.103	较好	密实
DT02	17～27.52	22.120	2.279	0.103	较好	密实
DT03	18.32～29.72	22.350	2.666	0.119	较好	密实
DT04	17～27	21.940	2.217	0.101	较好	密实
DT05	16～28	21.650	2.701	0.125	较好	密实
DT06	16～28	21.660	2.369	0.105	较好	密实
DT07	18～28.91	22.400	2.288	0.102	较好	密实
DT08	17～28.22	22.220	2.732	0.123	较好	密实
DT09	16～27.52	21.450	2.705	0.126	较好	密实
DT010	18.32～32	23.010	2.819	0.123	较好	密实

注：引自《福清兴化湾海上风电场一期（样机试验风场）项目动力触探报告》。

根据 $N_{63.5}$ 试验检测结果，动探试验实测击数范围值为 $16\sim32$ 击，平均值在 22.28 击，呈密实状，符合设计加固后①层填土动力触探锤击数不少于 12 击的要求。变异系数不大于 0.3，均匀性较好。

5.3.1.3　预制舱升压站

兴化湾样机试验风电场陆上升压站（图 5.42）采用预装技术，主变及 110kV GIS 配电装置等一次设备采用户外安装方式，35kV 高压配电装置、无功补偿装置、二次继电保护及综合自动化设备、一体化电源系统、生活办公场所等采用预制舱模块化设计原则，分为 35kV 开关柜舱、接地变舱、SVG 启动舱、SVG 功率舱、二次设备舱以及生活舱等。

图 5.42　兴化湾样机试验风电场 110kV 陆上升压站

预制舱由许继电气股份有限公司（简称：许继公司）自主研发生产，是许继公司在福建省的第一座零建筑预制舱站。预制舱主体框架采用非金属复合材料，避免了金属腐蚀，使用寿命可达 60 年。墙体采用密封型腔技术，最大限度地避免水和氧气对钢骨架的腐蚀，降低维护次数。舱门采用双层密封结构，且根据当地风速情况，许继公司将舱门改为液压拉杆式，防止舱门被风吹坏。舱体的抗风等级最大为 63m/s，在 2017 年建设过程中成功地抵御了"纳沙"和"海棠"双超强台风。

考虑到整体运输，且设备均为电缆接线，整座舱体采用多模块竖向拼接模式。舱体根据实际长度均分成 $4\sim5$ 个模块，舱内设备预先安装固定。现场拼接完整后在接缝处做防水处理。因舱体高度受限，舱内不安装电缆桥架，所有电缆进行地面直敷。

预制舱式变电站建设成效如下：①实现变电站小型化，工程围墙内占地面积建设减少 $10\%\sim25\%$，建筑面积减少 $15\%\sim30\%$；②大幅提高工程建设效率，工程设计、工厂加工、土建施工、安装调试等环节有效衔接，220kV 变电站在 $3\sim4$ 个月内、110kV 变电站在 $2\sim3$ 个月内可建成投产，工程建设周期缩短 $50\%\sim60\%$；③有效降低全寿命周期成本，工程造价与电网系统内常规变电站基本持平，但成本较系统外的风电场或光伏电站低，综合考虑占地面积及建筑面积减少、设备集成、建设周期等因素，经 LCC 成本测算，全寿命周期较常规站降低 $3\%\sim10\%$；④预制舱外观、结构、尺寸标准化，设计流程简化，设计标准统一；⑤与传统混凝土建筑相比，现场施工简单快捷，操作机械化，减少 15% 人力成本，保证建设质量。常规变电站与预制舱或变电站详细对比情况参见表 5.10。

表 5.10   常规变电站与预制舱式变电站的对比表

序号	对比指标	常规变电站	预制舱式变电站
1	建站模式	采用钢结构代替土建筑结构，建站模式与传统土建类似：土建基础→钢结构配送→钢结构现场搭建→设备配送→现场安装→连接调试→验收投运	设备全部实现"标准化设计、工厂化加工、装配式建设"，各组成模块全部实现工厂化，现场无地面以上的全部土建筑物，只需做筏板基础，土建工作量低，无钢结构施工
2	建站周期	330～400d	60～90d
3	选址占地	占地面积较大，布局较为死板，征地经济效益较低	占地较小，分模块形式，对占地无特殊要求，建站方式灵活，适用于不同地形
4	现场工作量	现场房屋修建和装修，屏柜到达现场后进行安装以及外部线缆接线，工作量大，且由于天气等环境因素可能增加施工周期的不可控性	工厂化加工，工厂化联调，现场只需通信对调、定值调试及验收调试等简单工作，工作量小
5	扩建方式	根据远期规划预留扩建位置，或对现有屏柜进行改造	根据近期、远期规划，增加相应规模，无需拆除工作
6	工程管理	外围土建施工，土建基础完成后进行一次设备安装以及二次设备室的土建施工，然后进行二次屏柜的安装以及外部线缆的铺设接线，最后进行设备调试。现场工作量大、参与厂家众多，工程管理协调难度较大	土建与预制舱安装界面清晰，工厂化使现场工作量最大限度减少，施工更加简单化
7	运维检修	空间大，运维方便，但工程工艺参差不齐，可能造成运维工作量较大，且存在一定程度的空间浪费	成套集成技术，布局紧凑，满足检修要求，节约空间
8	施工质量	需现场安装和调试，限于现场人员和施工设备水平，施工质量较设计标准存在降低的可能	全工厂化，设备先进，能够更好地保证设备装配质量
9	工程成本		基本与传统变电站持平（系统内）
10	工厂化程度	低	高
11	集中配送程度	低	高
12	制造厂家	多（小厂家较多，设备水平参差不齐）	少（只要是大型电力企业）
13	占地面积		较传统变电站减少12%
14	施工环境要求	对施工环境要求高，特别是受雨季影响较大	受环境影响较小
15	消防验收	针对建筑消防验收的规范要求较多	预制舱不属于建筑，消防验收相对较容易

5.3.1.4　基础建设

1. 基础主体工程

预制舱升压站为钢筋混凝土筏板基础或者条形基础，其中生活舱为条形基础，其余舱体均为筏板基础。

基础主体工程包括钢筋工程、模板工程、混凝土浇注工程等。设备舱体的基础施工流程为：土方开挖——→级配碎石——→C15素混凝土垫层——→底板钢筋绑扎——→基础底板混凝土浇注——→剪力墙钢筋绑扎——→剪力墙模板安装——→基础剪力墙混凝土浇注。

钢筋进场必须严格按照要求进行抽检，主筋的混凝土保护层厚度应为40mm，钢筋绑扎按翻样要求顺序进行，绑扎过程中确保降水效果，钢筋焊接接头必须现场进行抽样。模板及其支撑系统必须有足够强度、刚度和稳定性，模板应方便制作、安装、拆除，并具有牢固耐用、运输整修容易等特点，模板内刷隔离剂，以保证混凝土的外观质量。混凝土浇注时必须时刻注意振捣，本工程使用插入式振捣器，使用时应做到"快插慢拔"，当振动棒端头即将露出混凝土表面时，应快速拔出振动棒，拔出时不停转，以免造成空腔。在混凝土浇注后12h内，应用草袋子或塑料薄膜覆盖并浇水养护，以保持混凝土处于足够湿润状态，养护时间不少于7昼夜。预埋件在基础浇注时埋入混凝土内，埋入前应作防腐处理，预埋件顶面高出基础2mm，外露铁件均涂红丹二度，面漆二度。

2. 场地硬化

道路基础采用碎石土压实，压实度大于93%；设备区硬地铺100mm厚碎砾石；检修人行道铺200mm厚碎砾石垫层，设计100mm厚透水砖，粗砂灌缝。

3. 施工优化

主变基础垫层设计采用的是C15沥青混凝土，用量少，但浇注后还需要压路机碾压，资金及时间成本较高。因此本项目采用沥青玻璃丝布，有效地节省了资金成本，施工时长也大大缩短，质量效果与设计一致。

4. 质量问题处理

本工程设备基础浇注因天气、环保等原因，采用夜间施工。夜间施工照明度不够，混凝土振捣时间不足，振捣不均匀。拆模后，设备基础基本上都存在小的蜂窝麻面，但不普遍且深度不大于20mm，将缺陷处表面打毛洗净，再用配比为1∶2～1∶2.5水泥砂浆抹平。

由于电缆沟基础的模板接缝不严，在浇注时出现漏浆及较大的露筋及裂纹。应将其全部深度内薄弱的混凝土层和个别突出的骨料颗粒凿去，再用钢丝刷或加压水洗刷干净，然后用细骨料拌制的混凝土（比原标号提高一级）填塞，并仔细捣实。

5.3.1.5　地网建设

地网施工流程为：测量定位放线——→沟槽开挖——→接地体敷设——→接地体焊接——→防腐处理——→测量接地电阻——→土方回填——→复测接地电阻。

采用联合接地（工作、保护及防雷接地采用同一种接地系统），总工频接地电阻不大于0.5Ω。户外接地网与预制舱设备各基础连接。地下主接地网采用TJ-120铜绞线，埋深为0.8m，接地网外缘应闭合，地网边沿转角做成圆弧状，半径约为5m，垂直接地及顶端埋深为0.8m，相互间距大于5m。铜绞线与铜绞线或扁钢连接采用放热焊接，扁钢与扁钢、扁钢与设备基础、扁钢与钢筋采用电焊连接，铜绞线与扁钢在基础外放热焊接时，焊接点及外露扁钢应用混凝土包裹，接地体连接、焊接前应彻底除锈，焊接后接头做防腐处理。接地网接线全长保持电气连续，交叉处均采用放热焊接。若铜绞线发生散股现象应用同材质的铜线扎紧，若断丝则进行修补。接头焊接完毕后，应立即进行接头除渣，涂一道防锈漆和沥青防腐。土方回填时，回填土必须用泥土，且无杂质，土壤电阻率基本一致，分层夯实。

5.3.1.6 给排水施工

1. 给水

设计从水管网接一根 DN25 水管供升压站生活用水，但由于升压站的地理位置较偏，三山镇自来水公司无法将水管敷设到位，附近也无可靠水源，故采用就地打井并配套增压和储水设备的方式取水。

2. 排水

室外排水采用雨、污分流制，污水处理设备采用地埋式一体化生活预制舱污废水排至室外，污水设备出水排入雨水管道，经处理后排放的水质达到要求。场区内共 3 个雨水检查井及 2 个污水检查井，其中雨水检查井内放置潜水泵，增大雨季的排水力度。

5.3.2 升压站安装工程

工程除主变和 110kV 户外配电装置外，综自设备、35kV 开关柜、接地变、SVG 等设备均提前安装于预制舱内。下文就主变压器和 GIS 的安装工艺流程进行介绍。

5.3.2.1 主变压器安装

主变压器安装流程为：主变就位——→分接开关安装——→升高座（套管式电流互感器）安装——→导油管路安装——→储油柜安装——→套管安装——→散热片安装——→抽真空及注油——→油热循环——→静置放气——→取样送检——→中性点设备安装——→交接试验。

主变压器的运输和就位，由变压器生产厂家（华鹏）负责直接运输就位，变压器就位后，其中心应与基础中心重合，其误差控制在 2mm 范围内，基础的中心与标高应符合设计要求，即基础顶面标高为 ±0.00mm。就位后，在地面上打入两根临时接地桩，用黄绿线连接，防止雷击事故。

1. 主变附件安装

（1）有载调压装置安装。固定调压装置的传动盒，连接水平轴和传动管、操动机构后，手动操作机构调整有载调压分接开关的分接头，使两者的位置指示一致，其中传动部分应加上润滑脂。

（2）升高座安装。在升高座安装前，对互感器在升高座中的固定进行检查和调整，并做好二次引线密封。安装升高座时，拆除本体套管连接运输封盖，将油箱上的法兰中的密封胶垫和沟槽清理干净，将密封胶放好，清洗上下法兰表面及其内侧，确认变压器本体上法兰与套管升高座表面配合的标记，按相色的位置对号进行安装。

（3）套管安装。安装前，应仔细确认套管的完好度。电气试验完成并且合格后进行吊装。吊装时应达到必要的安装角度并防止翻倒，倾斜方向根据放气塞、与变压器总连气管连接的接头处在套管法兰的最高位置来确定。套管安装时，应缓慢进行，找正后沿其圆周均匀拧紧螺母。套管和导电杆密封严密，软连接线分布位置正确。套管软连接线之间的绝缘距离、变压器各相与其他接地部分和导电部分之间的绝缘距离，通常不小于50mm。

（4）储油柜安装。储油柜安装前应清洁干净，并检查胶囊是否完好。胶囊长方向与柜体保持平行，与法兰口的连接处不允许有扭转皱叠现象，油位指示和储油柜的真实油位相符，不得出现假油位。储油柜吊装应缓慢进行，待安装好气体继电器及其连接管路后，再紧固储油柜支座固定螺栓。气体继电器应水平安装，其顶盖标识的箭头应指向储油柜，联管应具有一定的坡度（≥3%），便于溢出的气体排向气体继电器，其与连通管的连接应密封良好。储油柜下方的集气箱排污及排气管道连接密封良好并保持垂直。

（5）散热片安装。散热片应逐个吊装到位，找正找平后用螺栓固定牢固。安装过程中，须仔细处理好每一密封面。所有法兰连接用的耐油密封圈应擦洗干净，且密封圈应无扭曲变形、裂纹和毛刺，并应与法兰面的尺寸相配合。紧固法兰时，应采用对角方式进行紧固，且密封圈必须处于有效的密封面上。安装散热片时，应防止散热片碰撞，变形，并不得采取硬力安装以免拉伤散热片，造成渗漏油。

（6）变压器其他附件安装。安装压力释放阀时，必须拆下固定圆板的运输螺栓，并从法兰上拆下盖板；温度计安装时，其温度计座内应注入合格的变压器油，温度计毛细管的固定应可靠和美观；变压器端子箱固定和防护措施可靠，电缆排列整齐美观；变压器铁芯和夹件应分别在两个方向可靠接地。

2. 变压器注油

变压器为充油运输。变压器及储油罐到场后，分别对变压器本体油及储油罐中变压器油进行取样送检；待附件安装完毕且油样检测合格后，对变压器进行注油。注油不得在雨、雾天进行。

待所有变压器附件安装完毕后，启动真空泵开始抽真空，应均匀提高真空度。变压器抽真空参数要求见表5.11。

使用真空滤油机注油，油从油箱下部的进油阀注入，注油时油温须加热到50～60℃。注油过程中应注意调整油流速度以使油箱上部保持真空状态。从瓦斯继电器观察口处观察，等变压器主体及散热片注

表5.11 变压器抽真空参数要求

电压等级 /kV	真空度残压 /Pa	持续真空时间 /h
110	≤133	2

油将要满时，解除真空并打开储油柜与油箱之间的真空蝶阀，继续从油箱底部向油箱内缓慢注油，按油面上升的高度逐步打开升高座、导油管、散热片及储油柜等附件最高位置的放气塞进行排气，出油后即旋紧放气塞，继续注油至储油柜油位计指针指向标准区域，注油结束，检查油箱有无渗漏油现象。变压器静止不少于24h。

主变安装完成后，按规定进行电气交接试验。

3. 变压器防腐

主变的反腐等级为C4，高压侧套管的爬电比距大于31mm/kV。在主变投运后的第六天，高压侧套管放电声音很大，夜间肉眼可见爬电电流，在这种情况下运行，对设备安全影响太大。在咨询设计、变压器厂家的意见后，施工单位对主变、GIS的套管喷涂

PRTV 反腐涂料后设备运行良好。

5.3.2.2 GIS 安装

1. 安装流程

安装前确认──→划主母线及各间隔中心线──→设备临时就位──→首间隔就位──→其他间隔就位，主母线连接──→分支母线连接──→套管连接──→电阻检测──→更换吸附剂──→抽真空、充 SF$_6$ 气体──→接地线连接──→二次配线──→现场调试及工频耐压试验──→电压互感器安装──→避雷器安装──→系统联动──→验收──→送电。

（1）划主母线及各间隔中心线。根据基础设计图，一般在地面上先划母线中心线，再划间隔中心线，确保与母线中心线相垂直。

（2）断路器部分的安装。将断路器部分的安装单元临时吊装就位，间隔保持水平，间隔中心线与母线中心线、间隔中心线对正。X 方向间隔中心线与基础中心线偏差不大于 3mm，Y 方向与基础中心线偏差不大于 10mm。检查设备元器件固定和连接情况，对制造厂紧固标记进行复核。就位调整后，将断路器两端封盖取下，清洁所有部件。

（3）套管连接。清理法兰面、密封槽、密封圈，将密封圈装入密封槽。起吊套管，将套管吊至一合适角度，安装法兰面，连接螺栓。套管上端中心线距离墙面距离大于 1.5m，下端距离地面高度大于 2.5m。

（4）母线管道部分的连接安装。将管道部分的安装单元吊装就位，调整水平高度，然后将断路器侧的封盖取下，清洁接触面。O 型密封圈安装前必须清洁，不得使用损伤或变形的 O 型密封圈。导电体连接接触面须均匀涂导电脂，密封面须薄且均匀地涂抹氟硅树脂。按要求固定接触面并微量调节管道部分水平度，紧固螺栓。

（5）吸附剂更换安装。吸附剂极易吸潮，因此安装在封闭式组合电器内的吸附剂一定要经过烘干处理才可装入。烘干温度为 200℃，烘干时间为 12h。烘干的吸附剂冷却到室温立即装入封闭式组合电器内。

（6）抽真空、充 SF$_6$ 气体。用橡胶管连接气体回收装置、SF$_6$ 气瓶与 GIS，对管路抽真空 5min 后观察压力 15min 保持不上升。打开 GIS 截止阀，对设备抽真空。当真空度达到 40Pa 后继续抽 2h，确定压力不上升，充入 SF$_6$ 气体，直接充至 0.58MPa，关闭 GIS 上所有截止阀并拆除管路。SF$_6$ 充气管路必须保持清洁，充气前后应做微水试验。

5.3.3 设备调试与验收

1. 主变压器试验

试验内容包括：测量绕组连同套管的直流电阻；检查所有分接的电压比；检查变压器的三相接线组别的极性；测量铁心及夹件的绝缘电阻；有载调压装置的检查和试验；测量绕组连同套管的绝缘电阻、吸收比或极化指数；测量绕组连同套管的介质损耗因数与电容量；交流耐压试验；绕组变形试验；绕组连同套管的长时感应耐压试验带局部放电测量；额定电压下的冲击合闸试验；变压器绝缘油化验；瓦斯继电器、压力释放阀、温度计送检。试验结果见表 5.12、表 5.13。

表 5.12 主变压器交流耐压试验结果

试验位置	试验电压/kV	时间/s	结果
低压对高压及地	68	60	通过
高压对低压及地	112	60	通过
标准要求	按出厂值的 80% 加压，耐压 1min，无击穿及闪络		
结论	合　格		

注：引自《福清兴化湾海上风电场一期（样机试验风场）项目主变耐压试验报告》。

表 5.13 主变压器局部放电测量结果

加压水平	高压侧电压值/kV	持续时间/min	局部放电量/pC		
			A 相	B 相	C 相
$1.1U_m/\sqrt{3}$	80	5	61.5	61.1	60.1
$1.5U_m/\sqrt{3}$	109	5	67.8	67.1	66.2
U_m	126	0.92			
$1.5U_m/\sqrt{3}$	109	5	67.3	67.7	66.7
	109	5	68.3	68.5	67.5
	109	5	67.5	68.2	67.2
	109	5	66.2	67.9	66.9
	109	5	69.1	68.0	67.2
	109	5	69.5	67.1	68.1
$1.1U_m/\sqrt{3}$	80	5	60.7	60.6	60.1
结论	合　格				

注：引自《福清兴化湾海上风电场一期（样机试验风场）项目主变耐压试验报告》。

2. GIS 试验

试验内容包括：回路导电电阻测量；交流耐压试验；各气室 SF_6 微水值；SF_6 气室密封性检测；气体密度继电器校验；GIS 的操动试验（含联锁）；GIS 互感器试验；GIS 避雷器试验；GIS 断路器试验。

3. 35kV 母线试验

试验内容包括：绝缘电阻测试；交流耐压试验。试验结果见表 5.14。

表 5.14 35kV 母线交流耐压试验结果

测试部位	试验电压/kV	时间/s	结果
A/B、C、E	80	60	通过
B/A、C、E	80	60	通过
C/B、A、E	80	60	通过
标准要求	耐压 1min 后无发热、击穿、闪络现象		
结论	合　格		

注：引自《福清兴化湾海上风电场一期（样机试验风场）项目 35kV 母线交流耐压试验报告》。

4. SF₆ 断路器试验

试验内容包括：绝缘电阻测试；回路导电电阻测量；测量断路器的分、合闸时间，分、合闸的同期性；测量分、合闸线圈及合闸接触器线圈的绝缘电阻和直流电阻；断路器操动机构的试验；交流耐压试验；SF₆气体微水测试。

5. 真空断路器试验

试验内容包括：绝缘电阻测试；回路导电电阻测量；测量断路器的分、合闸时间，分、合闸的同期性；测量分、合闸线圈及合闸接触器线圈的绝缘电阻和直流电阻；断路器操动机构的试验；交流耐压试验。

6. 互感器试验

试验内容包括：绝缘电阻测试；测量绕组的直流电阻；绕组的组别及极性；电流互感器的伏安特性；误差及变比测量；交流耐压试验。

7. 避雷器试验

试验内容包括：避雷器及基座绝缘电阻测试；测量避雷器的工频参考电压和持续电流；测量避雷器直流参考电压和 0.75 倍直流参考电压下的泄漏电流；放电计数器动作测试；工频放电电压试验。

8. 电缆试验

试验内容包括：绝缘电阻测试；交流耐压试验；电缆线路两端相位检查。

9. 继电保护测控装置调试

调试内容包括：反措内容检查；继电保护外观检查；二次回路检查；保护定值整定校验；保护逻辑及带开关整组传动试验；保护信号核对；测控装置模拟量精度检查；开关、刀闸等远控试验；开关量核对；故障录波装置调试；与 220kV 华塘变、110kV 海岐专用变的三端光纤差动保护联调。

10. 接地装置的试验

试验内容包括：接地导通试验；接地电阻测试。

5.3.4　升压站倒送电

5.3.4.1　启动范围

启动范围包括：110kV 华薛线；110kV 临时升压站新建一、二次电气设备；全站新建调度自动化、通信系统设备。

5.3.4.2　启动条件

启动条件：启动范围内的一、二次电气设备均已竣工验收合格，无任何接地线或短接线，所有刀闸（含接地刀闸）均在断开位置；测控、保护装置已按整定值通知单要求调试完毕，且故障录波装置、测控、保护装置均已按整定值通知单及图纸要求投入，远动四遥信息已调试完毕且经启动委员会工程验收检查组验收合格；T 接线路三端光纤差动保护联调完成；现场目测升压站所有受电范围内的开关、刀闸一次接线相序、相位完全正确；1 号主变 110kV 侧电压分接开关均已在第 9 档 115kV 处；风电场已通过调度OMS 系统上报线路、断路器、隔离刀闸等一次设备和保护、测控、远动等二次设备的台账、参数等相关资料，并已得到省/地调确认；35kV 所有间隔开关 CT 一、二次回路已经过通流试验，确保接入 35kV 母差保护电流回路极性正确，35kV 母差保护具备投运条件。

5.3.4.3　送电流程

全压冲击 110kV 华海线线路——→海岐变 110kV 华海线线路带负荷测向量——→前薛风电场 110kV 1 号主变全压冲击试验——→前薛风电场 35kV 母线相序、相位核对——→前薛风电场 SVG 试运行——→前薛风电场 110kV 线路保护向量测量——→前薛风电场 1 号主变保护向量测量——→前薛风电场 35kV 母线保护向量测量——→前薛风电场 35kV 接地变兼站用变启动试运行。

5.3.4.4　升压站电力设备运行概况及经验总结

1. 样机试验风电场投运概况

（1）110kV 临时升压站带电情况。2017 年 9 月 27 日下午 18：56，兴化湾样机试验风电场 110kV 临时升压站一次带电成功。太原重工 1 号机组成功并网发电，另 1 台风电机组 11 月 21 日上午 10：02 首次并网发电；中国海装 2 台风电机组分别于 11 月 21 日、22 日陆续并网发电。

（2）样机试验风电场风电机组并网情况。太原重工风电机组于 2017 年 9 月 29 日成功并网发电以来，太原重工 1 台风电机组，中国海装 2 台风电机组，金风科技 2 台风电机组，明阳电气 1 台风电机组，GE 2 台风电机组，上海电气 1 台风电机组，东方电气 1 台风电机组陆续并网发电。由于各机组供应商均在调试磨合，加之还有 6 个月的科研期，未进行相关对比工作。

2. 经验总结

（1）形成了完善的生产准备大纲及基建转安全生产后相应的管理体系，对生产筹备及前期办理电网相关手续、后期电力运营、生产过程涉网协调等具有较强的指导性。

（2）根据电网公司对用户功率因素考核机制《功率因数调整电费办法》（水电财字第〔1983〕215 号），当实际功率因数为 0.65 时，月电费增加 15%，实际功率因数自 0.64 及以下，功率因数每降低 0.01，电费增加 2%。为保证前薛风电场功率因数电价考核标准为 0.9，通过计算确定，当 SVG 调节下限为 1.44Mvar，风电场有功功率小于 5.75MW 时，SVG 应退出运行；当 SVG 调节下限为 1.8Mvar，风电场有功功率小于 7.18MW 时，SVG 应退出运行。

5.3.5　送出线路工程

样机试验风电场项目 110kV 送出线路起自 110kV 华海线 30 号塔，止于新建的福清兴化湾样机试验风电场临时升压站，路径见图 5.43。该线路工程采用单回架空架设及电缆敷设，由 110kV 华海线 30 号塔电缆下塔采用直埋、排管及拉管敷设电缆路径长度 269m，由 3 号电缆终端塔电缆上塔转架空架设长度 651m，至 1 号电缆终端塔电缆下塔采用电缆敷设 36m 接入新建的福清兴化湾样机试验风电场 110kV 临时升压站 GIS 电缆终端头。具体工程及相应的工程量参见表 5.15。

图 5.43 送出线路路径

（引自《福清兴化湾海上风电场一期（样机试验风场）项目线路设计方案》）

表 5.15 送 出 线 路 工 程 量 表

线路亘长及回路数	单回路架空 0.651km，电缆敷设线路 0.305km
基础类型与数量	灌注桩基础 2 基，混凝土量约 90.4m³； 大板基础 2 基，混凝土量约 109.16m³
杆塔类型与数量	1B8－DJ－18、1B8－J1－24、1B8－J4－18 共 3 种塔型，共 4 基，总重量约 32.2t
导线型号与长度	1×JL/LB20A－150/25，架设长度：单回路长 0.8km
光缆型号与长度	两根均为 OPGW 光缆
电缆型号与长度	YJLW03－Z、64/110、1×240，敷设长度：0.305km

5.3.5.1 灌注桩基础施工

1. 基础施工地质条件

线路工程途径地貌主要为平地、泥沼，地形起伏较小。因此，目前地形起伏较大处的剥蚀残丘段建设时需要整平至路面高程左右，一般需要挖方整平。沿线地形地貌分为滩涂平原地貌及剥蚀残丘地貌，地形起伏较小，但因本工程 4 基塔位于泥沼地，基础采用灌注桩及大板基础。

2. 基础配置情况

基础配置情况和基础型式尺寸分别参见表 5.16 和表 5.17。灌注桩基础型式参见图 5.44。

表 5.16　　　　　　　　　　　　　基 础 配 置 情 况 表

序号	杆塔号	现场桩号	杆塔形式	基 础 配 置			
				A	B	C	D
1	1 号	J1	1B8－DJ－18	DZ10140	DZ10140	DZ10140	DZ10140
2	1+1 号	J1+1	1B8－J4－18	DZ10140	DZ10140	DZ10140	DZ10140
3	2 号	J2	1B8－J1－24	B3748	B3748	B3748	B3748
4	3 号	J3	1B8－DJ－18	B4351	B4351	B4351	B4351

注：引自《福清兴化湾海上风电场一期（样机试验风场）项目线路设计图纸》。

表 5.17　　　　　　　　　　　　　基 础 型 式 尺 寸 表

序号	基础型式	灌 注 桩			
		桩体 C40/m³	埋深/m	桩径/mm	桩长/mm
1	DZ10140	11.30	13.5	100	14000

序号	基础型式	大 板 基 础			
		大桩底座/mm	主柱/mm	大板垫层 C20/m³	大板混凝土 C40/m³
1	B3748	3700×3700	700×700×4800	1.52	9.37
2	B4351	4300×4300	700×700×5100	2.02	14.38

注：引自《福清兴化湾海上风电场一期（样机试验风场）项目线路设计图纸》。

3. 基础施工总流程

施工准备──→定位分坑──→护筒埋设──→制备泥浆──→成孔──→抽渣清孔──→钢筋笼制作──→钢筋笼安装──→导管安装──→水下混凝土浇注──→桩头清理──→桩检测──→质量验收。

（1）定位分坑。计算和测量桩位图并进行放样，复测各塔基中心桩和轴线方向，设置方向桩和地脚螺栓定位的保护桩（横担与方向）及临时水准点，根据分坑要求定出各塔基桩位。转角杆地脚螺栓按横担中心线与本线路转角的内角平分线重合原则进行布置，直线杆视为 0°转角。

（2）护筒埋设。埋设护筒的主要作用是固定桩位，防止地表水流入孔内，保护孔口和保持孔内水压力，防止出现塌孔，成孔时引导钻头钻进方向等。护筒埋设应准确、稳定，护筒的中心与桩位中心的偏差应控制在 50mm 以内，护筒与孔壁间的缝隙应用黏土填实；护筒内径应大于钻头直径 100mm，上部宜开设 1～2 个溢浆孔；护筒的埋设深度 1m，护筒顶面应高出地面 400～600mm。在成孔时，应保持泥浆液面高出地下水位 2m 以上。

（3）成孔。工程采用冲击钻成孔施工方法。钻头要始终保持垂直，在冲孔过程中应随时检查、校正钻杆的位置。为使钻进成孔正直，防止扩大孔径，应使钻头旋转平稳，力求钻杆垂直无偏晃地钻进。在冲孔过程中，要保证孔内的水位高出地下水位 2m 以上，经常检查泥浆的比重，并设专人负责往孔内加水添浆，停钻时应将钻头提出孔口外，并洗刷干净，严禁将钻头放在孔内，以防坍孔或泥浆沉淀将钻头埋住。当一节钻杆钻完时，应先停止转盘转动，然后吊起钻头至孔底 200～300mm，并继续使用反循环系统将孔底沉渣排干净，再接钻杆继续钻进。冲孔完成后，应用测孔器检查桩孔直径，吊重锤检查

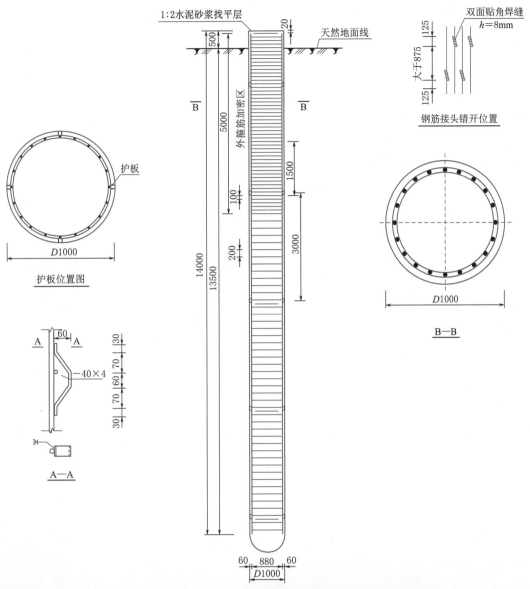

图 5.44　灌注桩基础型式图（单位：mm）

（引自《福清兴化湾海上风电场一期（样机试验风场）项目线路设计图纸》）

孔深和孔底情况。成孔质量检查标准参见表 5.18。

表 5.18　　　　　　　　　　　　成孔质量检查标准表

序号	项目	标准	序号	项目	标准
1	桩孔直径（D）允许偏差	$+0.10D$	3	孔底沉渣厚度	≤5mm
2	垂直度允许偏差	≤1/100	4	桩位允许偏差	≤100mm

（4）抽渣清孔。工程采用泥浆循环法清孔，泥浆相对密度达到 1.15～1.25t/m³ 时方为合格；沉渣的厚度用沉渣仪进行检测；在清孔时，应保持孔内泥浆面高出地下水位

1.0m 以上；4 根桩均为摩擦端承桩，孔底沉渣厚度不大于 50mm；清孔后应立即下放钢筋笼，浇注混凝土。

（5）钢筋笼安装。桩长 14m，钢筋笼加工时可焊接完成；钢筋笼制作允许偏差参见表 5.19。钢筋骨架沉放时，用吊车或桩基将其吊入桩孔内，应对准孔位，避免碰撞孔壁；钢筋笼入孔前，应保证实际有效孔深满足设计要求，以免钢筋笼放不到设计深度；灌注混凝土前，钢筋笼应用吊环临时固定，固定时应找正位置；两钢筋笼接头时，利用吊车或桩基将上部钢筋笼临时吊住进行连接；主筋接口应对齐，先点焊，后施焊；利用垂球由前后左右确认地上部分的垂直度，找正上下节各主筋的相对位置。接头施工完毕后，拔掉临时固定用钢筋，吊入钢筋笼；浇注混凝土时，应采取措施固定钢筋笼的位置，防止产生上浮和位移。

表 5.19　　　　　　　　　　　　　　钢筋笼制作允许偏差表

序号	项目	允许偏差	序号	项目	允许偏差
1	主筋间距	±10mm	3	钢筋笼直径	±10mm
2	箍筋间距	±20mm	4	钢筋笼长度	±50mm

（6）水下混凝土浇注。工程采用导管法浇筑水下混凝土。混凝土坍落度要求为 180～220mm。浇注时，混凝土温度不得低于 10℃；当气温低于 5℃ 以下浇注混凝土时，应采取保温措施。浇注过程中应设专人测量导管埋深及管内外混凝土面的高差，填写水下混凝土浇注记录。当混凝土灌注到达基础顶部时，需要配合捣固钎或振动棒进行捣实。水下混凝土必须连续施工，不得中断，在灌注过程中应用浮标或测锤测定混凝土的灌注高度，以检查灌注质量，每根桩的浇注时间按初盘混凝土的初凝时间控制，对浇注过程中的一切故障均应记录备案。每根桩最后一次浇注的混凝土高度应高过设计标高 1.2m，以保证凿除浮浆层后，桩顶标高和桩顶混凝土质量符合设计要求。在护筒未拔出之前，人工将混浆层挖出，按设计标高抹平基础顶面。

（7）桩头清理。水下混凝土浇注完成后，应进行桩头清理，即破桩头。当桩身上部结构有连续施工要求时，在水下混凝土浇注完成后立即进行桩头清理，将混合层清理干净露出桩身混凝土并将桩身混凝土上部 800mm 范围内的混凝土清除，在混凝土终凝前完成上部结构的钢筋和模板安装，并进行上部混凝土连续浇注。

（8）桩检测。当桩身混凝土强度达到设计强度的 70%，且不小于 15MPa 时，采用低应变法进行无损检测。桩身完整性分类参见表 5.20，采用低应变法检测各桩的结果参见表 5.21 和图 5.45、图 5.46。

表 5.20　　　　　　　　　　　　　　桩身完整性分类表

类　　别	特　　征
Ⅰ类	桩身完整
Ⅱ类	桩身有轻微缺陷，不会影响桩身结构承载力的正常发挥
Ⅲ类	桩身有明显缺陷，对桩身结构承载力有影响
Ⅳ类	桩身存在严重缺陷

表 5.21　　　　　　　　　　低应变法检测结果汇总表

序号	桩号	桩长/m	桩径/mm	混凝土波速/(m/s)	桩身完整性评价	类别
1	1A	14	1000	3400	桩身完整	I 类
2	1B	14	1000	3400	桩身完整	I 类
3	1C	14	1000	3400	桩身完整	I 类
4	1D	14	1000	3400	桩身完整	I 类
5	1+1A	14	1000	3400	桩身完整	I 类
6	1+1B	14	1000	3400	桩身完整	I 类
7	1+1C	14	1000	3400	桩身完整	I 类
8	1+1D	14	1000	3400	桩身完整	I 类

注：引自《福清兴化湾海上风电场一期（样机试验风场）项目桩身完整性检测报告》。

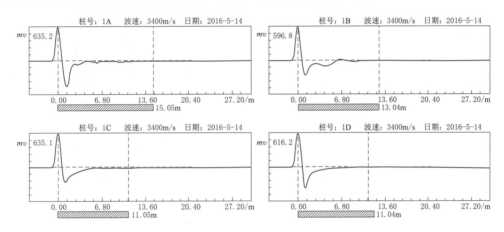

图 5.45　1 号塔基低应变桩基完整性检测图

（引自《福清兴化湾海上风电场一期（样机试验风场）项目桩身完整性检测报告》）

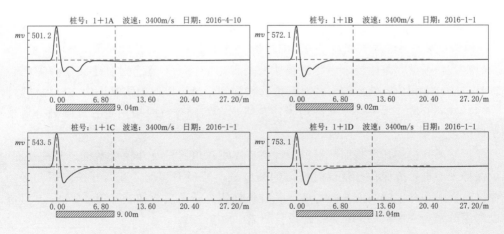

图 5.46　1+1 号塔基低应变桩基完整性检测图

（引自《福清兴化湾海上风电场一期（样机试验风场）项目桩身完整性检测报告》）

5.3.5.2　直柱大板基础施工

1. 大板基础型式和尺寸

大板基础型式尺寸分别参见图 5.47 和表 5.22。

表 5.22　　　　　　　　　　　　　　　基 础 型 式 尺 寸 表

序号	基础型式	垫层		基　　础			
		C20/t	C40/t	钢材/t	底座尺寸/mm	立柱尺寸/mm	
1	B3748	1.52	9.37	998.45	3700×3700	700×700×4800	
2	B4351	2.02	14.38	1522.92	4300×4300	700×700×5100	

注： 引自《福清兴化湾海上风电场一期（样机试验风场）项目线路设计图纸》。

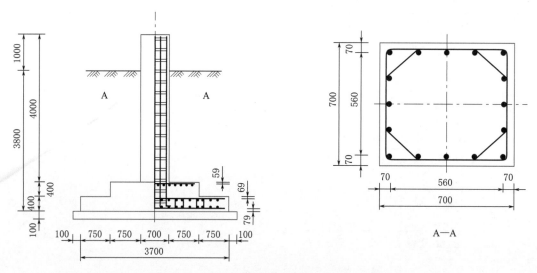

图 5.47　直柱大板基础型式图（单位：mm）

（引自《福清兴化湾海上风电场一期（样机试验风场）项目线路设计图纸》）

2. 基础施工总流程

基面平整 → 基础分坑 → 基面开挖 → 基坑开挖 → 钢筋制作安装 → 地脚螺栓安装 → 模板安装 → 混凝土浇注 → 基础养护 → 模板拆除 → 基础回填 → 质量验收。

（1）基面平整。基面施工应尽量保留杆塔位中心桩，对施工过程中无法保留塔位中心桩时，应钉立相应的辅助桩，并对其位置作详细记录，以便为恢复该中心桩提供数据。

（2）基础分坑。本工程 4 基塔均为转角塔，在基础分坑时采用正方形基础分坑法确定坑口位置。

（3）基面开挖。开挖基面前根据设计值钉立坑深位置桩及开挖范围桩。开挖基面时，尽量保持中心桩，并保护好复测时钉立的辅助桩。若确需移动，基面开挖好后，必须用经纬仪前视法和分中法，恢复中心桩，并校核档距、转角度数和基降值。2 号、3 号塔的基础埋深分别为 3.8m、4.6m，符合设计要求。

（4）基坑开挖。基坑开挖前，应根据《杆塔明细表》、设计提供的地质资料、施工现场调查情况及铁塔结构图，认真核对塔型、呼称高、转角度数、腿号、腿长、基础顶面至中心桩高差、基础根开、地脚螺栓根开及规格、基础形式等。基础开挖时应保留中心桩，若因施工或其他原因不能保留则应将中心桩引出，采取其他方法校验中心桩至基础立柱顶面的高差和基础埋深，基础中心桩应浇注水泥保护。铁塔基础（不含掏挖式基础和岩石基础）坑深允许偏差为＋80mm 至－0mm，坑底应平整。同基基础坑在允许偏差范围内按最深基坑操平。铁塔基础坑深与设计坑深偏差大于＋80mm 时，其超深部分应进行铺石灌浆处理。

（5）模板安装。直柱式基础立柱模板采取悬吊法进行组装，即在基坑口立柱模板旁架 2 根槽钢（或抱杆，同时为增强井字架的稳定性，应在基础立柱模板四周设置斜撑钢管），先将模盒上半部（约 2～3 片模板）用挂铁悬挂在槽钢上形成一个整体，然后由上往下逐片安装。为保证四角吊点的受力基本均衡，模盒的四角吊点到模板的距离应基本一致（200～300mm）；同时通过调整双钩将模板调至设计位置。

（6）混凝土浇注。浇注应先从立柱中心开始，逐渐延伸至四周，避免将钢筋向一侧挤压变形。浇注时采用专门加工的下料漏斗和下料圆桶，防止混凝土离析，保证混凝土质量。对层间结合处，主柱四角边缘等不易捣实的拐角处，必须用扁头捣固扦插几回。混凝土的坍落度要求为 130～160mm。本工程立柱较长，立柱是振捣的控制关键点，应采用竹竿绑扎振动棒振捣，或模板中间暂时拆开振捣的方法进行振捣，捣固时间应适宜，确保基础的混凝土质量。

（7）模板拆除。当混凝土强度不低于 2.5MPa（浇制完后约 48h）方可拆模。拆模后应清除地脚螺栓上的混凝土残渣，地脚螺栓丝扣部分涂裹黄油，塑料薄膜包裹，再用PVC 管套筒保护。

3. 质量问题处理

2 号塔基 D 桩在拆模后发现，存在较大蜂窝露石、露筋及表面裂纹，需进行加固处理，处理方法参见图 5.48。应先凿除表面蜂窝混凝土，凿除深度约为 100mm，且应暴露

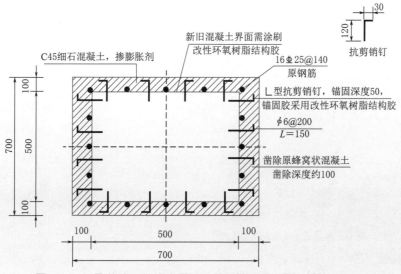

图 5.48　2 号塔基 D 桩蜂窝露石、露筋处理示意图（单位：mm）
（引自《福清兴化湾海上风电场一期（样机试验风场）项目线路设计图纸》）

立柱纵向受力钢筋；表层打毛后，植入直径为 6mm 的抗剪销钉，清水处理表层杂质后涂刷改性环氧树脂结构胶；最后浇注掺优质膨胀剂的 C45 细石混凝土。

5.3.5.3　铁塔组立

1. 铁塔组立流程

施工准备──→现场勘查、修整运输场地和道路──→塔材清点──→吊车、工具到位──→吊车组立场地布设──→塔片地面组装──→吊装塔片──→铁塔封顶──→塔头部分吊装──→螺栓复紧与消缺──→质量验收。

2. 铁塔特点及吊装方式

工程共有铁塔 4 基，均为耐张塔，平均塔重 8.78t。塔位均在路边，采用汽车吊进行立塔。典型的塔型结构见图 5.49，吊装分段方式参见表 5.23。

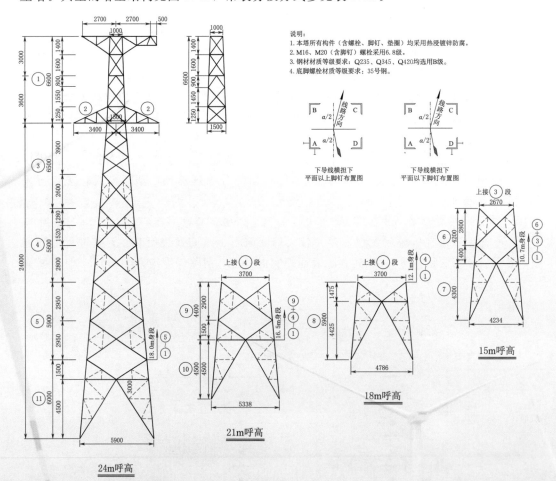

图 5.49　典型塔型结构图（单位：mm）

（引自《福清兴化湾海上风电场一期（样机试验风场）项目线路设计图纸》）

5.3.5.4　架线工程

线路起自 110kV 华海线 30 号塔，止于新建的福清兴化湾样机试验风电场临时升压站，采用单回架空架设及电缆敷设。架空线路总长度 651m，主要展放左、中、右相导线，皆为 1×JL/LB20A－150/25 铝包钢芯铝绞线，两根地线采用 OPGW 光缆。

表 5.23 塔型特性及吊装方式表

塔 号	塔型	标准呼高/m	段号	段 别	段长/m	段重/kg	吊装方式
1、3	1B8－DJ	18	①	塔头	6.6	1716.2	吊段
			②	外侧导线横担	1.4	346.7	吊段
			③	内侧导线横担	1.4	185.7	吊段
			④	塔身	6.5	1975.6	吊段
			⑤	塔身	5.6	1686.7	吊段
			⑨	塔腿	5.9	2727.9	吊面
1+1	1B8－J4	18	①	塔头	6.6	1632.4	吊段
			②	外侧导线横担	1.4	308.0	吊段
			③	内侧导线横担	1.4	157.7	吊段
			④	塔身	6.5	1876.1	吊段
			⑤	塔身	5.6	1552.7	吊段
			⑨	塔腿	5.9	2683.7	吊面
2	1B8－J1	24	①	塔头	6.6	1307.6	吊段
			②	外侧导线横担	1.25	488.1	吊段
			③	内侧导线横担	6.5	1318.4	吊段
			④	塔身	5.6	1131.0	吊段
			⑤	塔身	5.9	1136.9	吊段
			⑪	塔腿	6.0	1923.2	吊面

注：引自《福清兴化湾海上风电场一期（样机试验风场）项目吊车组立塔施工方案》。

1. 导线和地线参数

所用 JL/LB20A－150/25 导线和 OPGW 光缆的机械物理参数分别参见表 5.24 和表 5.25。

表 5.24 导 线 机 械 物 理 参 数

型 号		JL/LB20A－150/25	外径/mm	17.10
结构 （股数/直径）	铝	26 股/2.70mm	计算重量/(kg/km)	571.5
	铝包钢	7 股/2.10mm	弹性系数/(N/mm²)	71000
截面积 /mm²	铝	148.86	线膨胀系数/(×10⁻⁶/℃)	20.1
	铝包钢	24.25	计算拉断力/N	54410
	总计	173.11	20℃直流电阻/(Ω/km)	0.1838

注：引自《福清兴化湾海上风电场一期（样机试验风场）项目架线施工方案》。

2. 施工工序流程

施工准备──悬挂滑车、绝缘子──导引绳、牵引绳展放、导线、光缆展放──导线挂接──附件安装──质量验收。

表 5.25　　　　　　　　　　　OPGW 光缆机械物理特性表

型　号		OPGW - 24B1 - 70 - 2	计算重量/(kg/km)	338.1
结构 （股数/直径）	铝合金		弹性模量/MPa	109000
	钢（铝包钢）	6 股/3.8mm	线性膨胀系数/(1/℃)	15.5
	铝管或钢管	1 股/3.8mm	极限抗拉强度/kN（RTS）	40
计算截面积 /mm²	铝管或钢管	2.26	20℃直流电阻/(Ω/km)	0.633
	钢（铝包钢）	68.05	允许短路电流容量/(kA²·s)	38.7
	总计	70.31	最大允许使用张力/kN	40
外层绞向		右	最小允许弯曲半径/mm	20D
外径/mm		11.4		

注：引自《福清兴化湾海上风电场一期（样机试验风场）项目架线施工方案》。

3. 架线方式及顺序

导线、光缆均采用"一牵一"人力展放方式。架线顺序：左相导线 ⟶ 右相导线 ⟶ 中相导线 ⟶ 左光缆 ⟶ 右光缆。

5.3.6　电缆敷设

电缆路径总长度 305m（不包含电缆上下塔），其中 110kV 华海线 30 号塔 T 接侧电缆路径长度 269m（直埋敷设 189m，过路拉管敷设 80m），110kV 升压站出线侧电缆路径长度 36m（直埋敷设 20m，利用升压站内电缆沟敷设 16m）。

5.3.6.1　施工流程

电缆敷设施工流程参见图 5.50。

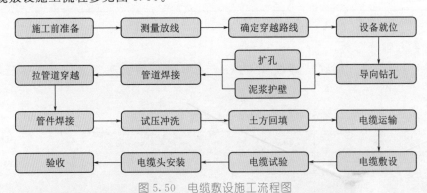

图 5.50　电缆敷设施工流程图

（引自《福清兴化湾海上风电场一期（样机试验风场）项目直埋电缆施工方案》）

5.3.6.2　拉管施工

1. 导向孔轨迹的设计

导向孔轨迹设计是在管线剖面图的基础上，设计出钻孔的最佳曲线。一般原则是离开现有管线越远越好；将钻机放置在有风险管线的一侧；钻孔曲线越简单越好；弧形部分曲率半径越大越好；入土角和出土角应均在 6°~15°之间；入土点或出土点与欲穿越的最近障碍物之间的距离（如道路、沟渠等）至少应为 5m，与水体的最小距离至少应为

5～6m，以保证不发生泥浆喷涌。

2. 钻液的配置

工程钻液配合比确定为：膨润土 20%，转液宝 1%，水 75%，2%膨润土重量的烧碱。

3. 导向钻进

工程导向钻进的钻进点选择在略高于设计管中线的地方，水平钻入土中，以减少管道自重对高程的影响。在导向钻孔过程中应根据探测器所发回的信号，判断导向头位置与钻进路线图的偏差，随时调整。为了保证导向头能严格按照操作人员发出的指令前进，需要在管道线路初步布点后对控制点进行加密加细。间隔 3m 设中线、高程控制点，用木桩做出明显标志，并在桩点周围用混凝土砌出护墩加以保护。控制人员严格按照点位，操作仪器。

4. 扩孔

根据现场地质情况，采用刮刀式扩孔器（图 5.51）扩孔。扩孔器尺寸为铺设管径的1.2～1.5 倍，即 50cm×1.5＝75cm。这样既能够保持泥浆流动畅通又能保证管线安全、顺利地拖入孔中。本段回拉扩孔铺管的距离比较长，泥浆作用特别重要，孔中缺少泥浆会造成塌孔等意外事故，使导向钻进失去作用并为再次钻进埋下隐患。因此要保持在整个钻进过程中有"返浆"，并根据地质情况的变化及时调整钻液配比。

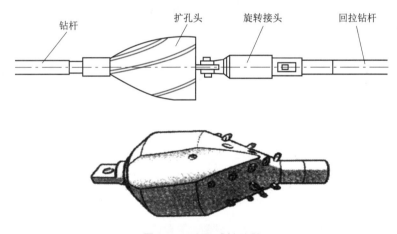

图 5.51　刮刀式扩孔器

（引自《福清兴化湾海上风电场一期（样机试验风场）项目直埋电缆施工方案》）

5. 管道焊接

管材为 HDPE 实壁管，管材接口采用热熔连接。管材物理性能满足以下要求：质量密度 $0.94 \sim 0.96 \text{g/cm}^3$；短期弹性模量不小于 800MPa；抗拉强度标准值不小于20.7MPa；抗拉强度设计值不小于 16.0MPa。

6. 管道回拖

完成 D800 扩孔，并确认成孔过程完成、孔内干净、没有不可逾越的障碍后，立即进行管道回拖。

7. 注浆加固

PE 管道拉通后，为了避免地面沉降，需进行注浆加固。受场地条件限制，本次采用孔内注浆的加固措施。注浆步骤见图 5.52。在注浆施工时应注意：根据实际情况每 3～

6m 注浆一次，计算注浆量一定要大于泥浆量，注浆时尽量保持不间断；当钢花管拖入地面时一定要用堵头堵死，防止浆液从钢花管前端流出；当出现缝隙时，及时将浆液注入缝隙内加固。

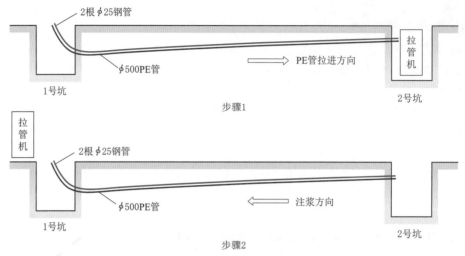

图 5.52   注浆步骤示意图

（引自《福清兴化湾海上风电场一期（样机试验风场）项目直埋电缆施工方案》）

5.3.6.3   线路参数实测、验收

2017 年 9 月 19 日，送变电公司对线路进行电气参数实测，主要测试了直流电阻、正序阻抗、零序阻抗等关键参数，用于线路三端差动保护定值计算。

工程由福州市质监站按《送电线路工程质量监督检查典型大纲》分三个阶段进行质量监督检查：①杆塔组立前阶段质量监督检查；②导地线架设前质量监督检查；③线路投运前质量监督检查。2017 年 9 月 25 日完成线路质量检查，具备投运条件。

5.4   风电机组吊装

5.4.1   风电机组吊装概述

样机试验风电场 14 台风电机组共 8 个厂家 8 种型号。其中，5 个厂家（太原重工、中国海装、明阳电气各 2 台，东方电气、湘电风能各 1 台）共 8 台机组采取先在平台船上组装风轮，再整体吊装的方案。在平台船上设置固定通用风轮拼装工装，适应各机型轮毂法兰对接。另外 3 个厂家（GE 3 台、上海电气 1 台、金风科技 2 台）共 6 台机组采用各厂家专用吊具单片安装叶片。其中上海电气采用专用缆风系统，GE、金风科技采用"福船三峡"号自有缆风系统。由于项目没有用于风电机组存放及预拼装的场地，各样机均为机位交货。各厂家机组安装顺序和工艺严格按各厂家安装手册执行。

5.4.2   主要吊装设备

项目采用"福船三峡"号海上风电一体化作业移动平台进行风电机组吊装，移动平台照片和性能参数分别参见图 5.53 和表 5.26。

1. MSC GUSTO‐1000t 电动全回转绕桩式起重机

用绕桩吊的设计，将起重作业时受桩腿的影响降至最低，充分发挥起重机的功能，同时将起重机的实际吊距损失也降至最小，具有领先水平的起吊速度和脱、并钩等优势，设计最大起重能力 1000t，最大吊高 110m（甲板以上）。可根据风电机组的安装方式最大限度地提升风电机组安装速度。

起吊 1000t 和 500t 重物时，起吊速度分别为 5.5m/min 和 11m/min。

图 5.53 "福船三峡"号海上风电一体化作业移动平台

（引自《福清兴化湾海上风电场一期（样机试验风场）项目风机安装施工方案》）

表 5.26 "福船三峡"号海上风电一体化作业移动平台性能参数表

项 目			参 数
总长			119.2m
总宽			45.02m
水线间长			99.0m
型宽			40.8m
型深			7.8m
载重吃水			4.50m
最大作业水深			50m
桩腿数/直径/总长			4 根/φ4m/85m
抬升系统形式			液压插销式
动力系统		主发电机	MTU‐4×1600kW
		副发电机	MTU‐600kW
推进系统		艉部推进系统	2×1800kW 全回转
		艏部推进系统	2×900kW 全回转
动力定位系统			Kongsberg‐DP1
自航航速			0～6.0kn
人员			80
调遣工况		吃水	4.0～4.50m
		风速	≤20m/s
就位升降预压工况		风速	≤13.8m/s
作业工况		可变荷载	3600t
		风速	≤32m/s
风暴自存工况		作业水深≤30m	≤58m/s
		作业水深≤40m	≤51.4m/s
		作业水深≤50m	≤36.3m/s
主起重机		安全起重量	1000t@25m
		起升高度	甲板面上 110m
			甲板面下 25m
辅起重机		安全起重量	200t@20m
		起升高度	甲板面上 65m
			甲板面下 20m

注：引自《福清兴化湾海上风电场一期（样机试验风场）项目风机安装施工方案》。

　　该吊机的吊重比达到1∶1，处于国内当前顶尖水平，并在轻量化设计上也做到了极致，吊机具有下列主要特点：

　　（1）该起重机为全回转、电力驱动起重机，吊车的利用率高、稳定性强、控制精度高。其中操作控制行程精度达到毫米级。

　　（2）主吊机自动化程度高，安全性能好，整机包含 2000 多个报警点，保证了吊机在使用过程中的安全性。

　　（3）吊机驾驶室、电气房设计人性化，操作环境舒适。

　　（4）与其他国内同类型专用吊机相比，该吊机增设了一套稳货系统，有利于吊装时候防止货物摆动。

　　MSC GUSTO－1000t 电动全回转绕桩式起重机起吊性能曲线参见图 5.54。

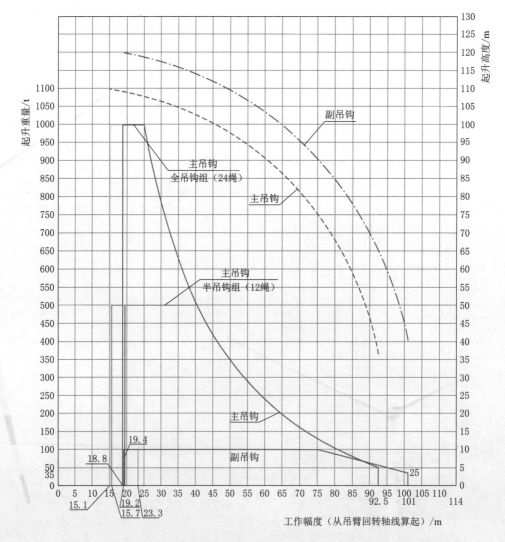

图 5.54　MSC GUSTO－1000t 电动全回转绕桩式起重机起吊性能曲线图
（引自《福清兴化湾海上风电场一期（样机试验风场）项目风机安装施工方案》）

2. 200t 辅助起重机性能参数

200t 辅助吊机主钩起重能力 200t-20m、35t-54m，辅钩起重能力 30t-13m、10t-59m。吊机的起吊性能曲线见图 5.55。

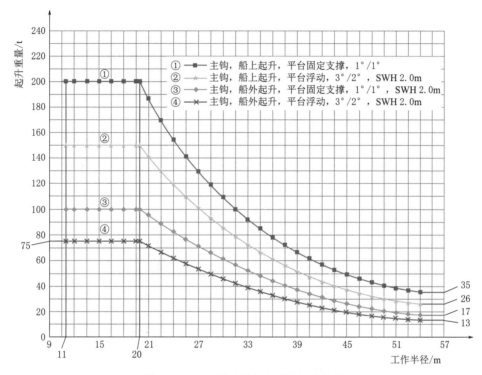

图 5.55　200t 辅助吊机起吊性能曲线图

（引自《福清兴化湾海上风电场一期（样机试验风场）项目风机安装施工方案》）

3. 桩腿升降系统

移动平台升降系统主要性能参数见表 5.27，各项性能俱佳，具体如下：

（1）入土深度 2.5～14m；桩靴面积明显大于国内同类平台，使平台"踩得更浅"却"站得更稳"。

（2）平台顶升时间 3.5～5h，平台下降时间 3～6h；大吨位的液压系统使平台具有更高升降效率，在兴化湾风电场 Y6、Y7 浅水区机位，实现了在 7h 有效潮位内安全的插拔腿作业，这是国内外目前液压式自升平台不敢轻易尝试的作业水深。

表 5.27　　　　　　　　　　"福船三峡"号升降系统主要性能参数

桩腿数	升降形式	桩腿型式	桩腿直径	桩腿长	最大作业水深	桩腿孔节距
4	液压插销式	圆筒形	4m	85m	50m	1.5m
单桩举升载荷	单桩拔桩力	预压载荷	单桩支持载荷	举升平台平均速度	下降平台平均速度	升降桩腿平均速度
4000t	≤3600t	≤6000t	6000t	12m/h	18m/h	24m/h

注：引自《福清兴化湾海上风电场一期（样机试验风场）项目风机安装施工方案》。

4. 动力及推进系统

"福船三峡"号配备 4 台 1600kW 发电机，船艉部 2 台 1800kW 全回转螺旋桨，艏部

2台900kW全回转螺旋桨，实测航速大于6kN。

5.甲板作业面积

甲板作业面积大于2500m²，具备安装和组装同时进行的场地规模和起吊能力，为目前国内最大，更能满足目前"大功率""大直径"风电机组的存放、拼装及运输。

6.风暴自存能力

"福船三峡"号设计抗台风等级为17级，其他平台船多数为12级。2017年，"纳沙""海棠"先后正面袭击样机风电场，系统数据表明移动施工平台风暴自存能力优良。

5.4.3　风电机组吊装准备工作

1.基础验收

由业主、监理、供应商、施工单位依据基础施工技术要求对风电机组基础进行四方验收。

2.风电机组安装运输设备进场验收

对进场的安装运输船舶、设备进行验收，检查其相关证件、证书是否齐全、符合相关规定。现场总负责人组织船舶、机械专业工程师、专职安全员和各机械操作人员对所使用船舶、机械的完好性、安全装置的灵敏性进行验证确认。

3.风电机组设备检查验收签证

对到场的设备收集合格证，包括但不限于：塔筒出厂验收报告、主机验收报告、连接高强螺栓出厂合格证、电缆合格证、电气设备合格证等。填写四方验收签认单，并四方签认。

对所有部件及安装连接螺栓数量和质量情况清点核查；检查所有部件，确认各部件是否完好，如发现由于运输不当等原因造成设备碰伤、变形、构件脱落、松动等损坏，及时同业主与厂家确定解决方案；在设备运输到安装现场后，检查设备是否有装卸车及运输过程造成的表面划伤等损伤，对划伤进行补漆。

4.工装、索具、工器具、消耗材料准备

起重负责人根据每种机组机型拟定工装、索具、工器具清单，组织准备和清点检查各部件吊装用索具、工装，并严格检查以上工器具是否合格、有无损伤变形等缺陷，并对检查情况进行记录（在每次使用前都要进行检查确认并记录）。施工员验证机组供应商提供的各套专用工装、索具和专用工具是否有合格证，并索要留存相关资料。没有合格证或检查不合格的起重索具严禁使用。

电工负责人准备好电气作业专用和常用工具，同时准备好施工照明灯具，以便在自然光线不足的工作地点施工时使用。对各类电动工器具和电源盘进行检测，将检测结果进行记录，在检测合格的电动工器具上张贴合格标志。安装现场准备急救箱，存放常用的医药救护用品。

5.技术准备

风电机组安装施工开始前，技术负责人组织所有参加施工的人员进行《福清兴化湾海上风电样机试验风电场风电机组分体安装施工专项方案》和各风电供应商的《海上风电机组安装手册（作业指导书）》的技术交底，组织相关施工作业人员熟悉施工现场环境。

安全总监组织所有参加施工的人员进行安全培训、上岗培训和专业安全操作培训，所有参与施工人员必须经相关专业安全操作考试合格后才可上岗。

6. 安全设施准备

施工人员配备合格个人防护用品，个人防护用品至少包括：防砸工作鞋、安全帽、工作服、工作手套，高空作业人员还需配备全身性保护装置（配有双钩安全绳和攀登自锁器）；安全员对施工人员的防护用品进行检查，确保安全防护用品安全可靠。

安全员准备好所需公共安全设施，在作业过程中按照安全要求规定实施。

5.4.4　风电机组吊装

5.4.4.1　吊装方案

（1）"福船三峡"号平台船分体安装风电机组，配一艘混凝土搅拌船或起重船作为临时靠泊码头（靠绑船）。

（2）太原重工、中国海装、东方电气、明阳电气、金风科技和湘电风能等 6 个厂家共 10 台风电机组由海上运输至机位交货，平台船直接起吊、安装。

（3）GE（3 台）和上海电气（1 台）共 4 台风电机组及叶片（塔筒除外）在江阴港码头清关和存放，运输船自航至江阴港码头装货转运（每次一台）至相应机位安装。

（4）距离试验风电场西 3 海里左右的"兴化湾锚地"作为施工船舶避风锚泊地，配备一艘拖轮和两艘锚艇作为施工船舶应急救援船。

（5）根据各机位具体地质钻探资料、设计院扫海图以及各机位基础施工平台桩施工情况综合分析。在平台船进场驻位前，对平台船站位范围进行局部加密扫海，插桩腿时，利用桩腿射水系统配合插桩等措施，以保证平台船桩腿安全受力。

（6）14 台机位的所在海域水深均满足运输船舶吃水，平台船在较高潮位时进场，通过 DP 定位系统快速定位，顶升平台船。

5.4.4.2　风电机组塔筒安装

（1）第一步："福船三峡"号平台船进场、定位、顶升。应开展关键环节、插拔腿分析、结果对比，考虑地质、水深、适应性等因素。

平台船自航至机位，通过 DP 动力定位系统自动定位，下插桩腿顶升平台船，靠绑船抛锚定位。平台船和塔筒船靠绑布置平面图见图 5.56。

（2）第二步：平台船绞锚外移，风电机组运输船靠绑。应开展平台船锚泊能力分析，安全性，考虑安全距离、吨位等因素。

（3）第三步：过渡段内电气设备安装。

1）太原重工安装顺序：直梯──→电缆槽支架及电缆桥架──→变压器支架及变压器──→除湿装置支架、除湿装置──→水冷泵──→除湿装置、水冷管路支架、海缆支架──→风水管路。

2）中国海装安装顺序：①吊装 PT 柜；②吊装平台单元；③安装散件（构架连接梁──→维护平台外围平台板──→电缆铺设层──→电缆桥架──→PMU 柜──→后续安装桥架、海缆接地箱、水泵梁、爬梯等）。

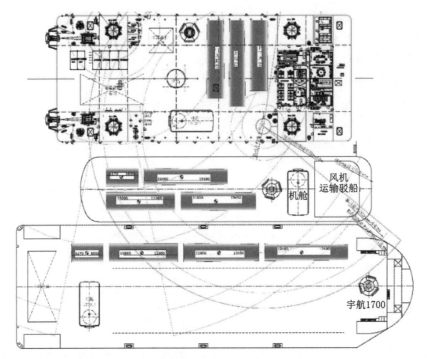

图 5.56　平台船和塔筒船靠绑布置平面图

（引自《福清兴化湾海上风电场一期（样机试验风场）项目风机安装施工方案》）

3）湘电风能安装顺序：安装辅助变压器——安装主变压器——安装内附件及内平台。

4）明阳风电安装顺序：安装 PMU 柜——吊装生活集装箱——安装散热器与塔外吊机。

5）上海电气安装顺序：安装 PT 柜——吊装平台单元——安装 PMU 柜。

6）东方电气安装顺序：安装变压器——安装可拆卸平台板、格栅板以及电缆支架。

7）金风科技和 GE 风电机组过渡段内无电气设备。

（4）第四步：起吊底节塔筒至安装船甲板，进行预组装。

1）上海电气预组装顺序：翻身竖直底节塔筒——底节塔筒安装开关柜——吊装底节塔筒——装配外部爬梯——安装塔底机械。

2）太原重工、中国海装、湘电风能、金风科技、明阳电气、GE 与东方电气底节塔筒在出厂前完成，竖直运输，无需进行预组装。

（5）第五步：系设缆风绳，吊装底节塔筒（图 5.57），安装基础外平台电气设备，连接电缆管线路。

（6）第六步：系设缆风绳，吊装中节（图 5.58）及顶节塔筒，连接塔筒内电气电缆管路。

5.4.4.3　风电机组机舱安装

（1）第一步：起吊机舱至安装船甲板，进行预组装。

1）太原重工机舱预组装。机舱罩顶部附件装配：机舱顶部气象支架、航标灯、驱鸟器及电气接线。

图 5.57 底节塔筒吊装

图 5.58 中节塔筒吊装

2）中国海装机舱预组装。机舱顶部装配顺序：①机舱罩顶部附件装配（发电机散热板支架装配——发电机散热板罩装配——发电机散热板装配——其他机舱顶部附件装配）；②气象站装配（气象桅杆底座装配——气象桅杆与风速风向仪装配——避雷针装配——航空阻碍灯装配——气象站 TP100 装配——摄像头装配——线缆布置）。

3）湘电风能机舱预组装顺序：安装气象站及管道总成（气象站支架、直梯、风向标、风速计、航空灯、驱鸟器等）——安装机舱吊具——安装接油环外环——安装主电缆悬架——安装偏航轴承与塔筒连接螺栓。

4）金风科技机舱预组装顺序：安装盘车工装——安装盘车集装箱——安装测风支架——安装组合体吊具。

5）明阳电气机舱预组装顺序：拆卸齿轮箱止转装置——安装主机吊具——安装测风桅杆及其附件（2 个风速仪、1 个风向仪）——拆卸主机运输工装。

6）GE 机舱预组装。按 GE 机舱安装说明（安装手册）方法和顺序：安装前部支撑、30 转子转动设备、导向销，拆卸爬梯，准备工具和机舱定位——安装吊具和溜绳——吊起机舱——垫片定位——放置前部支撑板——机舱框架支撑结构向外专向——机舱放回到机舱支撑结构上（保持 300t 吊重）——补充安装与塔筒连接法兰螺杆、轮毂与顺桨轴承螺栓—移走前部支撑。

7）上海电气机舱预组装。轮毂机舱装配和安装顺序：轮毂装配前的机舱准备工作——安装轮毂——机舱顶安装盘车装置工具集装箱——在机舱内安装盘车装置——将工具集装箱从机舱顶吊下——机舱 I-O 测试——机舱 RCD 和 CEE 插头极性测试——机舱和轮毂吊装前的准备工作——带轮毂的机舱吊装——吊装工具集装箱至机舱顶——叶片安装完成后拆卸盘车装置——将工具集装箱从机舱顶吊下。

8）东方电气机舱预组装。机舱顶部装配顺序：安装机舱冷却器罩壳与冷却器组件（起吊冷却器和冷却器罩壳组件与罩壳顶部接配——安装机舱罩壳前顶部避雷针——安装冷却器支架上避雷针——安装冷却器前支架——在冷却器前支架上安装风速仪——完成冷却器支架上避雷针、警示灯、风速仪等的接线）。

（2）第二步：吊装机舱（图5.59），连接机舱与塔筒间连接电气电缆管线路，机舱偏航至风轮安装方位。

5.4.4.4 风电机组叶片安装

样机试验风电场14台风电机组共8个厂家8种型号。叶片安装工艺从吊装工艺形式上可以分为两大类：叶轮组拼型整体安装工艺及单叶片吊装安装工艺。5个机组供应商（太原重工、中国海装、明阳电气、东方电气、湘电风能）共8台机组采用叶轮组拼型整体安装工艺，先在平台

图 5.59 吊装机舱

船上组装风轮，再整体吊装。3个机组供应商（GE、上海电气、金风科技）共6台机组采用单叶片吊装安装工艺，使用厂家专用单叶片吊具逐片吊装。其中上海电气采用专用缆风系统，GE、金风科技采用"福船三峡"号自有缆风系统。各厂家机组安装顺序和工艺严格按各厂家安装手册（作业指导书）执行。

1. 叶轮组拼型整体安装

（1）按各厂家具体组装方法和规定，在风轮固定组拼工装上吊装叶片组装风轮，见图5.60。

图 5.60 风轮组装

（2）挂设缆风绳，主吊机大钩主吊风轮，辅吊机小钩辅助起吊，双机原位抬吊至距甲板面35m左右。

太原重工、湘电风能使用1000t主勾挂双吊带分别挂至两只叶片根部；中国海装、东方电气、明阳电气使用1000t主勾挂单吊带挂至轮毂吊点（图5.61）。

（3）主、辅吊机把杆协同转动，将风轮平移吊至平台船左舷外9.4m左右，准备

竖转。

（4）主吊机起钩，辅吊机逐步松钩，稳货小车协同逐步收紧上缆风绳，调整控制风轮叶片方位，将风轮逐步竖转。

（5）辅吊机摘钩，主吊机起钩至风轮安装高度，摆动把杆，人工在甲板面配合下缆风绳，控制风轮仰角，将风轮与机舱法兰逐步对接，见图5.62。

图 5.61　风轮组装完毕

图 5.62　风轮与轮毂对接

（6）吊机松钩，稳货小车松钩，拆除吊具，起升把杆，吊机把杆离开风轮平面范围。风轮盘车，将叶片逐根转至竖直向下状态，人工拉溜绳将缆风逐根脱离。

2. 单叶片吊装安装

上海电气、金风科技及GE均采用单叶片吊装安装工艺，但3个机组供应商对于单叶片吊具、缆风系统的使用、叶片的起吊位置和安装方法均不一致。

从叶片在安装船的起吊位置上来看：金风科技及GE均从叶片支撑梁上起吊，上海电气从甲板面上起吊。

从安装方法上来看：上海电气、金风科技每只叶片水平安装，使用盘车装置旋转轮毂，GE第一、第三只叶片于＋30°安装，第二只叶片水平安装，且无盘车装置，需使用叶片吊具带动叶片及轮毂旋转至下只叶片的安装位置。

（1）单叶片吊具。

1）上海电气单叶片吊具。吊具包含上部吊装工装、叶片夹具及下部海运工装及爬梯。在使用时，拆除叶片夹具及下部海运工装的连接螺栓，起吊夹具脱开海运工装，从叶片上部垂直插入叶片，夹持绑扎后起吊，见图5.63。

2）金风科技单叶片吊具。吊具包含吊装工装及叶片夹具，叶片吊具无海运工装，可直接放置于甲板面上进行海运，见图5.64。

3）GE单叶片吊具。吊具为一体化结构，上部中间吊耳挂设吊带进行吊装，叶片吊具安放在海运支座上，固定后放置于甲板面上进行海运。在使用时，可远程操控叶片吊具的液压装置，调整重心位置，使叶片倾斜，可带角度进行单叶片安装，见图5.65。

图 5.63　上海电气单叶片吊装　　　　　　　图 5.64　金风科技单叶片吊装

（2）缆风系统。

1）上海电气专用缆风系统。上海电气采用专用缆风系统，分别于"福船三峡"号主吊机左右两侧安装卷扬机及三脚架，在不破坏吊臂自身钢结构的前提下通过螺栓夹持连接，见图 5.66。

图 5.65　GE 单叶片吊装　　　　　　　图 5.66　上海电气专用缆风系统

2）"福船三峡"号自有缆风系统。"福船三峡"号的固斯特吊机配置了性能优越的可调恒张力稳货系统，在兴化湾 GE 及金风科技风电机组吊装中替代厂家专用 Liftra 缆风系统，表现出优的稳货性能，具有非常强的普适性。"福船三峡"号配备的 10t 稳货系统可以适应未来任何大功率机型的缆风要求，节约了大量专用缆风系统的安装时间。使用该缆风系统进行 GE 叶片吊装的照片参见图 5.67。缆风系统的主要性能参数见表 5.28。

表 5.28　　　　　　　　　　缆风系统的主要性能参数

缆风系统	性能参数	缆风系统	性能参数
稳货绞车	2 个	最大行程	130m
额定恒张力	10t	吊钩	10t 环眼钩 2 个
额定速度	17m/min	变幅时间（从水平搁置至 25m 工作幅度）	约 15～20min
空载速度	34m/min		

（3）上海电气单叶片吊装安装。

1）根据厂家现场人员指导，配合厂家在平台船上组装叶片的吊具支架和吊具，并在主吊机把杆上安装缆风系统。

2）叶片运输船锚泊平台船右舷侧，双机抬吊叶片（连同运输工装）存放在甲板面上，主吊机挂设叶片专用吊具，系挂缆风，吊装叶片。

3）叶片安装流程：叶片安装前准备——盘车装置操作——单叶片吊装——安装叶根螺栓——安装第一根叶片（叶片安装方向）——机组盘车准备安装第二根叶片——安装第二根叶片——机组盘车准备安装第三根叶片——安装第三根叶片——叶根螺栓最后紧固。

（4）金风科技单叶片吊装安装。

1）根据厂家现场人员指导，配合厂家在平台船上组装叶片的吊具支架和吊具。

图 5.67 "福船三峡"号平台
自有缆风系统

2）叶片运输船锚泊平台船右舷侧，双机抬吊叶片（连同运输工装）存放在叶片支承梁上，主吊机挂设叶片专用吊具、系挂缆风，吊装叶片。

3）叶片安装流程：叶片安装前准备——盘车装置操作——单叶片吊装——安装叶根螺栓——安装第一根叶片（叶片安装方向）——机组盘车准备安装第二根叶片——安装第二根叶片——机组盘车准备安装第三根叶片——安装第三根叶片——叶根螺栓最后紧固。

（5）GE 单叶片吊装安装。

1）根据厂家现场人员指导，配合厂家在平台船上组装叶片吊具，测试"福船三峡"号自有缆风系统。

2）机舱偏航至叶片 1 安装位置，平台船安装叶片支承梁，叶片运输船移近平台船，主、辅吊机双机抬吊叶片 1 存放在支承梁上，主吊机挂钩叶片专用吊具利用稳货小车系挂缆风，专用吊具夹吊＋30°安装叶片 1。

3）叶片下转至－60°，叶片吊具脱开连接。

4）机舱偏航 200°，水平安装叶片 2。

5）将叶片 2 起吊＋30°，叶片吊具脱开连接。

6）机舱偏航至叶片 3 安装位，＋30°安装叶片 3，安装完成后叶片吊具脱开连接。

3. 吊装安装工艺对比

（1）安装工效分析。叶轮组拼型整体安装工艺中单台有效作业时间约为 36h，受吊装风速限制，作业窗口相对较少。

使用单叶片吊装安装工艺的上海电气及金风科技需要安装、拆卸盘车，作业时间较长，有效作业时间约为 30h；GE 无装卸盘车步骤，有效作业时间约为 20h。

（2）安装工艺特点对比。叶轮组拼型整体安装工艺与单叶片吊装安装工艺对比参见表 5.29。

表 5.29　　　　　　　　叶轮组拼型整体安装工艺与单叶片吊装安装工艺对比

对比项目	叶轮组拼型整体安装	单叶片吊装安装
国内外经验	陆上机组主流吊装方案（欧洲海上机组基本不采用）	欧洲海上机组主流吊装方案
工艺成熟程度	陆上工艺成熟； 国内近海海域完全借用陆上工艺； 深远海域实用性有待验证	工艺非常成熟
拼装场地	安装船需预留非常大的叶轮拼装空间； 无法实现搭载多台风电机组出海作业	无需预留叶轮拼装空间； 可搭载多台风电机组出海作业
预拼装调试	无法预拼装	机舱轮毂可预拼装及预调试
吊装风速要求	8～10m/s	10～14m/s
缆风系统及安全风险	地面缆风； 在安装船舶甲板空间有限的条件下地面缆风受制因素较多，风轮组件空中翻身及回转安全风险较高	叶片夹具配套专用缆风； 安全可控
对吊机要求	主、辅吊机甲板布置有特定要求； 需保证溜尾能力	主吊机操作精度要求高
对叶片要求	由于溜尾吊索需在空中自由脱落，叶片上不宜布置涡流发生器等增加捕风效率的优化配置	可在叶片上布置各类提高捕风效率的优化配置

（3）单叶片安装工艺特点对比。单叶片吊装有水平式和非水平式安装两种方式，它们对比情况见表 5.30。

表 5.30　　　　　　　　水平式与非水平式单叶片吊装安装工艺对比

对比项目	水平式单叶片吊装	非水平式单叶片吊装
国内外经验	欧洲海上机组主流吊装方案	国外海上小批量机组应用，主要为 GE 应用
盘车装置	需装卸盘车装置	无需装卸盘车装置
每片安装前准备	轮毂旋转至安装位置	机舱偏航至安装位置
叶片夹具	水平作业	倾斜作业
缆风系统	正常使用	带角度操作，难度高
吊高要求	轮毂高度	高于轮毂约 10m

水平式与非水平式单叶片吊装安装工艺各有特点，其中水平式单叶片吊装对吊机操作精度要求相对较低，缆风系统稳定性较高；非水平式单叶片吊装无需装卸盘车装置，步骤简单，作业时间短。

5.4.5　风电机组安装难点及应对措施

1. 场址区水深变化大、海床地质复杂

场址区平均水深 2～10m，潮差大，地质复杂，且局部存在暗礁。部分机位海底地表岩石裸露（有的地方岩石面是倾斜的，而且常有孤石出没），同一机位处几十米范围内海底地层分布极其不均，海床面冲刷明显，部分机位有较厚的软弱夹层，平台船面临插拔困难、冲刺、坐滩等重大安全风险。

应对措施如下：

（1）平台插桩前对插桩位置海床面及桩靴插深范围内的地质情况进行详细勘察，提前做好扫海、地勘等工作，确定机位施工区域，以及运输线路区域海床面地形、地质情况及平台船位置局部地质详细情况，确保安装、运输船舶安全。

（2）桩靴贯入深度计算：委托第三方根据地勘对每台机位插桩深度进行计算分析。当桩腿达到最大承载力5500t时插桩深度在6.5m左右，因硬土层下存在一层粉质黏土软弱土层，插桩过程及站立后应尽量保持小的气隙高度，时刻观察桩靴对地压力变化，以免发生穿刺风险。

（3）在"福船三峡"号甲板尾部增设一个50m扬程提升泵（图5.68），大大提升了其吊装高度。

2. 机型多、数量少，工装种类多，施工组织难度大，安装工艺复杂

8家供应商提供14台样机，同一型号机组较少；机组从5MW至6.7MW，部件尺寸及重量大，安装方法和工艺要求各不相同，施工组织难度大。

应对措施如下：

（1）及时与各风机供应商沟通，提前获得安装作业指导书及安装要求，提前做好各项准备工作。

（2）为了解决多家双馈风电机组风轮组装问题，特在甲板上增设了适用兴化湾样机试验风电场多家样机风轮拼装的大尺寸象腿工装（图5.69）。

图5.68　50m扬程提升泵　　　　　图5.69　通用型象腿工装

（3）采用"福船三峡"号自有缆风系统，适应GE单叶片斜插与金风科技水平吊装方式。

3. 风电机组安装施工窗口期少，安装施工组织难度大、功效低

福清兴化湾样机试验风电场地处台湾海峡西北岸侧，属于台风多发和季风地区，海上风电机组安装施工窗口少，组织难度大、功效低。

应对措施：合理组织安排施工，提前做好各项施工准备工作，时刻跟踪掌握天气情况（图5.70），提前分析预判施工窗口，充分利用每一个天气窗口组织施工。

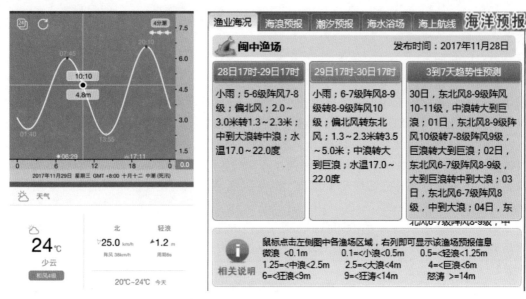

图 5.70　施工区域海洋预报界面
（引自全球潮汐气象及福建海洋预报 APP）

5.5　定额分析

5.5.1　工作背景

为响应三峡集团海上风电引领行动计划，掌握不同海域、不同离岸距离、不同水深、不同地质条件、不同施工和管理水平条件下海上风电场现场施工效率和相应建设成本数据，不断积累海上风电全过程技术经济资料，提高投资管理控制水平，完善海上风电项目投资管理控制体系建设，同时根据三峡集团确立的"立足福建、辐射两端、布局全国"的海上风电连片化开发原则。2016 年 10 月，三峡集团审定了工程造价中心编制的《福建兴化湾海上试验风电场定额测定工作大纲》，兴化湾试验风电场成为了三峡集团首个开展定额测定项目，其项目组于 2017 年 2 月进场开展工作。

5.5.2　工作机制

建立由三峡集团计划发展部和海上风电办公室牵头，工程造价中心具体实施，项目业主支持，设计单位、施工单位协调配合的海上风电项目定额测定工作机制。

1. 三峡集团计划发展部

计划发展部是三峡集团定额归口管理部门，负责协调组织三峡集团主营业务领域的定额测定和发布工作。

2. 三峡集团海上风电办公室

海上风电办公室是三峡集团海上风电专项业务管理机构，负责三峡集团海上风电业务的日常协调和督办，统筹协调三峡集团有关单位开展海上风电技术创新和科技攻关工作，负责海上风电前期工作专项预算的归口管理。

3. 三峡集团工程造价中心

工程造价中心是三峡集团投资控制管理的专业技术支撑机构，负责定额测定工作的具体实施，包括定额测定工作大纲的起草、定额测定人员的组织管理及培训、定额测定人员现场安全管理、施工现场数据跟踪实测和数据分析、定额测定报告的编制工作、定额测定工作进展情况的报告等。

4. 三峡集团福建能源投资有限公司（简称：福建能投公司）

福建能投公司作为三峡集团在福建区域战略实施主体，是海上风电定额测定工作的主要支持机构，负责定额测定工作进展情况的监督、协调。

5. 海峡发电有限责任公司（简称：海峡发电公司）

海峡发电公司作为兴化湾样机试验风电场项目开发建设的实施主体，是海上风电定额测定工作现场牵头协调机构，负责监督定额测定工作现场人员组织管理、安全管理；听取定额测定工作进展情况的报告，并对定额测定工作现场遇到的困难进行协调解决；参加定额测定报告编制技术讨论会、审查会。

6. 上海勘测设计研究院有限公司

负责提供地质、地形、水文等成果文件、图纸、技术方案等定额测定工作所需资料。

7. 上海东华建设管理有限公司和福建宏闽工程监理有限公司联合体

根据监理合同要求，履行监理职责，协助做好定额测定相关工作。

8. 中铁大桥局集团有限公司

根据施工合同要求，履行承包人职责和义务。配合定额测定现场数据测量工作的开展；为定额测定人员提供必要的办公和生活房屋及设施；积极与定额测定人员沟通施工工艺较原方案的变化情况、进度计划调整情况等。

5.5.3 工作流程

定额测量工作分为数据采集、报告编制两阶段工作，具体工作流程见图 5.71。

5.5.4 测定子目的选取原则

（1）重点测定海上风电项目常用的

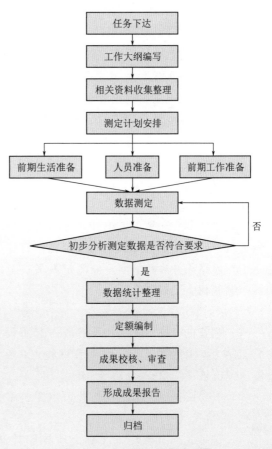

图 5.71 定额测定工作流程图

桩型、机型。

（2）对投资影响大的关键工序、关键施工设备。

（3）现行定额中缺项的定额子目。

（4）现行定额中个别定额水平与市场工效存在较大差别的定额子目。

（5）具有特殊施工方案的子目。

（6）兼顾定额子目代表性、样本数量和测定人力资源投入。

根据上述原则选定的定额测定子目参见表 5.31。

表 5.31　　　　　　　　　　　　　定额测定子目清单汇总表

序号	试验风电场（兴化湾一期）	序号	试验风电场（兴化湾一期）
1	钢管桩沉桩	6	连接件制作安装
2	嵌岩钻孔（旋转钻）	7	J 型管安装
3	嵌岩钻孔（旋挖钻）	8	风电机组吊装
4	桩芯混凝土浇注	9	海缆敷设
5	钢筋笼制作安装	小计	9 个

5.5.5　分析依据

（1）《福建省兴化湾海上试验风电场风电机组基础设计专题报告》。

（2）《福建省兴化湾海上试验风电场施工组织设计专题报告》。

（3）《海上风电场工程设计概算编制规定及费用标准》（NB/T 31009—2011）。

（4）《海上风电场工程概算定额》（NB/T 31008—2011）。

（5）施工单位的施工方案等。

5.5.6　测定方法

1. 总体思路

收集设计方案和施工组织设计等必要的基础资料，认真研读设计方案和施工方案等技术资料，研究选定主要测定项目内容；召开定额测定小组技术交流工作会；确定定额测定工作思路和方法；培训定额测定人员；组织技术人员进场测定；整理分析原始记录资料，编制相应工程定额。

2. 关键工序和关键施工设备

（1）钢管桩沉桩。充水式半潜驳＋起重设备进行单桩沉桩施工，液压打桩锤打桩。主要工序为：①船舶就位；②钢管桩检查；③钢管桩起吊；④插桩稳桩；⑤测量校核；⑥液压锤沉桩；⑦检查验收。

（2）嵌岩钻孔。大型钻机钻孔，主要工序为：①钻机就位；②钻孔（土层、强风化岩石）；③清孔（一次、二次）。

（3）桩芯混凝土浇注。混凝土搅拌船拌制混凝土，主要工序为：①搅拌船就位；②导管安装、提升；③混凝土浇筑。

（4）钢筋笼制作安装。包括：钢筋笼陆上制作、船舶运输、起重船吊装。

（5）导管架安装。起重船吊装就位、液压千斤顶调平，主要工序为：①导管架吊装就位；②导管架调平。

（6）连接件安装。包括：起重船吊装就位、焊接。

（7）J型管安装。包括：起重船吊装就位、固定。

（8）风电机组吊装。风电机组采用分体吊装方案，主要工序为：①自升式支腿平台船就位（桩腿预压、入泥下沉、顶升、平稳）；②风电机组零散件组装；③下段塔筒吊装；④中段塔筒吊装；⑤上段塔筒吊装；⑥机舱（发电机）吊装；⑦叶轮吊装（叶轮组合体事先在平台船上拼装完成）。

（9）海缆敷设（深水区）。主要工序为：①海缆敷设船就位；②海缆敷设；③海缆固定；④海缆保护（套管安装、水泥压块或土工网装碎石覆盖）。

3. 测定要求

（1）实测项目与现场施工进度保持一致。

（2）同一工作面上，每班测定人员安排不少于2人。

（3）现场测定按科学的方法进行，现场测定的原始记录既要包括整个工作面的人工、材料、机械详细投入及施工状况（项目部位、地质条件、环境、施工内容及工艺、施工影响因素、必要的平面图和剖面图等），又要包括其单个工序的操作步骤。

4. 测定方法

根据施工组织设计方案，结合现场施工条件，按照施工工艺和工序，主要采用工作日写实法进行定额测定。

工作日写实法是定额研究的主要方法，采用工作日写实法可以研究所有工作种类的时间消耗，通过写实记录法可以分析工作时间、机械消耗及制定定额时所需的资料。

5.5.7 定额测定报告编制

1. 编制思路

（1）真实反应现场测量项目的人工、材料、机械效率消耗量平均水平。

（2）根据实测情况，分析施工过程中出现的问题。

（3）根据实测数据，形成定额，为类似工程提供参考。

2. 编制步骤及方法

（1）通过工作日写实法获得的真实资料，分析计算各项目实测平均水平。

（2）在实测平均水平基础上，结合统计调查及收集的相关资料，完善补充人工、材料、机械的消耗量，形成定额。

（3）将本项目测定定额与现行行业定额和所形成的单价分别进行对比分析其主要差异和原因。

3. 成果

（1）《福建省兴化湾海上试验风电场钢管桩沉桩定额》。

（2）《福建省兴化湾海上试验风电场嵌岩钻孔定额》。

（3）《福建省兴化湾海上试验风电场桩芯混凝土浇筑定额》。

（4）《福建省兴化湾海上试验风电场钢筋笼制作安装定额》。

（5）《福建省兴化湾海上试验风电场导管架安装定额》。

（6）《福建省兴化湾海上试验风电场连接件制作安装定额》。

（7）《福建省兴化湾海上试验风电场J型管安装定额》。

（8）《福建省兴化湾海上试验风电场风电机组吊装定额》。

（9）《福建省兴化湾海上试验风电场海缆敷设定额》。

5.5.8　定额测量工作意义和作用

1. 真实体现了施工工效和成本红线

以钢管桩沉桩子目为例，钢管桩沉桩（40～50m）建议定额子目，选取钢管桩（D3.2m，$L=47m$）进行分析，钢管桩沉桩综合单价投标价为 49.11 万/根，建议定额价为 30.97 万元/根。钢管桩沉桩（50～60m）建议定额子目，选取钢管桩（D3.2m，$L=60m$）进行分析，钢管桩沉桩综合单价投标价为 65.32 万/根，建议定额价为 52.53 万元/根。

通过单价对比分析，建议定额基本真实反映了施工现场的人工、材料、船舶（机械）艘（台）班消耗量平均水平，说明中标单位能根据合同要求和施工方法，发挥自己的组织能力和技术特长，优化资源配置，使得实际工效一般都高于投标工效，其差值也正是中标单位追求的从效率中获得效益，同时可以为类似工程提供参考。

2. 对行业定额必要的补充、修改、完善

随着远海风资源开发利用及大容量机组的发展，风电机组机型、基础型式呈现多样化，施工机械（船舶）已趋向新式大型化，大容量机组安装、远距离海缆敷设、大直径钢管桩沉桩、大直径嵌岩基础等施工技术也正推广应用，但现行的定额子目主要是依据以往有限的实际资料编制而成，定额子目缺项严重，与目前采用的施工组织设计方案匹配度不高，个别定额子目表达方式混乱、逻辑不清，给定额使用者造成困惑，极易出现套错用错情况。例如，风电机组安装一般分为整体安装和分体安装，定额缺少海上风电机组分体安装子目；风电机组基础型式目前主要采用单桩基础、高桩承台基础和导管架基础，单桩基础一般采用单根直径 4.0～6.5m 钢管桩，目前最大直径达到 7m，高桩承台基础和导管架基础一般采用直径大于 2.0m 的群桩，而目前定额子目钢管桩最大直径 150cm 以内，桩长 70m 以内；在福建等覆盖层较浅地区，基础一般需要考虑嵌岩，大直径的嵌岩基础施工对基础投资影响较大，但现行定额缺少相关定额子目；混凝土及钢筋章节子目中缺少桩芯混凝土灌注、钢筋笼制安子目；大型海上升压站整体吊装、导管架基础吊装同样缺少定额子目，以上主要工序定额子目对于整个海上风电场投资影响较大，而缺少这些定额子目会造成海上风电场概算投资编制过程中缺乏依据和标杆，具有人为性和随意性，对海上风电场投资管理控制也带来一定难度。

本次定额测量子目的选取就是针对现行定额缺项情况，通过定额测量，一是可形成对行业定额必要的补充、修改、完善，二是可为招投标编制提供重要数据支持，三是有利于推动行业定额管理修订和改革。

5.6 工程验收

5.6.1 基础验收

由业主、监理、供应商、施工单位对风电机组基础依据基础施工技术要求进行四方验收。对基础验收中测量的数据进行详细记录，如各项数据符合移交要求，则在验收单上注明"风电机组基础符合风电机组安装要求"，经四方单位人员在基础施工工序移交单上签字后方开始进行风电机组安装施工。

5.6.2 风电机组安装运输设备进场验收

根据经按规定程序评审和审批的《福清兴化湾海上样机试验风电场风电机组分体安装专项施工方案》计划配备的安装运输设备清单要求，对进场的安装运输船舶、设备进行验收，检查其相关证件、证书是否齐全、是否符合相关规定。现场总负责人组织船舶、机械专业工程师、专职安全员和各机械操作人员对所使用船舶、机械的完好性、安全装置的灵敏性进行验证确认。

5.6.3 风电机组设备检查验收签证

组织业主、监理、供应商、施工单位四方联合检查验收风电机组设备，核对设备到货清单，检查设备表面质量，并摄像留存。对到场的设备收集合格证，包括但不限于：塔筒出厂验收报告、主机验收报告、连接高强螺栓出厂合格证、电缆合格证、电气设备合格证等。填写四方验收签认单，并四方签认。

对所有部件及安装连接螺栓数量和质量情况清点核查；检查所有部件，确认各部件是否完好，有无损坏，如发现由于运输不当等原因造成设备碰伤、变形、构件脱落、松动等损坏，及时同业主与厂家确定解决方案；在设备运输到安装现场后，检查设备是否有装卸车及运输过程造成的表面划伤等损伤，对划伤进行补漆。

5.6.4 升压站各级验收

依据《风电场项目建设工程验收规程》（GB/T 31997—2015），风电场项目建设分为单位工程完工验收、升压站启动、工程移交生产验收和工程竣工验收。依据《电力工程质量监督体系调整方案》和《电力建设工程质量监督规定》，本工程需进行质量监督检查。升压站在启动前由国网福建省电力公司和福州供电公司依据标准验收卡进行验收。

1. 单位工程完工检查验收

（1）单位工程所含分部工程的质量均应验收合格。

（2）质量文件资料应完整。

（3）工程中有关安全和功能的检测资料应完整。

（4）主要功能项目的抽查结果应符合相关专业质量验收规程的规定。

（5）观感质量验收应符合规程。

2. 升压站启动验收的主要内容

（1）检查与升压站相关单位工程的工程质量评估报告和验收情况。

（2）检查升压站内电气设备交接验收试验情况。

（3）检查升压站生产准备情况。

（4）检查升压站消防验收或备案情况。

（5）向启委会提交升压站启动前的检查报告。

3. 工程移交生产验收检查的主要内容

（1）检查各项规章制度和规程是否齐全。

（2）检查设备运行和巡查资料是否满足设计要求。

（3）现场查看设备运行情况是否满足技术要求。

（4）检查安全设施情况是否满足安全要求。

（5）检查人员培训和上岗资格证书。

（6）检查资料、工具和备件的移交情况。

4. 工程竣工验收的主要内容

（1）审查竣工验收总结报告。

（2）核查竣工资料是否满足要求。

（3）检查水土保持、环境保护、消防、节能和安全等专项验收或评估情况。

（4）检查历次验收情况和整改复查情况。

（5）现场检查工程质量情况和设备运行情况。

（6）审查竣工决算报告及其审计报告。

风电场工程质量监督检查委托福建省电力建设工程质量监督中心站完成，主要检查内容：①首次及地基处理监督检查；②风电机组塔筒吊装前和升压站建（构）筑物主体结构施工前监督检查；③升压站受电前和首批风电机组启动前监督检查；④商业运行前监督检查。

5.6.5 线路参数实测与验收

2017 年 9 月 19 日，送变电公司对线路进行电气参数实测，主要测试了直流电阻、正序阻抗、零序阻抗等关键参数，用于线路三端差动保护定值计算。

本工程由福州市建筑工程质量监督站按《送电线路工程质量监督检查典型大纲》分三个阶段进行质量监督检查：①杆塔组立前阶段质量监督检查；②导地线架设前质量监督检查；③线路投运前质量监督检查。2017 年 9 月 25 日完成线路质量检查，具备投运条件。

5.6.6 工程质量验收情况

（1）所有单位工程无施工遗留尾工，质量检验评定情况良好。

（2）工程所包含的所有单位及分部分项工程质量验收全部合格，合格率 100%。

（3）所有单位工程均一次性通过福建省电力建设工程质量监督中心站的检查验收。

5.7 经验与总结

本章回顾了三峡福清兴化湾样机试验风电场建设全过程,包括基础施工、海缆施工、升压站及送出线路施工、风电机组吊装、风电机组调试和工程验收等,阐述了定额分析的标准及方法,从经济方面评价了功效及项目成本。

在应对兴化湾地质、海洋情况造成的挑战,项目创新性提出了"直立式大直径钢桩+嵌岩灌注桩"的桩基设计方案。在沉桩施工中,多次遇到孤石情况。针对这种问题,采取的施工方案为:钢管桩不再跟进,切割桩顶超出部分和桩底变形部分,同时要考虑孔内翻砂和塌孔的风险,采用了"外堵内清"的方法。目前国内的地质勘测技术条件有限,本项目一个机位只进行3个点的勘测,"以点带面"不能完全保证地勘资料的准确性,今后要注意勘察精确性方面的问题。

在陆上升压站方面,项目创先采用了预装式智能变电站,整站零建筑。在2017年建设过程中成功地抵御了"纳沙"和"海棠"双超强台风,强度得到验证。这一举措实现变电站小型化同时大幅提高工程建设效率,工程建设周期缩短50%~60%。另外,还有效降低全寿命周期成本,全寿命周期成本较常规站降低3%~10%。预制舱外观、结构、尺寸标准化,简化设计流程,统一设计标准。与传统混凝土建筑相比,现场施工简单快捷,机械化操作,减少15%人力成本,保证建设质量。

在风电机组吊装过程中,遇到平台船面临插拔困难、冲刺、坐滩重大安全风险。这要求在今后类似的海上风电项目中,要对插桩位置海床面及桩靴插深范围内的地质情况进行详细勘察,以确保安装、运输船舶安全,时刻观察桩靴对地压力变化。

另外,机型多、数量少,工装种类多,施工组织难度大,也是本项目风电机组吊装过程中的难点。应当及时与各机组供应商沟通,让其提前提供安装作业指导书及安装要求,做好各项准备工作。整个风电机组吊装施工过程中,风电机组安装施工窗口期少,安装施工组织难度大、功效低,必须合理组织安排施工,提前做好各项施工准备工作,充分利用窗口期组织施工,才能有效保障施工进度。

工程验收中发现,在工程建设过程中,各参建单位执行建设标准比较杂乱,如设计院在招标文件编制时引用的标准过期,施工验收评定依据不统一,施工专项方案中部分工序与实际操作不一致等。在未来的工程中应要求各参建单位对标准规范进行实时更新,监理单位根据工程特点制定统一的技术标准清单,这样才能明确验收标准。

第6章

项 目 运 维

6.1 各机型运维特点

6.1.1 风电机组结构型式及特点

兴化湾样机试验风电场 14 台机组为直驱和半直驱机型（包括中速永磁半直驱、高速永磁半直驱），其中金风科技、上海电气、GE 以及湘电风能 4 个厂家的风电机组采用直驱方案，太原重工、中国海装、明阳电气、东方电气 4 个厂家的风电机组采用半直驱方案。

1. 直驱方案

典型的直驱机组结构型式参见第 2 章图 2.11，风轮直接驱动发电机，发电机采用低速永磁型式发电机，机舱内部空间主要布置冷却系统、液压系统等辅助设备，变流器及就地升压变均布置于塔底各层，变桨系统有液压变桨和电动变桨两种技术路线。上海电气的直驱机组结构较为独特，变流器及就地升压变均布置于机舱内，以一根 35kV 电缆引接至塔底环网柜，实现并网。

2. 半直驱方案

典型的半直驱机组结构型式见图 6.1，风轮驱动主轴，主轴进入齿轮箱增速，齿轮箱高速轴驱动发电机。根据齿轮箱增速比不同，发电机采用中速永磁发电机和高速永磁发电机。除齿轮箱、发电机两个主要部件外，机舱内部空间还布置有齿轮箱和发电机的冷却系统、液压系统等辅助设备，变流器及就地升压变均布置于塔底各层。兴化湾样机试验风电场的半直驱机组变桨系统均采用电动变桨。

明阳电气机组虽为半直驱机型，但其采用紧凑型设计，齿轮箱和发电机集成为一个整体，采用中速齿轮箱和中速永磁发电机，整机外观与直驱机型相似，结构示意图见图 6.2。

6.1.2 不同机型的大部件运维特点

两种方案机组的大部件运维特点如下。

1. 发电机

直驱型机组可靠性高，但发电机体积较大、造价较高且维修难度较大；半直驱型中

图 6.1 典型的半直驱机组结构型式
（引自东方电气 DEW - G5000 机型介绍材料）

速永磁机组齿轮箱传动比低、可靠性较高，发电机体积较小，方便维护。上海电气发电机组采用模块化设计，较好地解决了直驱型永磁发电机不易拆解的问题，可维护性较高。

2. 齿轮箱

半直驱型机组通过齿轮箱将风轮转速实现增速传动，以提高发电机转速，但长期处于高速运转的齿轮箱易发生磨损、胶合、断齿、漏油等风险，这也是该技术路线的不足；直驱型机组无齿轮箱，风轮直接驱动发电机转子旋转，

图 6.2 明阳电气机组结构示意图
（引自《明阳 MySE155 风力发电机组总体结构简介》）

不存在齿轮箱故障，可靠性高。明阳电气机组采用齿轮箱与发电机一体化设计，为中速永磁结构，能有效提高齿轮箱的可靠性，有利于机组的长期安全稳定运行，但一体化设计后续检修维护极不方便，一旦发生大部件故障，需要对风轮进行拆装、吊卸。

3. 变流器

直驱型、半直驱型机组采用全功率变频器，除上海电气机组外，其他机组变流器均布置在塔筒底部，便于日常检查和维护。上海电气机组将变压器、变流器等设备全部布置在机舱内，一根 35kV 扭缆引至塔基柜，机舱对外接口简单，主要调试工作在出厂前已完成，现场吊装完成后，可以快速进入整体调试阶段。

4. 机舱

采用半直驱型机组的太原重工、东方电气机组机舱空间大，便于维护消缺工作开展；

163

明阳电气机组采用外部进入轮毂方式，安全风险较高，运行维护受天气影响较大；采用直驱方案的湘电风能、GE、上海电气、金风科技机组空间相对紧凑，方便进入轮毂检修维护，但大的器件更换较为不便。

5. 变桨系统

上海电气、金风科技采用液压变桨，存在漏油风险，但叶片有液压锁定，可确保台风期间叶片被牢牢锁住，避免叶片被台风吹开导致更严重的事故发生。其余机组均为电动变桨，结构相对简单，维护相对方便，但太原重工、中国海装、东方电气、明阳电气半直驱机型一旦发生变桨电机故障，极难更换。电动变桨采用电磁刹车，无机械锁定，其他风电场曾出现叶片被台风吹开造成倒塔的事故。

6. 偏航系统

太原重工、中国海装、湘电风能、金风科技、上海电气、东方电气机组主机架通过带外齿的偏航轴承连在塔架上，均在机舱内布置，便于检查和维护工作开展。明阳电气和GE机组偏航齿圈为内圈，电机位置空间狭窄或隐藏式安装，无法查看，运行检修较为不便。

6.1.3　运维策略设计对运维的影响

考虑海上风电机组可达性差，运维成本高，上海电气、金风科技、GE机组在设计上进行优化，取消了半年检，每年只需进行一次年度维护。如注脂系统，添加一次润滑脂，能够使用一年以上。其他机组每年须进行半年、全年两次定检维护。

6.2　抗台风策略

6.2.1　兴化湾样机试验风电场整体抗台风策略

海上机组设计标准要求机组在不同方向来风时，机组各部件的结构都能满足强度要求，也即任意角度能够在极大风速下生存，不发生破坏。兴化湾海域90m高度50年一遇的10min平均最大风速为49.0m/s。兴化湾样机试验风电场14台机组极端生存风速（3s平均值），除金风科技为77.8m/s，中国海装为62.5m/s外，其他家均为70m/s。

金风科技、湘电风能、太原重工3个厂家采用下风向抗台风，风速增大，台风模式激活后，自动偏航至180°，中国海装、明阳电气、上海电气、东方电气、GE采用上风向，台风模式激活后，保持在0°方向。

6.2.2　高风穿越模式

风电机组台风期间采用的一般模式为10min平均风速超过25m/s或3s平均风速超过30m/s，机组切出；10min平均风速低于20m/s时，机组切入运行。高风穿越模式主要为了风速在40m/s以内时，机组能够可靠运行，提高发电量。上海电气机组采用大风降功率运行模式，10min平均风速超过22m/s时开始降低功率运行，直到10min平均风速超过28m/s或30s平均风速超过32m/s或瞬时风速超过39m/s机组才停机。高风穿越模式可以保障机组更加可靠稳定，避免了台风期间因风速变化剧烈导致机组频繁启停。2018 年 7 月 11 日"玛莉亚"台风过境时，最大风速 37.5m/s，上海电气机组全程稳定运行。金风科技正是在"玛莉亚"台风过境期间，参考该模式，对其机组大风运行模式进行了优化，优化后 10min 平均风速超过 25m/s 机组开始降低功率运行，10min 平均风速超过 30m/s 或 3s 平均风速超过 42m/s 机组才停机。优化后效果明显。2018 年 9 月 15 日，台风"山竹"引起的大风持续时间长达 19h，最大风速 34.1m/s，上海电气、金风科技、东方电气机组（切出风速高）整天平稳运行，其他品牌机组均出现多次切出或故障停机，以切出最少的明阳电气为例，单机也切出、切入达 2 个回合。

6.2.3　系统失电的抗台风策略

系统失电时，金风科技配有柴油机，可以保证偏航保持在下风向；太原重工配有蓄电池，蓄电池容量为 288kVA，可连续偏航 6h；湘电风能蓄电池容量 60kVA，可连续偏航 4h；上海电气机组在系统失电后，偏航电机刹车抱住，期间机组硬抗，因而在台风来临前需手动将机头偏航至来风方向，提前解缆，使偏航角差最小，保证机组承受载荷最小；其他各家没有后备电源，系统失电后为自由偏航。

明阳电气根据兴化湾现场运行情况，为应对机端台风情况，已开展试验性的偏航系统备用电源改造。备用电源采用锂电池储能系统，储能系统单独成柜，与储能双向逆变器一起安装在塔基一层平台，整体采用户外安装方式，备用电源系统包括储能电池系统、储能变流器、控制系统、配电设备、消防系统、通风散热系统等，并入风电机组控制系统 400V 电源母线。该后备电源主要保障提供台风期间电网失电后的偏航动力和通信电源，系统结构见图 6.3。

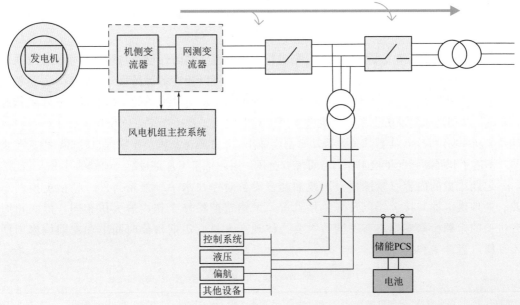

图 6.3　明阳电气后备电源系统结构图

（引自明阳 H128-5MW 机型电源设备改造图纸）

6.3 运维方式

6.3.1 运维管理方式

兴化湾样机试验风电场运维管理采用运检合一、相对分离的方式。运行值班与风电机组检修职能都由电力运行部承担，人员在部门内统一流动管理，运行和检修人员相对固定。为适应试验风电场品牌多、机型多的特点，风电机组检修人员内部管理实行相对固定风电机组品牌和机位，以持续、稳定地跟进风电机组运维工作。

兴化湾样机试验风电场处于质保期内，风电机组检修消缺工作主要由机组供应商现场维护团队完成，风电场人员主要进行风电机组检修技能培养、升压站设备检修维护和风电场运行工作。

长期而言，福建区域海上风电运维方式将采用"运行远程集控、运检完全分离"模式。集控运行人员负责福建区域所有风电场的远程集控运行，检修人员负责公司区域内风电场的检修维护工作，实现"远方集控运行、区域检修维护、现场少人值守、规范统一管理"。这种管理模式有利于提高生产自动化程度，降低劳动强度，提高生产效率，实现减员增效；有利于信息共享、技术支持，便于发挥优秀技术人才潜能，提供更强的技术保障，也便于决策人员及时掌握所有风电场的生产运行，及时做出正确的判断，提高管理层指导风电场生产工作的及时性、针对性、科学性。

6.3.2 风电机组检修管理

兴化湾海上风电机组维护方式采用预防性维护与事后修复相结合的维护策略，预防性维护包括定期维护和状态检修，事后修复包括故障修复和应急维修，详细说明如下。

1. 定期检修

定期检修是依据事先制定的维护计划进行的风电机组预防性检查与维护，主要是对风电机组各部件进行状态检查与功能测试。定期维护保养可以让设备保持最佳的状态，并延长风电机组的使用寿命。为了提高风电场风资源的利用率，定期维护一般安排在风速较小的情况下实施。从当地风资源历史来看，风电场年内月平均风速及风功率密度变化较大，3—9月风速及风功率密度较小，4月风速及风功率密度最小。8月风速及风功率密度也较低，但天气炎热，不适于开展高强度年检工作，且可能有台风，因此每年4月是最适合检修的月份。

定期维护的内容有紧螺栓、加换油酯、设备对中找水平、换密封件、调整更换刹车片、处理继电器和接触器以及开关接点等。虽然定期检修工作内容大体相同，但兴化湾各机型的定期检修安排略有不同，主要是体现在人员、定期检修时间上和定期检修周期不一样（表6.1和表6.2）。

表6.1　　　　　单台定期检修人员投入情况　　　　　单位：人

主机厂家	金风科技	湘电风能	上海电气	太原重工	GE	中国海装	明阳电气	东方电气
人员	5	5	6	5	5	6	8	9

表 6.2 单台定期检修所需时间 单位：d

主机厂家	金风科技	湘电风能	上海电气	太原重工	GE	中国海装	明阳电气	东方电气
半年检所需时间	无	3	无	4	无	1	1.5	3
年检所需时间	5	8	7	4	12	4	3.5	5

2. 状态检修

状态检修是指通过风电机组状态监测系统（SCADA 系统）提取的相关状态信息，结合在线或离线健康诊断或故障分析系统的结果，而制定的维护策略。在海上风电场运维中，状态检修除了可以在一定程度上基于风电机组各部件的健康状态进行预防性维护之外，更多的是可以充分结合海上天气信息、风电场多机组状态信息、故障信息、维护成本、资源损耗与生产效益之间决策出最优平衡点，并由此确定出效率最高的维修方式。它是海上风电机组运维最理想的一种方式，需要以成熟的海上风电机组状态监测技术、健康诊断技术以及运维策略优化技术综合应用为基础，而这些技术目前还不成熟。在状态检测的基础上，海上风电机组通常还需借助人工就地检测的方式进行风电机组健康与故障状态的进一步分析与确认。以湘电风能为例，通过 SCADA 系统查看数据，提前做一些预防性维护和检查，如通过 SCADA 查看水冷系统、润滑系统、液压系统相关数据，可以预判是否要提前添加水冷液，添加润滑脂，以及添加和更换液压油等，及时发现问题，处理隐患。

3. 故障修复

故障修复是指故障发生后进行的维护，是当前海上风电机组技术条件下不可避免的一种维护方式。由于事后修复大都需要登机进行处理，因此对海上天气条件、海上交通与维护工具等有一定要求，修复时间、修复成本以及停电损失等随故障类型、故障时刻不同差异较大。由于海上风浪大，情况特殊，故障修复对船舶要求比较高，需要满足抗浪以及靠泊方式等要求，对于规模越来越大，风电机组数量越来越多的海上风电场来说，如何合理配置不同的海上交通工具也是海上风电场运维需要解决的主要问题之一，兴化湾样机试验风电场各厂家运维船只情况对比见表 6.3。

表 6.3 兴化湾样机试验风电场各厂家运维船只情况对比

主机厂家	金风科技/湘电风能	GE	太原重工	上海电气	中国海装	东方电气	明阳电气
抗浪等级	2m	2.5m	2.5m	2m			2.5m
船舶类型	铝合金，双体船	钢制，双体船	钢制，双体船	钢制，单体船			钢制，双体船
靠泊方式	顶靠	顶靠	顶靠	顶靠			顶靠

4. 应急维护

应急维护是海上风电机组结合实际运维需要提出的一种新的维护需求。它是指在突然出现应急情况下做出的设备反映与处理。在海上风电机组运维中是指海上风电机组在遭遇海上飓风、超强雷暴等极端气象灾害的袭击或电网故障引起的高强电涌冲击后造成整体致命损毁时，对风电机组若干部件或整机进行的修复方案，具体如台风过后机组检查和受损情况的事后修复处理等。

6.4　各机型效益比较与保障

6.4.1　发电量及小时数对比

为体现对比一致性，选取 2018 年 9 月至 2019 年 4 月作为发电量及小时数对比数据来源。发电量与等效利用小时数对比结果见图 6.4。

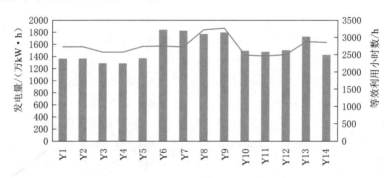

图 6.4　发电量与等效利用小时数对比

在统计时间段内，金风科技机组受益于单机容量大，因此发电量最高，超过 1800 万 kW·h，明阳电气、上海电气机组紧随其后，发电量为 1700 万～1800 万 kW·h；GE、东方电气机组发电量为 1400 万～1500 万 kW·h；其他机组均低于 1400 万 kW·h。等效小时数方面，得益于单位容量扫风面积大，明阳风电机组等效利用小时数最高，超过 3200；上海电气、东方电气机组次之，为 2800～2900h；金风科技、太原重工机组小时数为 2700～2800h；其他机组均低于 2600h。

太原重工机组叶轮直径 154m，单位千瓦扫风面积领先于其他机组，发电能力较为突出，正常情况下，等效利用小时数在 14 台样机中排名前列，但该机型齿轮箱引进德国 RENK 技术，结构上要求较高的制造和装配精度，在国内外尚未批量应用。太原重工机组因齿轮箱故障，造成较长时间停机，故发电量和等效利用小时数指标受较大影响。

6.4.2　可利用率对比

图 6.5 是各机组可利用率对比，从图上可以看出，统计时间段内，中国海装、金风科技、明阳电气、上海电气及东方电气机组可利用率较好，基本接近或优于部分陆上风电场；GE 机组变流器故障较为集中，可利用率受较大影响；太原重工机组因齿轮箱和变桨系统故障较长时间，统计时间段内可利用率最低。

6.4.3　功率曲线对比

兴化湾样机试验风电场各品牌机组实际功率曲线与理论功率曲线符合度均较好，其中太原重工机组得益于长叶片设计，小风速段甚至较理论值略好；中国海装机组功率曲

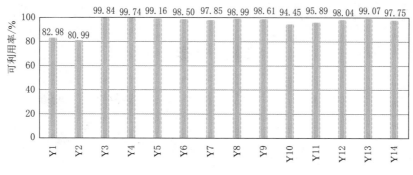

图 6.5　可利用率对比

线在中等风速段优于理论值；明阳电气机组得益于长叶片和齿轮箱与发电机一体式结构设计，中风速段实际功率优于理论值；东方电气机组得益于长叶片设计和机组的高稳定性，在中高速风速段实际功率优于理论功率；GE 机组变流器故障较多影响大风时段出力，在大风时段实际功率曲线受一定影响。

6.4.4　环境友好型设计对比

兴化湾样机试验风电场 14 台机组全部采用环境友好型设计，具备完善的油污收集功能，可有效保护风电场的海域海洋环境。其中上海电气机组在塔筒各层平台周边均进行密封处理；明阳电气机组在偏航平台层采取内凹设计、塔筒内壁密封等措施，可有效收集机舱漏油；GE 机组采用无润滑油设计，避免了漏油风险。所有机组塔筒和过渡段与承台密封一体，即使出现严重漏油情况，全部漏油将会顺塔筒内壁汇集至塔筒底部，可较好地保护漏油，不会影响海洋水体环境。

6.5　集控中心建设及运行

6.5.1　集控中心架构

三峡福建海上风电集控中心在三峡集团新能源集控系统建设框架体系内，位于其三层架构中的第二层（图 6.6），即区域集控中心层，定位于区域集中运营管理中心，主要负责福建区域新能源的远程实时监控、设备检修工作的统筹安排以及风电场绩效的统计、分析和汇报，并能够根据调度端调度指令远程控制所辖各风电场，兼具智能微网、园区的协调控制功能。

集控中心的建设能够为后续开展区域规模化检修维护、合理优化资源配置、提高生产管理效率提供数字化管理平台，逐步将当前分散式、扁平化的生产管理模式转变为区域化、集约化的精益生产管理模式，解决管理主体过多、资源配置不合理、管理效率偏低、经济效益增长受限的问题。集控中心按照满足后期接入 1000 万 kW 海上风电场容量、30 个子站规模进行设计。目前作为兴化湾样机试验风电场的第一控制中心，承担风电场的运行控制、调度业务等工作。

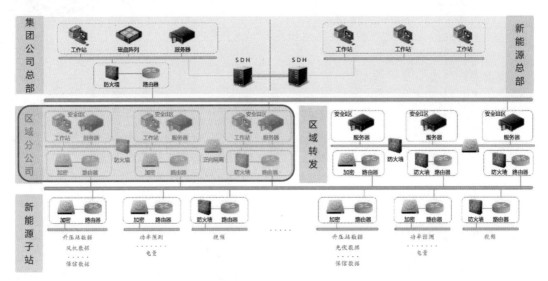

图 6.6　三峡集团新能源集控系统网络架构图

（引自三峡集团新能源集控系统介绍）

6.5.2　集控中心功能特点

1. 集成度高，集成了 8 个机组供应商的风电机组监控功能

集控中心具备对兴化湾一期所有试验样机的风电机组集中监控，实现了对 8 个机组供应商的风电机组的实时在线监控和管理，具有实时监控风电机组运行状态、统计分析、保存分析运行数据功能、声光报警功能、实际功率曲线与保证功率曲线对比显示的功能。系统能够控制各风电机组的启动与停机，进行定值修正，实现控制操作的画面显示，报表生成、打印，事件记录、报警，事故追忆、分析等功能，具备系统故障的自动恢复功能；鉴于海上风电的特殊性，集控系统具备远程故障诊断、故障预警功能；在通信中断情况下，其现地控制单元能完全独立于系统单独运行，完成单台风电机组的控制保护功能，通信恢复后集控不丢失技术数据。

2. 开发度深，集控系统直接与风电机组主控通信

为提高集控系统稳定性，最大程度丰富完善风电机组监控功能，集控系统采用直接与风电机组主控通信的方式，完成风电机组运行状态量的采集和机组参数设置，自主实现机组的控制功能、记录存储功能、报警功能、报表功能等。

3. 集成智能微网和智慧园区管理功能

集控中心充分利用位于福建三峡海上风电国际产业园内的区位优势，集成了产业园智能微网和智慧园区管理的功能，实现对产业园分布式屋顶光伏项目、分布式风电项目、储能项目、充电桩运行监控，以及园区能耗管理、应急安全、智能诊断和智能调度功能。

4. 具备区域应急指挥中心功能

配合视频会议系统和工业大屏系统，集控中心具备区域应急指挥中心功能，作为三峡集团应急指挥平台的一部分，承担福建区域内公司统一的抗台、防汛等各种应急指挥中心的任务。

6.6　经验与总结

根据兴化湾样机试验风电场初步运行情况，直驱型机组主设备可靠性高于带齿轮箱的半直驱型机组，齿轮箱维护工作量大，且一旦发生故障，导致的停机时间较长。可以预见，海上风电的主流机型将是直驱永磁机型，中速半直驱永磁机型将有一定的保有量，高速永磁机型、双馈机型可能不是海上风电发展方向。

机组发电方面，经初步统计，容量较大、可靠性较高机组，单机发电量较好，但在计算单机等效满负荷利用小时数时，单位千瓦扫风面积大的机组优势明显。兴化湾同台竞技，使厂家后续能够更加重视单位千瓦扫风面积，提高单位容量发电产出。

海上风电出海交通易受天气影响，检修维护极不容易。兴化湾样机试验风电场属于近岸海上风电场，条件相对较好，但在季风期也曾多次出现连续几天无法出海处理故障机组的情况，未来远海项目受天气影响更大。一般来说，不能出海作业的时段也正是风资源丰沛的时段，机组故障停机导致的电量损失很大。海上风能资源丰富，个别地区年利用小时数可达 4000h 以上，随着机组容量增大，停电损失也更大。机组设计时可靠性、可用率必须放在首位，设计应追求日常维护"少而简"。一些机组供应商采用增加补油脂桶体积等技术措施，减少维护工作，甚至取消半年度检修。

为了提高设备可靠性，适当增加设备配置而引起设备价格些许上升可以接受。海上风电机组容错运行具有显著的经济意义，机组辅助设备应更普遍采用冗余设计方案，容错控制策略有待进一步发展优化。不同厂家设备配置、控制策略以及设计思路不同，同台竞技，推动各厂家进一步优化改进，提高设备可靠性。

第7章

竞 赛 结 果 评 价

随着海上风电技术的不断发展，大功率风电机组将逐渐成为未来我国海上风电发展的重要方向。然而，由于目前海上风电正处于发展的初期，绝大部分的业主还未经历过机组维护的完整寿命周期，对机组的综合性能的辨识能力有限。根据三峡集团《抗台风型海上风电机组测试评价关键技术》科研项目工作内容，通过将近一年时间的运行考察和测试、验证，结合机组设计、检测和认证的情况对试验风电场中机组在安全性能、发电性能、环境适应性能、可靠性等方面进行综合评价。科学、公正的综合性能评价体系是机组选型的关键，是各大风电场业主开发海上风电迫切需要解决的问题，也是风电行业可持续健康发展的重要保障。

7.1 评价模型

项目综合考虑机组抗台风安全性能、发电性能、环境适应性、可靠性等方面的表现，根据风电机组测试问题的性质和要达到的总目标将问题分解为不同组成要素（或称指标），并按照要素间的隶属关系以及相互影响将要素按不同层次聚集组合，通过模糊层次分析法建立科学、合理的两层次多指标的整机评价模型和定权、评分准则创新体系，对各型号机组综合性能进行定性、定量评价。

大容量海上风电机组整机设计使用寿命一般不小于 25 年，准确的试验及测试评价理论上需要收集机组在整个生命周期内的完整数据后开展分析，但在目前实际情况下显然是无法实现的。当前海上风电机组研发如火如荼、不断地推陈出新，机型评价所依托的现场试验及测试一般只能来源于 1 年左右的实际运行时间。为使整个评价工作更加科学和完整，除了现场测试、验证及运行数据分析之外，开展机组技术资料的审核和评判，对制造厂家的技术实力和质量管理体系进行调研和评价也是测评工作的重要内容。

根据《抗台风型海上风电机组测试评价关键技术》的内容和要求，承担单位组建了项目专项技术小组，与国内外知名的风电机组测试认证机构开展了充分的技术交流，确定了现场测验外协单位为北京鉴衡认证中心及中国电器科学研究院（工业产品环境适应性国家重点试验室），并签订了相应的合作协议。此外，项目专项技术小组还与样机风电场各主机制造商开展了多轮次的沟通交流，最终确定了技术资料审核、机组现场测试验证、考核期运行数据分析、企业及机组概况评价为第一准则层评价要素。考虑到大容量海上风电机组的特点以及特殊的外部环境条件，在第一准则层评价要素的框架下，专项技术小组根据综合评价的总体目标以及第一准则层评价要素各自的特点，经过认真的研究和讨论分析，制定了共 28 个具有代表意义的第二准则层的评价指标，各指标测评要素的目的及意义见表 7.1。

表 7.1　　　　　　　　　　　　　测评要素的目的及意义

要素编号	要素名称	目 的 及 意 义
B1	机组技术资料审核评估	通过对机组设计、计算及认证资料的审核来评估机组计算模型的合理性、完整性及适用性
B2	机组现场测试验证	通过对机组功率特性、机型载荷、控制策略、海洋环境适应性的测试验证以及特定时长考核期结束后的大部件、分系统的检查来对相关的机组设计进行验证和评估
B3	考核期运行数据统计分析	通过对机组运行数据的统计分析来进一步了解机组的综合性能
B4	企业及机组概况评价	从宏观的角度来评价企业研发能力、质量控制及机组的技术成熟度和市场认可度
C1	机组型式认证证书及所依据的评估报告	审核评价机组技术的可靠性、成熟度以及机型的先进性
C2	机组载荷计算报告	审核机组载荷计算的完整性和合理性
C3	特定场址载荷计算报告	审核特定场址载荷计算的完整性和合理性
C4	特定场址塔架强度计算报告	审核特定场址塔架强度计算的完整性和合理性
C5	机组及主要部件特定场址环境条件匹配性说明	初步评估机组及主要部件在特定场址环境条件下匹配性
C6	机组抗台风策略说明	评估机组抗台风策略的合理性和先进性
C7	载荷测试及比对报告	审核载荷测试及比对报告的完整性和合理性
C8	功率曲线测试报告	初步评估机组的发电性能
C9	安全与功能测试报告	初步评价机组安全与功能状况
C10	叶片型式试验报告	评估叶片试验验证状态
C11	齿轮箱或传动链试验检测报告	评估齿轮箱或传动链试验验证状态
C12	机组可靠性设计说明	全面了解、初步评估机组的可靠性设计
C13	功率曲线测试验证	全面测试验证机组的发电性能
C14	机组抗台风控制策略现场验证	验证机组抗台风策略的可靠性
C15	机组环境适应性测试验证	全面评估机组及主要部件在特定场址环境条件下匹配性
C16	台风期间机组载荷测试及比对	验证机组在大风工况下设计计算的准确性
C17	运行考核期结束后分系统检查	评价机组总体设计的合理性以及厂家质保团队的优劣
C18	运行考核期结束后大部件检测	对大部件的可靠性开展测试验证
C19	SCADA/CMS 系统评价	评价机组监控系统的先进性、合理性和便利性
C20	可利用率分析	综合评价机组的运行可靠性
C21	故障情况统计和分析	评价机组的运行可靠性
C22	部件更换情况及影响分析	评价机组的运行可靠性及维护便利性
C23	度电成本分析	评估机组综合经济效益
C24	台风期间的等效满负荷发电小时数	评估机组在特定台风区域的发电性能
C25	企业基本情况	考核企业的科研实力及质量保证能力
C26	机组技术成熟度	评价机组的技术路线和成熟度
C27	机组市场表现	从市场认可的角度来评价企业及机组的优劣
C28	机组历史运行情况	从企业类似机组的历史运行表现评价机组的成熟度和优劣

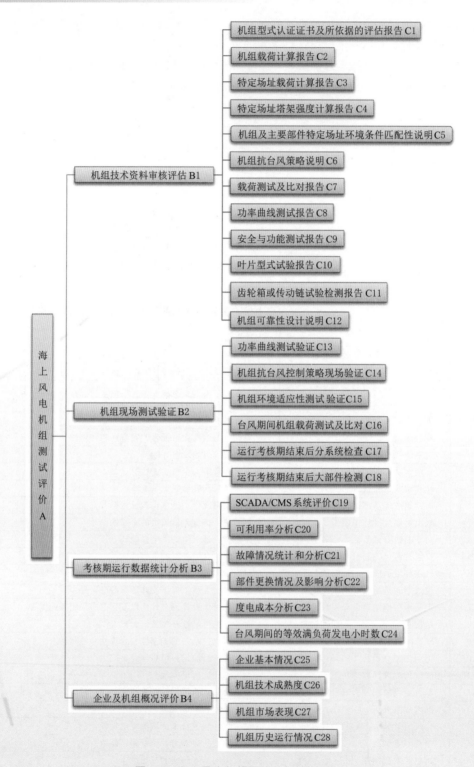

图 7.1　海上风电机组评价分析结构模型

2017 年 4 月 20 日，三峡集团福建分公司组织进行了《福清兴化湾样机试验风电场风电机组科研测试评价方案》专家评审，项目组根据专家评审意见对方案及评价指标进行了修订和完善。2017 年 7 月 6 日，福建能投公司组织召开了由三峡集团专业总工主持的方案审查会，与会代表围绕方案的可行性、公正性及科学性进行了充分讨论，审议确定了评价结构模型和各准则层的评价指标及指标权重的确定方式。最终确定的海上风电机组综合性能评价分析结构模型见图 7.1。

7.2 指标评价方法和评分细则

1. 指标评价方法及依据

各评价指标的评价方法及依据参见表 7.2。

表 7.2 各评价指标的评价方法及依据

序号	评价要素	评价方法	评价依据
一、机组技术资料审核评估（B1）			
C1	机组型式认证证书及所依据的评估报告	依据证书及报告体现的风电机组获证状态和发证机构的权威性等进行综合评估	机组供应商提供的证书、评估报告以及必要的说明（可分阶段提供样机认证、设计认证、型式认证的相关资料）
C2	机组载荷计算报告	评估载荷计算报告的完整性	机组供应商提供的经认证机构认可的载荷计算报告
C3	特定场址载荷计算报告	评估特定场址载荷计算报告的完整性	①机组供应商提供的经具备资质机构认可的计算报告（应包括所依据的标准、使用的软件、场址的环境条件分析结果、工况假定、极限载荷、疲劳载荷结果，机组主要特性参数等）；②特定场址载荷仿真模型评估
C4	特定场址塔架强度计算报告	评估特定场址塔架强度计算报告的完整性	机组供应商提供经具备资质机构认可的强度计算报告（应包括参考依据的标准、计算方法、模型描述、安全系数选取、主要计算过程和计算结果等）
C5	机组及主要部件特定场址环境条件匹配性说明	评估机组的防腐方案、温度控制方案、"三防"策略、防雷方案等的合理性	①具备资质机构出具的机组结构件及其防腐涂层、电气设备相关检测分析报告（包括高低温、湿热、霉菌、盐雾、光老化、雨蚀、IP防护等级、防雷等）；②机组供应商提供的机组环境适应性设计说明（包括防腐方案、温度控制方案、"三防"策略、防雷方案等）
C6	机组抗台风策略说明	评估风电机组抗台风策略的合理性	机组供应商提供的机组抗台风策略说明（包括结构设计、控制策略等）

序号	评价要素	评 价 方 法	评 价 依 据
C7	载荷测试及比对报告	评估载荷测试报告及比对报告的完整性、认证机构的权威性	机组供应商提供具备资质机构出具的测试报告和认证机构认可的载荷测试与仿真比对报告
C8	功率曲线测试报告	评估测试机构的权威性、报告的完整性	机组供应商提供的具备资质机构出具的报告
C9	安全与功能测试报告	评估测试机构的权威性、报告的完整性	机组供应商提供的具备资质机构出具的报告
C10	叶片型式试验报告	评估测试机构的权威性、报告的完整性	机组供应商提供的具备资质机构出具的报告（含全尺寸静力、模态、疲劳试验，其中疲劳试验需进行双方向试验）
C11	齿轮箱或传动链试验检测报告	评估测试机构的权威性、报告的完整性	机组供应商提供的具备资质机构出具的齿轮箱现场测试（或直驱机组的传动链振动测试）报告
C12	机组可靠性设计说明	评估机组可靠性设计的科学性和合理性	机组供应商提供的可靠性设计说明
二、机组现场测试验证（B2）			
C13	功率曲线测试验证	参考 IEC 61400-12-1 标准进行风电机组功率特性的测试和验证	①机组供应商提供的保证功率曲线；②现场测试验证，测试大纲详见附录 A
C14	机组抗台风控制策略现场验证	正常风况下进行功能初步验证，台风期间验证功能实现的可靠性	①机组供应商提供的机组抗台风策略说明；②机组抗台风策略现场验证结果
C15	机组环境适应性测试验证	参考相关标准进行温湿度、海盐粒子、环境防腐等级、电气绝缘等测试，并结合机组供应商提供的相关证明材料进行验证、分析	①机组供应商提供具备资质机构出具的机组结构件及其防腐涂层、电气设备相关检测分析报告以及设计说明书等证明材料；②现场测试、验证测试大纲详见附录 B
C16	台风期间机组载荷测试及比对	参考 IEC 61400-13 标准测量台风期间机组载荷，然后按照测试工况进行载荷仿真，并评估结果的一致性	①机组载荷现场测试，测试大纲详见附录 A；②机组供应商提供具备资质机构认可的台风期间测试工况对应的载荷仿真计算报告
C17	运行考核期结束后分系统检查	综合评估分系统出现问题的部件数以及问题的性质	分系统现场检查，检查大纲详见附录 C
C18	运行考核期结束后大部件检测	综合评估大部件出现问题的部件数以及问题的性质	大部件现场检测结果

序号	评价要素	评价方法	评价依据
三、考核期运行数据统计分析（分析大纲详见附录 D）（B3）			
C19	SCADA/CMS 系统评价	综合评价 SCADA/CMS 系统的监控功能、系统提供的数据参量是否满足分析需要	依据机组供应商提供的 SCADA/CMS 系统数据参量、功能说明等进行评价，并进行现场验证
C20	可利用率分析	按照供应商与业主签订的采购技术协议中规定的计算方式得出的可利用率进行评估	按照供应商与业主签订的采购技术协议中规定的方法计算得出的可利用率
C21	故障情况统计和分析	综合 SCADA 系统及故障维修记录信息，对故障频次、平均检修间隔时间和平均机组检修总耗时等进行评估	①SCADA 系统记录的故障信息；②机组供应商及业主方提供的相关故障记录资料
C22	部件更换情况及影响分析	综合评价所更换部件对机组运行造成的影响并对所更换部件（区分"一般部件"和"核心部件"）重要性进行评估	①机组供应商及业主方提供的部件更换记录；②机组供应商及业主提供的部件更换成本估算
C23	度电成本分析	根据业主及供应商提供的项目建设成本和机组考核期运维成本，分析考核期度电成本	①机组供应商提供的机组运维成本估算结果；②业主方提供的项目建设成本
C24	台风期间的等效满负荷发电小时数	依据台风期间机组的发电表现进行评估	①业主提供的 SCADA 数据；②根据实际测量的台风期间风速等气象参数时间序列进行仿真计算
四、企业及机组概况评价（B4）			
C25	企业基本情况	综合企业概况、人员结构、技术实力、市场地位和发展潜力、质量保证能力、产品一致性等方面进行评估	①机组供应商提供的相关说明材料、资质证明材料；②市场调查数据；③风能协会统计数据；④必要的工厂审查
C26	机组技术成熟度	综合评价机组技术来源、技术路线及演变是否清晰可靠，部件在 3MW 及以上海上风电机组的应用情况，统计叶片、齿轮箱、发电机、变流器、控制系统、轴承（变桨、偏航、主轴承）的装机使用数量及运行状况等	①机组供应商提供的技术来源、技术路线等说明以及供货合同等资料；②市场调查数据；③风能协会统计数据
C27	机组市场表现	考核机组制造商 3MW 及以上海上风电机组装机量和运行情况	①机组供应商提供的相关证明材料以及必要的说明；②市场调查数据；③风能协会统计数据
C28	机组历史运行情况	考核风电机组制造商 3MW 及以上海上风电机组的历史运行数据和近一年的可利用率（可利用率高于 90% 为有效数据）	①机组供应商提供的相关证明材料以及必要的说明；②市场调查数据；③风能协会统计数据

2. 指标评分细则

各评价指标的评分实施细则见表 7.3。

表 7.3　　　　　　　　　　第二准则层指标评分细则

指标编号	评价要素	评 分 细 则
C1	机组型式认证证书及所依据的评估报告	①提供型式认证 A 证得 90 分，B 证 70 分； ②提供设计评估证书 A 证得 50 分，B 证 40 分，C 证 20 分；提供设计评估证书的基础上提供原型机型式认证 A 证的加 10 分； ③按湍流等级 A 级加 4 分，B 级加 2 分，提供型式认证证书所依据报告的加 6 分； ④仅提供原型机型式认证 A 证的得 25 分
C2	机组载荷计算报告	①报告经评估无明显问题的得 100 分，有不引起评估结论变化的问题的得 80 分，发现导致评估结论变化的问题的得 50 分； ②未提供机组载荷计算报告的，按 C1 得分的 50% 打分
C3	特定场址载荷计算报告	①塔顶合成弯矩载荷除以额定功率和扫风面积进行排序，最高 100 分，最低 79 分，中间按排名线性插值； ②只提供特定场址基础载荷计算报告的，得 50 分； ③有不引起评估结论变化的问题的扣 10 分，发现导致评估结论变化的问题的扣 30 分
C4	特定场址塔架强度计算报告	①提供完整报告，评估无明显问题 100 分；有不引起评估结论变化的问题的扣 10 分，发现导致评估结论变化的问题的扣 20 分； ②未提供特定场址塔架强度计算报告的，得 60 分
C5	机组及主要部件特定场址环境条件匹配性说明	①提交温度控制方案、"三防"策略、防雷方案、防台风方案和防腐方案的各得 10 分； ②现场运行情况表明未达到方案结果的，该细项方案不得分； ③提交主要部件相关检测报告的，每个报告加 5 分，最高分 50 分
C6	机组抗台风策略说明	①提供机组抗台风策略，机组满足一类风区的抗台风要求，经评估未发现其他问题得 90 分，评估有对安全影响不大的问题的得 70 分，评估有对安全有较大影响的问题的得 50 分； ②未提供抗台风策略的得 50 分； ③有高风穿越模式或 10min 切出风速大于 25m/s 的加 10 分
C7	载荷测试及比对报告	①报告经评估无问题的得 100 分，存在对结论影响不大的问题的得 80 分，报告存在明显问题影响结论的得 50 分； ②未提供报告得 0 分，但已提供型式认证 A 证的得 50 分，提供型式认证 B 证的得 25 分
C8	功率曲线测试报告	①报告经评估无问题的得 100 分，存在对结论影响不大的问题的得 80 分，报告存在明显问题影响结论的得 50 分； ②未提供报告得 0 分，但已提供型式认证 A 证的得 50 分，提供型式认证 B 证的得 25 分
C9	安全与功能测试报告	①报告经评估无问题的得 100 分，存在对结论影响不大的问题的得 80 分，报告存在明显问题影响结论的得 50 分； ②未提供报告得 0 分，但已提供型式认证 A 证的得 50 分，提供型式认证 B 证的得 25 分

指标编号	评价要素	评 分 细 则
C10	叶片型式试验报告	①报告经评估无问题的得100分，存在对结论影响不大的问题的得80分，报告存在明显问题影响结论的得50分； ②未提供报告得0分，但已提供型式认证A证的得50分，提供型式认证B证的得25分
C11	齿轮箱或传动链试验检测报告	①有齿轮箱机组：报告经评估无问题的得100分，存在对结论影响不大的问题的得80分，报告存在明显问题影响结论的得50分； 未提供报告得0分，但已提供型式认证A证的得50分，提供型式认证B证的得25分； 运行期间或测试发现齿轮箱一般问题的，按以上条款得分70%打分，运行期间或测试发现齿轮箱重大问题的得0分。 ②直驱机组：考核期间现场传动链测试无问题的得100分，测试发现影响不大的问题的得70分，测试发现明显问题得0分
C12	机组可靠性设计说明	①可靠性包含冗余设计、成熟技术及产品的应用、可靠性设计流程和可靠性测试验证四部分，内容齐全得100分、内容最少得79分，中间厂商线性插值； ②未提供报告但有型式认证或设计认证A证的得60分
C13	功率曲线测试验证	①功率曲线满足合同要求得60分； ②计算得到单位扫风面积理论年发电量最高的加40分，最低的加0分，中间等比例线性插值
C14	机组抗台风控制策略现场验证	现场验证未发现问题且功能有效并与策略一致的得100分，发现一般问题或出现功能与策略不一致的得60分，发现重大问题的得0分
C15	机组环境适应性测试验证	①根据温度严酷程度对各机组进行排名，最低13分，最高20分；出现高温报警引起停机的扣5分，出现高温限功率运行的扣10分； ②根据湿度严酷程度根据温度严酷程度进行排名，最低13分，最高20分； ③根据各机组内盐雾浓度测试结果进行排名，最低23分，最高30分； ④根据各机组电气柜内部电器设备腐蚀环境表征测试片月平均腐蚀膜厚排名，最低23分，最高30分。 以上，按照排名最低分与最高分之间线性插值
C16	台风期间机组载荷测试及比对	载荷测试结果满足设计预期（比对结果差异在10%以内）得100分；差异10%～20%得75分；差异20%～30%得50分；差异大于30%或厂家未配合完成台风期间载荷测试和比对得0分
C17	运行考核期结束后分系统检查	未发现明显问题得100分，发现一项易于修复的小问题扣2分，发现一项不太容易修复的小问题扣5分，发现一项不容易修复的小问题扣10分
C18	运行考核期结束后大部件检测	通过检测未发现明显问题得100分；发现明显问题，可采取监控运行措施的每项扣20分，扣完为止；大部件存在严重问题，需立即停机修复或未来需下架修复的得0分

指标编号	评价要素	评 分 细 则
C19	SCADA/CMS 系统评价	①SCADA 能连续记录机组运行数据，变量满足数据分析需要，时间间隔 1min 和 10min 可选，数据导出方式方便、快捷，对应得分 20 分； ②故障信息齐全，在中央监控系统实时显示，便于运维人员及时发现，历史故障方便查找、分析，对应得分 20 分； ③中央监控系统具有对主控系统相关信息进行强制的功能，对应得分 10 分； ④中央监控系统有详细的报表分析功能，如电量、可利用率、运行时间、风速等参数报表，对应得分 20 分； ⑤远程操作的功能齐全，对应得分 10 分； ⑥CMS 系统运行正常，操作方便，便于分析，对应得分 20 分
C20	可利用率分析	通过 240h 验收开始记时，考核期 6 个月，可利用率大于等于 95% 时最低得 80 分，可利用率最高的得 100 分，中间线性插值；可利用率低于 95% 的每低一个百分点扣 4 分，低于 90% 得 0 分
C21	故障情况统计和分析	考核期内，平均检修间隔时间（发生远程复位故障 5 次记检修 1 次）和检修总耗时分别占 50 分，平均检修间隔时间最长各得 50 分，反之得 20 分，检修总耗时最短得 50 分，反之得 20 分，中间按排名线性插值
C22	部件更换情况及影响分析	发生一般部件更换一次扣 5 分，发生较为重要部件更换一次扣 15 分，发生重要部件更换的得 0 分
C23	度电成本分析	成本最低的得 100 分，成本最高的得 65 分，中间按排名线性插值
C24	台风期间的等效满负荷发电小时数	风速大于 25m/s 时，能够继续发电且等效满负荷发电小时数最高的得 100 分，最低的得 80 分，中间线性插值；不能继续发电的得 0 分
C25	企业基本情况	①根据风能协会公布的装机容量，3000 台以上的得 28 分，1000～3000 台的得 14 分，1000 台以下得 0 分； ②知识产权和专利数、参加标准编写数量、科研项目数量分别占 14 分，根据企业排序线性插值； ③根据工厂审查情况，无不符合项的 30 分，一般不符合项每项扣 3 分，严重不符合项每项扣 7.5 分，扣完为止
C26	机组技术成熟度	①技术来源和演化清晰合理得 60 分；技术来源和演化不够清晰，但相关技术在实际中已得到一定验证得 30 分；未经实际验证，且技术来源和演化不明的得 10 分； ②机组安装时间最快得 10 分，最慢得 3 分，中间按线性插值； ③机组调试最快得 15 分，最慢得 8 分，中间按线性插值； ④调试完成后最快进入 240h 试运行得 15 分，最慢得 8 分，中间按线性插值
C27	机组市场表现	3MW 及以上机组安装超过 100 台得 100 分，50～100 台得 80 分，20～50 台得 60 分，10～20 台得 40 分，10 台以下得 20 分，无历史业绩得 0 分
C28	机组历史运行情况	①有 10 台及以上机组运行数据，且可利用率 97% 以上得 100 分，可利用率 90%～97% 得 60 分，可利用率低于 90% 得 0 分 ②1～10 台及以上机组运行数据，且可利用率 97% 以上得 50 分，可利用率 90%～97% 得 30 分，可利用率低于 90% 得 0 分

7.3 指标权重

7.3.1 各指标权重值确定

1. 确定步骤

（1）将评价问题所涉及的要素分成若干层次，建立两级递阶的层次结构模型。

（2）采用1~9标度理论通过专家调研法得出同一层次任意两要素之间相对重要性，并给予量化得出标度值。

（3）利用调研得到的标度值构建判断矩阵，并进行一致性检验。

（4）计算判断矩阵最大特征值对应的特征向量，归一化后形成各准则层要素的权重值。

2. 确定方法

确定各指标权重首先应引入1~9标度法，来判断同一准则层要素间相对于上一准则层元素的重要性，各要素重要性标度值参见表7.4。

表7.4　　　　　　　　　　　标　度　值　确　定

序号	重要性等级	标　度　值
1	i 要素与 j 要素同等重要	1
2	i 要素比 j 要素稍微重要	3
3	i 要素比 j 要素明显重要	5
4	i 要素比 j 要素强烈重要	7
5	i 要素比 j 要素极端重要	9
6	i 要素比 j 要素稍微不重要	1/3
7	i 要素比 j 要素明显不重要	1/5
8	i 要素比 j 要素强烈不重要	1/7
9	i 要素比 j 要素极端不重要	1/9
10	以上判断之间的中间状态对应的标度值	2、4、6、8、1/2、1/4、1/6、1/8

对同一准则层要素开展相对重要性判断得到的标度值形成判断矩阵，对于 n 个要素来说，得到的两两比较判断矩阵 $\boldsymbol{C} = (C_{ij})_{n \times n}$ 形式如式（7.1）所示。

$$
\begin{array}{c|cccc}
C_k & C_1 & C_2 & \cdots & C_n \\
\hline
C_1 & C_{11} & C_{12} & \cdots & C_{1n} \\
C_2 & C_{21} & C_{22} & \cdots & C_{2n} \\
\vdots & \vdots & \vdots & & \vdots \\
C_n & C_{n1} & C_{n2} & \cdots & C_{2n}
\end{array}
\tag{7.1}
$$

显然矩阵 $\boldsymbol{C}$ 具有如下性质：

（1）$C_{ij} > 0$。

（2）$C_{ij} = \dfrac{1}{C_{ji}}(i \neq j)$。

（3）$C_{ii} = 1(i = 1, 2, \cdots, n)$。

这样矩阵 **C** 称为正反矩阵。对正反矩阵 **C**，若对于任意 i，j，k 均有 $C_{ij} \cdot C_{jk} = C_{ik}$，此时称该矩阵为一致矩阵。通过一致性检验后即可通过计算判断矩阵的最大特征值及相应的特征向量，归一化计算后即得出本准则层各要素的权重值。

项目组以发放调研问卷的形式征集业内各细分领域专家对同一准则层不同评价要素间相对重要性的独立判断，并请专家在考虑评价要素对于评价上一层被评价目标重要程度的同时，充分考虑此评价要素本身被测评的可操作性、公正性等。调研发出专家问卷 40 份，回收有效问卷 23 份，其中主机制造厂专家 6 份、测试认证机构专家 3 份、业主专家 2 份、运维专家 4 份、设计单位 3 份、研究机构 5 份。根据前文的权重值计算基本原理，进行统计分析，建立判断矩阵计算特征值，经过一致性验证，得出了各准则层评价要素的权重值。

7.3.2　各指标权重值

根据上述方法，确定的各指标权重值见表 7.5。

表 7.5　评价要素权重值

准则层 1 评价要素	准则层 1 评价要素权重值	准则层 2 评价要素	准则层 2 评价要素权重值
机组技术资料审核评估	0.318	机组型式认证证书及所依据的评估报告	0.197
		机组载荷计算报告	0.109
		特定场址载荷计算报告	0.096
		特定场址塔架强度计算报告	0.092
		机组及主要部件特定场址环境条件匹配性说明	0.061
		机组抗台风策略说明	0.054
		载荷测试及比对报告	0.088
		功率曲线测试报告	0.076
		安全与功能测试报告	0.067
		叶片型式试验报告	0.055
		齿轮箱或传动链试验检测报告	0.059
		机组可靠性设计说明	0.046
机组现场测试验证	0.388	功率曲线测试验证	0.241
		机组抗台风控制策略现场验证	0.185
		机组环境适应性测试验证	0.132
		台风期间机组载荷测试及比对	0.197
		运行考核期结束后分系统检查	0.117
		运行考核期结束后大部件检测	0.128

续表

准则层 1 评价要素	准则层 1 评价要素权重值	准则层 2 评价要素	准则层 2 评价要素权重值
考核期运行数据统计分析	0.242	SCADA/CMS 系统评价	0.175
		可利用率分析	0.220
		故障情况统计和分析	0.184
		部件更换情况及影响分析	0.181
		度电成本分析	0.133
		台风期间的等效满负荷发电小时数	0.107
企业及机组概况评价	0.052	企业基本情况	0.259
		机组技术成熟度	0.294
		机组市场表现	0.227
		机组历史运行情况	0.221

7.4 样机性能评价结果

7.4.1 技术资料审核评估结果

1. 各机组技术资料提交及评审情况

为保障该部分内容评估的客观、准确及完整，项目组在征得业主同意后两次向各供应商发函，要求提供相关技术资料，根据汇总的技术资料表，项目组对此进行了认真评审，形成各评价指标技术资料提交情况及评估结果，见表 7.6～表 7.17。

表 7.6　　指标 C1（机组型式认证证书及所依据的评估报告）提交情况及评估

机　组	C1 资料提交情况及评估概述
W1（C 供应商）	提交 CCS 颁发的设计评估 C 证，未提交该风电机组的型式认证证书及评估报告；机组设计等级为 S（IB+TII），湍流等级为 B 级
W2（F 供应商）	提交了 CCS 颁发的风电机组设计评估 A 证以及原型机型式认证 A 证，未提交该样机风电场机组的型式认证证书及评估报告；机组设计等级为 GL-IB，湍流等级为 B 级
W3（G 供应商）	仅提供原型机型式认证 A 证，未提交样机风电场风电机组的型式认证证书及评估报告；机组设计等级为 IB，湍流等级为 B 级
W4（B 供应商）	提交 CGC 颁发的型式认证 A 证及依据评估报告；机组设计等级为 IB，湍流等级为 B 级
W5（H 供应商）	提交 CGC 颁发的型式认证 B 证及依据评估报告；机组设计等级为 IB，湍流等级为 B 级
W6（A 供应商）	提交风电机组各分项（设计准则评估、设计评估、制造能力评估和型式测试评估）以及风电机组的型式认证 A 证，发证机构为 DNV GL；提交了最终评估报告，但未提交各分项的评估报告；机组设计等级为 IB，湍流等级为 B 级
W7（D 供应商）	提交 DNVGL 颁发的机组型式认证 A 证；未提交相关评估报告；机组设计等级为 IA+IB
W8（E 供应商）	提交 CQC 颁发的机组型式认证 A 证；提供了《电气系统评估报告》《控制保护系统评估报告》《载荷评估报告》；机组设计等级为 IC，湍流等级为 C 级

表 7.7　　　　　　　　　　　指标 C2（机组载荷计算报告）提交情况及评估

机　组	C2 资料提交情况及评估概述
W1（C 供应商）	提交的《海上风力发电机载荷计算报告》信息完整
W2（F 供应商）	未提交
W3（G 供应商）	未提交
W4（B 供应商）	提交的机组的抗台载荷计算报告和常规载荷计算报告信息完整
W5（H 供应商）	提交的信息完整
W6（A 供应商）	未提交
W7（D 供应商）	未提交
W8（E 供应商）	提交的《机组载荷计算报告》，信息完整，但工况假定中使用静态功率曲线对应的额定风速，未能反映机组真实额定风速，因此可能对载荷结果的准确性造成一定影响

表 7.8　　　　　　　　　　　指标 C3（特定场址载荷计算报告）提交情况及评估

机　组	C3 资料提交情况及评估概述
W1（C 供应商）	提交的《环境适应性分析与设计》，未依据场址的风况、海况条件对机组场址载荷进行计算，亦未与机组设计载荷进行比较
W2（F 供应商）	仅提供了基础载荷设计
W3（G 供应商）	仅提供了基础计算报告
W4（B 供应商）	提交的机组相关特定场址的整机载荷适应性分析报告，缺失工况假定表
W5（H 供应商）	提交的基础载荷计算报告（福清兴化湾样机试验风电场项目）仅包含场址塔底载荷结果；缺失 RNA 载荷结果及与其设计载荷的比对结果、缺失工况假定表
W6（A 供应商）	提交的资料未包含工况假定、RNA 及支撑结构载荷结果，仅给出机组满足场址安全性要求的结论
W7（D 供应商）	提交的《三峡兴化湾海上风电场塔架基础分界面载荷计算报告》和《海上环境适应性说明》中，仅包含塔架基础交界面载荷结果及环境条件，缺失引用标准、工况假定、RNA 载荷
W8（E 供应商）	提交的机组载荷计算报告，信息完整，但工况假定中使用静态功率曲线对应的额定风速，未能反映机组真实额定风速，因此可能对载荷结果的准确性造成一定影响

表 7.9　　　　　　　　　　　指标 C4（特定场址塔架强度计算报告）提交情况及评估

机　组	C4 资料提交情况及评估概述
W1（C 供应商）	提交了《风电机组塔筒焊缝疲劳分析》《风电机组塔筒有限元分析》《塔筒螺栓计算报告》
W2（F 供应商）	未提交
W3（G 供应商）	提交的《兴化湾样机 78m 四段塔筒强度分析报告》经评估无明显问题
W4（B 供应商）	提交的《直驱机组塔架计算分析报告》《直驱机组塔架计算分析报告》，经评估未发现明显问题

机组	C4 资料提交情况及评估概述
W5（H 供应商）	提交的《风力发电机组塔架强度计算报告（福清兴化湾样机试验风电场项目）》《风力发电机组门洞强度计算报告（福清兴化湾样机试验风电场项目）》经评估无明显问题
W6（A 供应商）	提交的《塔架结构评估》经评估无明显问题
W7（D 供应商）	提交的《塔架强度计算报告》经评估无明显问题
W8（E 供应商）	提交的《风力发电机组塔筒结构分析报告》经评估无明显问题

表 7.10　指标 C5（机组及主要部件特定场址环境条件匹配性说明）提交情况及评估

机组	C5 资料提交情况及评估概述
W1（C 供应商）	提交的《环境适应性分析与设计》《海上风电机组环境适应性设计方案》《机组抗台风策略说明》文件中，包含有防腐方案、温度控制方案、"三防"策略、防雷方案和防台风策略；提交的《环境适应性分析与设计》中，有设计说明，但缺少测试验证报告
W2（F 供应商）	提交的《机组环境适应性设计》《防雷方案》《海上风力发电机组研制及应用》文件中，包含有温度控制方案、"三防"策略、防雷方案、防台风策略和防腐方案；提交了塔架涂层体系、变桨系统、变频器、发电机、主控系统、控制系统等关键部件的 12 份测试报告
W3（G 供应商）	提交的相关文件中，包含有防腐方案、温度控制方案、"三防"策略、防雷方案和防台风策略；现场运行出现发电机定子温度过高，机组限功率运行；提交了与叶片、轮毂、发电机、机舱、塔筒、润滑系统、变桨系统、变流器、机舱控制柜、塔基控制柜、气象站支架等关键部件相关的 17 份测试报告
W4（B 供应商）	提交的相关文件中，包含有防腐方案、温度控制方案、"三防"策略、防台风策略、防雷方案；提交的《产品线福建兴化湾项目环境适应性方案》中，有对机组关键部件的设计说明；此外，还提供了发电机、变流器、液压变桨控制柜、变桨轮毂控制柜、变桨机舱柜、机舱柜等关键部件的 11 份测试报告
W5（H 供应商）	提供的《机组抗台风能力说明》《专题 6 防腐专题》《专题 8 防高温专题》《风力发电机组防雷技术规范》等文件中有防台风策略、防腐方案、"三防"策略、温度控制方案和防雷方案，现场运行出现变流器温度过高报警；未提交主要部件测试验证报告
W6（A 供应商）	提交的相关文件中，包含有防腐方案、防雷方案、温度控制方案、"三防"策略、防台风策略；提交的文件中，有对机组关键部件的设计说明，现场运行出现机舱温度过高，机组限功率运行；未提交主要部件测试验证报告
W7（D 供应商）	提交的《海上环境适应性说明》中，有防腐方案、防雷方案、温度控制方案、"三防"策略和防台风策略，有设计说明，现场运行出现发电机柜温度过高，机组限功率运行；未提交主要部件测试验证报告
W8（E 供应商）	提交的《海上环境适应性说明》《兴化湾一期适应性分析说明》中，有防腐方案、温度控制方案、"三防"策略、防雷方案和防台风策略；提交的《涂层系统技术条件（陆上和海上）》《高速永磁型海上风力发电机组防腐报告》中，有部分部件的设计说明。提供了主控系统、变流器、变桨系统、风速仪、塔筒等关键部件的 18 份测试报告

表 7.11　　　　　　　　指标 C6（机组抗台风策略说明）提交情况及评估

机组	C6 资料提交情况及评估概述
W1（C 供应商）	提交的《机组抗台风策略说明》中，风电机组基本控制策略为下风向偏航对风，根据后备电源电量剩余情况分为主动偏航和被动偏航 2 个阶段。台风来临前，机组依靠后备电源系统供电，以主动偏航模式切换为下风向对风，然后投入被动偏航模式，根据台风风向的变化被动调整对风角度。而《附件五：1（11）机组抗台风策略》中，主控系统台风控制模式采用上风向主动偏航控制，依靠电网供电或机组后备电源系统供电，主动偏航对风，将机组载荷控制在最优范围内，保证台风期间机组的生存安全。两份策略文档矛盾且内容描述缺失较多；10min 切出风速 25m/s
W2（F 供应商）	提交的《机组抗台风设计》和《台风型风电机组抗台风方案》中，有风电机组抗台风设计的相关描述，抗台风控制策略的合理性和完整性满足要求；10min 切出风速 25m/s
W3（G 供应商）	提交的《海上风力发电机组抗台风专题》中，有风电机组抗台风设计的相关描述，部分内容有缺失，机组抗台风策略未发现明显的安全问题；10min 切出风速 25m/s
W4（B 供应商）	提交的《产品线台风控制与安全说明》中，有风电机组抗台风设计的相关描述，部分内容有缺失，机组抗台风策略未发现明显的安全问题；正常 10min 切出风速 25m/s，台风策略下切出风速 35m/s
W5（H 供应商）	提交的《机组抗台风能力说明》中，有风电机组抗台风设计的相关描述，但未明确断网后机组的动作，存在安全风险；10min 切出风速 25m/s
W6（A 供应商）	提交的台风风险报告中，有风电机组抗台风设计的相关描述，但报告中提出机组在台风工况下存在风险；10min 切出风速 25m/s
W7（D 供应商）	提交的台风适应性说明中，有风电机组抗台风设计的相关描述，但机组断网后偏航锁死，可能存在安全风险；正常 10min 切出风速 25m/s，台风策略下切出风速 32m/s
W8（E 供应商）	提交的抗台风策略中，有抗台风设计的相关描述，机组抗台风策略未发现明显的安全问题；10min 切出风速 30m/s

表 7.12　　　　　　　　指标 C7（载荷测试及比对报告）提交情况及评估

机组	C7 资料提交情况及评估概述
W1（C 供应商）	未提交
W2（F 供应商）	未提交
W3（G 供应商）	未提交
W4（B 供应商）	提交了机组的 UL 载荷测试报告，报告加盖有 DAKKS 章；提交了《机组仿真与载荷测试对比分析报告》，报告信息完整且经过鉴衡认证的评估
W5（H 供应商）	提交的《风力发电机组机械载荷测量报告》《测试载荷验证分析报告》信息完整，且报告经过鉴衡认证的认可
W6（A 供应商）	未提交
W7（D 供应商）	未提交
W8（E 供应商）	提交的功率特性机械载荷为上海中认尚科新能源技术有限公司出具的载荷测试报告，报告加盖有 ilac.MRA、CNAS、CMA 章；提交的《机组载荷测试结果对比报告》，信息完整，经评估无明显问题

表 7.13　　　　　　　　指标 C8（功率曲线测试报告）提交情况及评估

机组	C8 资料提交情况及评估概述
W1（C 供应商）	未提交
W2（F 供应商）	未提交
W3（G 供应商）	未提交
W4（B 供应商）	提交了机组功率测试报告，报告加盖有鉴衡检测章
W5（H 供应商）	提交的《风力发电机组功率特性测试报告》信息完整，且加盖有 ilac. MRA、CNAS、CMA 章，同时报告经过鉴衡认证的认可
W6（A 供应商）	提交的机组功率测试报告为 DTU Wind Energy 出具的功率测试报告，报告加盖有 ilac. MRA、DANAK 章
W7（D 供应商）	未提交
W8（E 供应商）	提交的功率曲线测试报告为上海中认尚科新能源技术有限公司出具的功率测试报告，报告加盖有 ilac. MRA、CNAS、CMA 章

表 7.14　　　　　　　　指标 C9（安全与功能测试报告）提交情况及评估

机组	C9 资料提交情况及评估概述
W1（C 供应商）	未提交
W2（F 供应商）	未提交
W3（G 供应商）	未提交
W4（B 供应商）	提交的《安全功能测试报告（终版）》、载荷报告中，测试项包含了安全系统测试、制动系统测试、自动运行测试以及切换操作测试，测试项目满足 IEC 61400-22 标准要求，测试结果与设计预期一致
W5（H 供应商）	未提交
W6（A 供应商）	未提交
W7（D 供应商）	未提交
W8（E 供应商）	提交的安全及功能试验报告内容完整

表 7.15　　　　　　　　指标 C10（叶片型式试验报告）提交情况及评估

机组	C10 资料提交情况及评估概述
W1（C 供应商）	未提交
W2（F 供应商）	未提交
W3（G 供应商）	未提交
W4（B 供应商）	提交叶片型式试验报告，经评估无明显问题
W5（H 供应商）	提交了叶片 GL 认证证书和鉴衡出具的叶片设计评估报告，未提交相关的叶片型式试验报告
W6（A 供应商）	提交叶片的 DNVGL 认证证书，未提交相关的叶片型式试验报告
W7（D 供应商）	未提交
W8（E 供应商）	提交了 SGS 出具静力测试报告、疲劳测试报告和船级社出具的《叶片型式认证证书》

表 7.16　　　　　指标 C11（齿轮箱或传动链试验检测报告）提交情况及评估

机组	C11 资料提交情况及评估概述
W1（C 供应商）	未提交齿轮箱试验检测报告，运行期间齿轮箱发生重大问题
W2（F 供应商）	未提交齿轮箱试验检测报告，考核期期间现场齿轮箱振动测试发现齿轮箱高速级垂向振动出现警示
W3（G 供应商）	无齿轮箱，考核期期间现场传动链测试未发现问题
W4（B 供应商）	无齿轮箱，考核期期间现场传动链测试未发现问题
W5（H 供应商）	提交的《挂机试验报告》经评估无明显问题，且通过了鉴衡认证的认可，考核期期间现场齿轮箱振动测试未发现问题
W6（A 供应商）	无齿轮箱，考核期期间现场传动链测试未发现问题
W7（D 供应商）	无齿轮箱，考核期期间现场传动链测试未发现问题
W8（E 供应商）	提交了由 GL 出具的齿轮箱设计评估证书及齿轮箱制造厂家出具的合格证书，考核期期间现场齿轮箱振动测试未发现问题

表 7.17　　　　　指标 C12（机组可靠性设计说明）提交情况及评估

机组	C12 资料提交情况及评估概述
W1（C 供应商）	提交了可靠性设计文档，对机组可靠性设计进行了说明，只包含了冗余设计内容
W2（F 供应商）	提交了《机组可靠性设计说明》，介绍了可靠性信息闭环管理系统及可靠性试验平台，包含了冗余设计、成熟技术和产品的应用和可靠性设计流程内容
W3（G 供应商）	提交的《附件十二：机组可靠性说明》，对机组可靠性开展了较为全面和系统的说明，包含了成熟技术和产品的应用和可靠性设计流程内容
W4（B 供应商）	提交的《产品线（β机组）可靠性工作规划，A.6》，较为全面介绍了企业对机组可靠性控制开展的工作，包含了冗余设计、成熟技术和产品的应用、可靠性设计流程和可靠性测试验证
W5（H 供应商）	提交的《附件 1-H 供应商智能海上机组简介》中"可靠性设计说明"章节，重点对机组变流器的可靠性进行了说明，包含了成熟技术和产品的应用内容
W6（A 供应商）	提交了《可靠性设计流程说明》，较为全面地介绍了 RAMS 设计流程
W7（D 供应商）	提交了《机组可靠性设计说明》，并提出认证机构 TUV 对机组的设计过程中开展了可靠性 FEMA 设计的评估，目前已获得该机构关于"机组低风险机组评估认证"，包含了成熟技术和产品的应用、可靠性设计流程和可靠性测试验证内容
W8（E 供应商）	提交的《技术参数——E 供应商》中"机组可靠性设计说明"章节对机组可靠性设计进行了较为全面的说明，包含了成熟技术和产品的应用内容

2. 各机组技术资料审核评估得分

根据各机组厂家提供的阶段性材料，按照技术资料审核情况及打分实施细则，各"机组技术资料审核评估"要素（评价要素编号：B1）下各二级评价指标评估得分见表 7.18。

表 7.18　　　　　　　　　　　各机组技术资料审核评估得分

指标编号	C供应商	F供应商	G供应商	B供应商	H供应商	A供应商	D供应商	E供应商
C1	22	62	27	98	78	92	94	93
C2	100	31	13.5	100	100	46	47	80
C3	50	50	50	69	50	70	50	54
C4	100	60	100	100	100	100	100	100
C5	50	100	90	100	40	40	40	100
C6	50	90	70	80	50	50	60	100
C7	0	0	0	100	100	50	50	100
C8	0	0	0	100	100	100	50	100
C9	0	0	0	25	50	50	50	100
C10	0	0	0	100	25	80	50	100
C11	0	0	100	100	100	100	100	50
C12	79	93	86	100	79	79	93	79

注：部分机组尚处于型式认证过程中，型式认证相关的技术资料尚未能提供；现阶段未提供资料项按0分计（评分细则规定可以得分的除外），待资料提供并审核后重新审核评分。

根据评价指标的权重值，各"机组技术资料审核评估"要素（评价要素编号：B1）及二级评价指标得分见表 7.19。

表 7.19　　　　　　　　　　各机组技术资料审核评估加权得分

指标编号	权重	C供应商	F供应商	G供应商	B供应商	H供应商	A供应商	D供应商	E供应商
C1	0.197	4.33	12.21	5.32	19.31	15.37	18.12	18.52	18.32
C2	0.109	10.90	3.38	1.47	10.90	10.90	5.01	5.12	8.72
C3	0.096	4.80	4.80	4.80	6.62	4.80	6.72	4.80	5.18
C4	0.092	9.20	5.52	9.20	9.20	9.20	9.20	9.20	9.20
C5	0.061	3.05	6.10	5.49	6.10	2.44	2.44	2.44	6.10
C6	0.054	2.70	4.86	3.78	4.32	2.70	2.70	3.24	5.40
C7	0.088	0.00	0.00	0.00	8.80	8.80	4.40	4.40	8.80
C8	0.076	0.00	0.00	0.00	7.60	7.60	7.60	3.80	7.60
C9	0.067	0.00	0.00	0.00	6.70	1.68	3.35	3.35	6.70
C10	0.055	0.00	0.00	0.00	5.50	1.38	4.40	2.75	5.50
C11	0.059	0.00	0.00	5.90	5.90	5.90	5.90	5.90	2.95
C12	0.046	3.63	4.28	3.96	4.60	3.63	3.63	4.28	3.63
B1 总得分		38.62	41.15	39.92	95.55	74.39	73.48	67.80	88.11
B1 排名		8	6	7	1	3	4	5	2

注：部分机组尚处于型式认证过程中，型式认证相关的技术资料尚未能提供；现阶段未提供资料项按0分计（评分细则规定可以得分的除外），待资料提供并审核后重新审核评分。

3. 机组技术资料审核评估小结

从各机组技术资料评审情况可以看出，现阶段各机组技术资料提交的情况有较大差别，部分指标评价得分差距较大。项目组依据《福清兴化湾样机试验风电场风电机组科研测试评价方案》，与各评测机组供应商采用包括联系函、邮件、电话在内的多种方式沟通，多次征集项目测评所需的技术资料，由于各机组厂家对技术保密及其他方面有不同的策略，各型号待评测机组技术资料提供的完整度情况有较大区别。另外，根据厂家的反馈信息，C 供应商、F 供应商及 G 供应商机组的型式认证正在进行中，型式认证证书及所依据的相关报告后期可陆续提供，本阶段未提供资料的评价指标项暂按 0 分计，待资料提交并审核后重新评估打分。经本阶段审核评估，B 供应商及 E 供应商机组资料提供较为完整且评估结果较为理想，本项指标排名靠前。

7.4.2　现场测试验证结果

7.4.2.1　功率曲线测试验证

1. 机组功率曲线测试

功率曲线是机组发电性能的最主要指标，测试机组实际功率曲线是对厂家设备发电能力验证的重要手段。因项目不具备采用 IEC 61400 - 12 - 1 标准建造多个测风塔验证机组功率曲线的条件，因此按照机组采购合同约定及 IEC 61400 - 12 - 1 标准，采用扫描式测风激光雷达替代传统测风塔的风速计进行风速测试。

根据机组采购合同规定，在科研验收与质保期内，对每台机组实际运行功率曲线进行完整的考核，各被测机组功率曲线保证值应大于 95%。风电机组功率曲线保证值按式（7.2）～式（7.4）进行计算：

$$保证值（K）= \frac{折算发电量}{保证发电量} \times 100\% \tag{7.2}$$

$$折算发电量 = 风频分布值 \times 实测功率曲线值 \tag{7.3}$$

$$保证发电量 = 风频分布值 \times 风电场实际空气密度下保证的功率曲线值 \tag{7.4}$$

风速频率分布值以样机试验风电场 2km 内三塔屿上测风塔 85m、90m 和 100m 高度处的实测值为准，选用高度最接近于各机组轮毂中心高度（高度差不超过 5m）处风速计的数据。功率曲线测试大纲详见附录 A。

（1）C 供应商机组（W1）功率曲线测试结果。2018 年 12 月 4—27 日进行测试数据采集。测试期间，机组正常工作且未更改配置。测试数据换算至参考空气密度 1.225kg/m³ 后，实测功率曲线及 C_p 的 bin 区间❶计算结果见表 7.20，实测功率曲线与保证功率曲线的对比结果见图 7.2。

---

❶ bin 区间：将测试数据按照参数间隔分组的数据处理方法。通常用于风速区间，对于各区间数据，记录采集数与它们的和，并计算各区间参数的平均值。

表 7.20   功率曲线及 C_p 的 bin 区间计算结果（参考空气密度：1.225kg/m³）

bin 区间	数据量	风速 /(m/s)	功率 /kW	C_p	功率最大值 /kW	功率最小值 /kW	功率标准差 /kW	湍流强度 /%
3	3	1.64	−47.93	−0.972	−41.97	−74.45	5.35	13.79
4	5	2.03	−53.68	−0.567	−48.74	−80.41	4.13	6.36
5	4	2.54	−45.44	−0.246	−16.25	−76.14	8.77	10.00
6	11	3.00	−59.36	−0.195	−31.01	−103.73	9.26	9.49
7	14	3.55	9.88	0.020	137.77	−82.08	48.40	6.73
8	38	4.03	136.32	0.184	277.92	16.99	61.05	5.10
9	53	4.53	310.28	0.297	533.67	129.95	93.58	5.51
10	52	4.97	516.64	0.374	774.93	295.91	110.12	5.06
11	64	5.53	797.82	0.419	1143.41	496.44	144.27	4.88
12	92	5.99	1074.53	0.443	1435.18	703.78	164.93	4.74
13	143	6.52	1433.57	0.459	1840.75	1019.57	185.35	4.53
14	130	7.01	1800.34	0.465	2330.19	1332.92	231.84	5.11
15	139	7.49	2209.59	0.467	2814.26	1677.95	268.44	5.13
16	150	7.98	2619.52	0.457	3332.32	2006.03	312.16	4.97
17	123	8.48	3114.14	0.454	4066.24	2374.39	389.26	5.18
18	105	8.98	3742.10	0.459	4729.40	2829.77	472.06	5.28
19	74	9.49	4361.24	0.453	5083.14	3163.44	530.71	6.03
20	47	9.98	4788.10	0.428	5116.15	3515.81	405.96	6.72
21	49	10.49	4998.77	0.385	5108.20	4030.78	202.70	6.56
22	38	11.00	5059.39	0.338	5114.29	4465.74	94.77	7.68
23	55	11.51	5085.69	0.296	5110.53	4900.64	21.51	7.46
24	55	11.98	5085.41	0.263	5109.22	5037.87	8.47	7.54
25	51	12.52	5084.80	0.230	5109.82	5039.71	8.63	7.67
26	41	12.94	5086.38	0.208	5112.80	5045.93	8.79	8.21
27	25	13.44	5088.97	0.186	5117.52	5050.32	9.21	7.88
28	22	13.98	5084.06	0.165	5112.55	5037.41	10.22	7.75
29	18	14.54	5083.26	0.147	5115.33	5037.00	10.32	7.50
30	3	14.87	5088.86	0.137	5121.00	5050.00	11.29	6.99
31	6	15.48	5095.81	0.122	5133.50	5053.50	12.39	7.38
32	3	15.96	5085.42	0.111	5120.00	5047.00	11.31	7.04
33	4	16.52	5100.26	0.100	5138.25	5048.25	12.33	7.49
34	0*	—	—	—	—	—	—	—
35	2*	17.68	5076.29	0.082	5121.00	5031.00	14.45	9.34
36	0*	—	—	—	—	—	—	—
37	0*	—	—	—	—	—	—	—
38	0*	—	—	—	—	—	—	—
39	1*	19.57	5081.99	0.060	5121.00	5022.00	15.16	6.02

注： 数据样本总量为 1620。

* 数据量不足的 bin 区间。

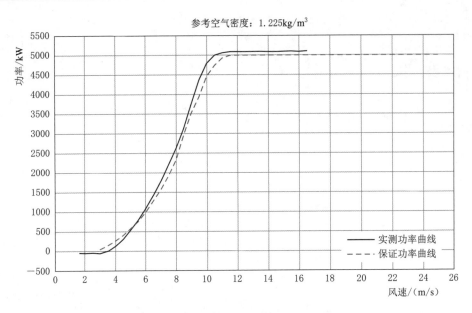

参考空气密度：1.225kg/m³

图 7.2　W1 机位实测功率曲线与保证功率曲线对比

W1 机位 C 供应商机组的实测功率曲线与保证功率曲线比较：

1）在切入风速附近区间（3～4.5m/s）实测功率比保证功率小，主要是因为风速较低时风向变化较大，且在切入风速附近机组开始启机运行，发电较少，自用电损耗较多。

2）在 5～11m/s 风速区间实测功率比保证功率曲线值偏大，可能是机组供应商提供的保证值偏保守。

3）机组在 10.5～11m/s 风速区间达到额定功率，低于保证功率曲线的额定风速 11.8m/s；机组达到额定风速后出力稳定且大于额定功率约 90kW。

（2）F 供应商机组（W2）功率曲线测试结果。测试数据采集时间：2018 年 1 月 5 日至 3 月 31 日。测试期间，机组正常工作且未更改配置。测试数据换算至参考空气密度 1.225kg/m³ 后，实测功率曲线及 C_p 的 bin 区间计算结果见表 7.21，实测功率曲线与保证功率曲线的对比结果见图 7.3。

表 7.21　　功率曲线及 C_p 的 bin 区间计算结果（参考空气密度：1.225kg/m³）

bin 区间	数据量	风速 /(m/s)	功率 /kW	C_p	功率最大值 /kW	功率最小值 /kW	功率标准差 /kW	湍流强度 /%
4	1*	2.24	−8.98	−0.102	−6.45	−25.80	1.55	5.70
5	133	2.50	−25.92	−0.211	−23.23	−31.13	1.59	8.11
6	119	3.00	−23.75	−0.111	−13.24	−35.82	5.26	7.46
7	132	3.50	12.50	0.037	56.82	−30.08	20.38	6.36
8	90	4.00	151.66	0.301	231.75	91.50	32.67	4.82
9	135	4.49	262.24	0.367	446.98	168.47	54.89	5.16
10	152	5.02	386.38	0.388	583.37	268.32	57.05	4.71
11	157	5.51	539.10	0.409	786.21	383.88	82.69	4.83

续表

bin 区间	数据量	风速 /(m/s)	功率 /kW	C_p	功率最大值 /kW	功率最小值 /kW	功率标准差 /kW	湍流强度 /%
12	178	6.02	749.40	0.436	1063.41	546.45	103.44	4.30
13	255	6.52	948.92	0.435	1312.10	671.51	131.32	4.57
14	270	7.00	1179.53	0.436	1650.09	816.75	178.17	4.66
15	281	7.50	1480.98	0.446	1941.68	1053.99	207.71	4.33
16	238	8.00	1835.84	0.454	2469.92	1322.61	249.54	4.48
17	270	8.51	2205.81	0.454	3068.48	1614.05	307.59	4.64
18	279	9.01	2627.76	0.456	3493.74	1971.29	358.51	4.57
19	275	9.49	3036.85	0.450	3947.62	2223.38	381.89	4.58
20	208	9.98	3419.51	0.437	4394.00	2517.69	389.67	4.53
21	193	10.50	3814.45	0.418	4830.82	2902.06	400.96	4.55
22	194	10.99	4164.31	0.398	5046.91	3206.03	412.18	4.55
23	151	11.49	4482.98	0.375	5099.78	3472.51	400.26	4.69
24	137	12.00	4747.73	0.348	5105.19	3757.16	327.82	4.63
25	81	12.48	4942.14	0.323	5102.15	4143.30	190.00	4.29
26	68	12.99	4986.72	0.289	5108.74	4320.26	136.24	5.00
27	53	13.52	5033.37	0.258	5113.87	4710.85	51.96	4.56
28	45	14.00	5039.29	0.233	5110.00	4847.13	34.67	4.03
29	26	14.47	5040.48	0.211	5111.19	4856.42	32.94	4.50
30	14	14.94	5043.84	0.192	5112.21	4977.00	20.43	4.02
31	6	15.40	5043.85	0.175	5120.50	4945.50	22.19	3.59
32	1*	15.76	5042.95	0.164	5091.00	4986.00	15.90	1.69

注：数据样本总量为 4142。

* 数据量不足的 bin 区间。

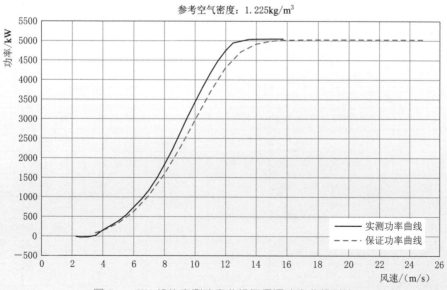

图 7.3 W2 机位实测功率曲线与保证功率曲线对比

W2机位F供应商机组的实测功率曲线与保证功率曲线比较：

1) 在切入风速3.5m/s附近实测功率比保证功率小，主要是因为风速较低时风向变化较大，且在切入风速附近机组开始启机运行，发电较少，自用电损耗较多。

2) 在5~14m/s风速区间实测功率比保证功率曲线值偏大较多，可能是机组供应厂商提供的保证值偏保守。

3) 机组在13.14m/s风速达到额定功率，低于保证功率曲线的额定风速15.24m/s，机组达到额定风速后出力稳定且大于额定功率约40kW。

（3）G供应商机组（W3）功率曲线测试结果。数据采集时间：2019年1月27日至4月18日。测试期间，机组正常工作且未更改配置。测试数据换算至参考空气密度1.225kg/m³后，实测功率曲线及C_p的bin区间计算结果见表7.22；因机组供应商所提供保证功率曲线的参考空气密度为1.195kg/m³，实测功率曲线换算至该空气密度后与保证功率曲线的对比结果见图7.4。

表7.22　功率曲线及C_p的bin区间计算结果（参考空气密度：1.225kg/m³）

bin区间	数据量	风速/(m/s)	功率/kW	C_p	功率最大值/kW	功率最小值/kW	功率标准差/kW	湍流强度/%
3	19	1.54	−14.28	−0.412	−10.56	−18.07	1.28	10.08
4	17	2.02	−27.37	−0.353	−11.90	−44.44	6.65	11.09
5	48	2.56	−24.24	−0.154	24.10	−56.51	16.68	9.09
6	82	3.02	−2.44	−0.009	71.69	−54.08	27.09	7.01
7	109	3.48	86.19	0.217	177.21	7.65	36.67	6.01
8	143	4.01	218.39	0.360	338.32	118.20	49.04	5.14
9	144	4.50	359.12	0.418	492.79	239.71	58.64	5.08
10	110	5.00	523.05	0.444	680.63	379.70	70.40	4.50
11	112	5.50	690.95	0.440	860.87	527.93	75.26	4.04
12	89	5.98	889.98	0.440	1149.49	674.90	104.18	4.58
13	65	6.48	1148.91	0.448	1488.03	862.50	148.51	4.64
14	70	6.99	1451.26	0.451	1920.65	1078.46	199.28	4.78
15	38	7.50	1818.16	0.457	2470.77	1346.69	260.44	5.09
16	23	7.99	2153.10	0.448	2763.52	1554.27	307.33	4.84
17	9	8.49	2710.45	0.470	3660.79	1863.41	434.79	5.79
18	8	9.09	3227.03	0.456	4136.52	2525.42	393.54	4.31
19	8	9.54	3802.23	0.464	4558.98	3010.41	403.01	4.23
20	14	10.00	4162.36	0.442	5044.12	3179.54	503.28	5.23
21	6	10.47	4653.32	0.430	5102.44	3562.52	411.04	5.09
22	8	11.00	4833.71	0.385	5126.86	3978.42	294.96	5.26
23	5	11.33	4923.24	0.359	5152.01	3978.54	235.21	6.56

续表

bin 区间	数据量	风速 /(m/s)	功率 /kW	C_p	功率最大值 /kW	功率最小值 /kW	功率标准差 /kW	湍流强度 /%
24	6	11.96	5011.67	0.310	5145.53	4545.38	88.94	6.70
25	8	12.42	5021.24	0.278	5143.71	4785.90	61.68	6.90
26	4	13.08	5040.76	0.239	5158.01	4955.97	33.38	6.13
27	6	13.34	5042.09	0.225	5146.15	4953.34	31.70	6.59
28	10	13.95	5040.36	0.197	5168.38	4946.67	36.33	7.30
29	5	14.63	5042.53	0.171	5189.96	4946.30	39.93	6.05
30	8	14.94	5043.49	0.160	5177.54	4943.42	36.99	5.73
31	6	15.39	5042.97	0.147	5182.12	4921.10	42.17	5.68
32	4	15.91	5041.93	0.133	5213.58	4922.49	44.56	5.23
33	3	16.27	5041.48	0.124	5184.44	4910.71	43.60	5.79
34	1*	16.81	5039.87	0.113	5176.38	4922.49	47.15	5.85

注： 数据样本总量为1188。

* 数据量不足的 bin 区间。

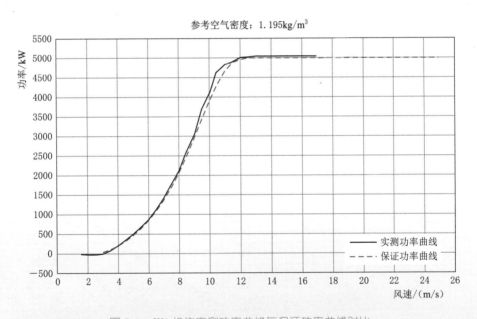

图 7.4 W3 机位实测功率曲线与保证功率曲线对比

G 供应商机组的实测功率曲线与保证功率曲线比较：

1）在切入风速 3m/s 附近实测功率比保证功率略小，主要是因为风速较低时风向变化较大，且在切入风速附近机组开始启机运行，发电较少，自用电损耗较多。

2）5~12m/s 风速区间实测功率比保证功率曲线值略大，可能是机组供应厂商提供的保证值略为保守。

195

3) 机组在12m/s风速附近达到额定功率，低于保证功率曲线的额定风速12.5m/s，机组达到额定风速后出力稳定且大于额定功率约40kW。

4) 在切入风速至额定风速区间，机组的实测功率曲线与保证功率曲线的吻合度较高。

(4) B供应商机组（W4）功率曲线测试结果。测试数据采集时间：2018年11月11日至12月8日。测试期间，机组正常工作且未更改配置。测试数据换算至参考空气密度1.225kg/m³后，实测功率曲线及C_p的bin区间计算结果见表7.23，实测功率曲线与保证功率曲线的对比结果见图7.5。

表 7.23　功率曲线及C_p的bin区间计算结果（参考空气密度：1.225kg/m³）

bin区间	数据量	风速/(m/s)	功率/kW	C_p	功率最大值/kW	功率最小值/kW	功率标准差/kW	湍流强度/%
4	8	2.09	−39.32	−0.383	−0.86	−79.86	14.95	4.80
5	8	2.48	0.55	0.003	52.34	−68.62	25.72	10.36
6	12	2.99	57.03	0.189	119.42	−25.49	31.00	8.54
7	13	3.56	159.62	0.314	244.90	57.03	44.43	6.71
8	29	3.95	250.13	0.358	399.03	118.77	66.57	6.16
9	36	4.54	404.79	0.383	651.30	260.50	83.99	6.52
10	59	4.98	538.27	0.385	902.61	327.32	104.50	5.41
11	56	5.52	777.40	0.410	1105.51	396.74	130.71	4.90
12	74	6.02	1057.71	0.429	1418.34	714.96	164.06	4.69
13	112	6.50	1405.86	0.453	1870.33	1029.82	204.82	4.64
14	109	7.00	1778.34	0.459	2412.96	1278.78	282.40	4.97
15	115	7.48	2178.65	0.460	2879.35	1605.28	307.10	4.49
16	112	8.02	2676.30	0.460	3610.43	1954.49	403.32	4.52
17	117	8.50	3187.03	0.459	4329.59	2374.57	453.49	4.40
18	115	8.98	3664.56	0.448	5019.87	2646.78	532.99	4.36
19	121	9.48	4297.00	0.446	5832.53	3139.84	608.58	4.36
20	103	10.00	4921.61	0.436	6510.15	3554.94	688.32	4.46
21	62	10.47	5487.84	0.423	6841.67	3955.73	714.32	4.80
22	34	10.94	6048.55	0.408	6881.75	4237.09	727.23	5.16
23	36	11.51	6472.77	0.376	6896.72	4873.20	508.53	5.20
24	43	11.98	6673.75	0.344	6916.19	5411.48	315.07	5.22
25	46	12.47	6759.06	0.308	6920.96	5595.09	221.24	5.24
26	45	13.00	6809.38	0.274	6928.74	5921.93	123.97	5.50
27	31	13.48	6831.75	0.247	6937.24	6347.03	66.99	5.23
28	24	14.08	6835.22	0.217	6956.37	6433.94	59.02	6.10

续表

bin区间	数据量	风速/(m/s)	功率/kW	C_p	功率最大值/kW	功率最小值/kW	功率标准差/kW	湍流强度/%
29	19	14.49	6838.85	0.199	6960.76	6631.59	42.17	5.96
30	22	14.95	6840.27	0.181	6956.87	6711.39	38.65	5.60
31	18	15.45	6840.08	0.164	6965.89	6655.37	43.72	6.38
32	6	16.00	6838.60	0.148	6975.06	6714.14	39.79	6.58
33	8	16.51	6837.78	0.135	6970.43	6712.97	40.86	6.65
34	8	16.90	6837.47	0.125	6965.19	6705.04	40.90	6.08
35	4	17.52	6838.13	0.113	6973.88	6711.82	42.98	6.45

注：数据样本总量为1605。

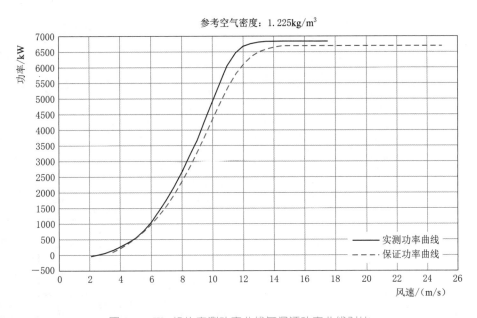

图 7.5 W4 机位实测功率曲线与保证功率曲线对比

B 供应商机组的实测功率曲线与保证功率曲线比较：

1）在切入风速附近区间（3～4.52m/s）实测功率比保证功率大，机组具有较好的低风速发电保证性能。

2）5.03～12.57m/s 风速区间实测功率比保证功率曲线值略大，可能是机组供应厂商提供的保证值略为保守。

3）机组在 12m/s 风速附近达到额定功率，低于保证功率曲线的额定风速 15.08m/s，机组达到额定风速后出力稳定且大于额定功率约 138kW。

（5）H 供应商机组（W5）功率曲线测试结果。测试数据采集时间：2018 年 6 月 23 日至 9 月 19 日。测试期间，机组正常工作且未更改配置。测试数据换算至参考空气密度 1.225kg/m³ 后，实测功率曲线及 C_p 的 bin 区间计算结果见表 7.24；因机组供应商所提供保证功率曲线的参考空气密度为 1.194kg/m³，实测功率曲线换算至该空气密度后与保证功率曲线的对比结果见图 7.6。

表 7.24　功率曲线及 C_p 的 bin 区间计算结果（参考空气密度：1.225kg/m³）

bin 区间	数据量	风速 /(m/s)	功率 /kW	C_p	功率最大值 /kW	功率最小值 /kW	功率标准差 /kW	湍流强度 /%
6	2*	3.11	105.55	0.292	159.02	49.49	30.01	5.72
7	36	3.57	166.87	0.305	249.02	79.74	37.84	5.68
8	50	4.02	261.71	0.337	432.40	165.01	52.06	5.24
9	67	4.49	411.78	0.381	788.23	187.18	110.11	5.90
10	60	5.00	654.15	0.437	962.53	198.38	147.54	6.05
11	78	5.52	913.43	0.453	1256.47	356.04	175.42	6.46
12	103	6.03	1238.31	0.473	1712.91	745.38	229.93	6.62
13	138	6.51	1568.61	0.475	2125.84	1097.76	258.36	6.91
14	171	6.99	1977.47	0.483	2614.63	1452.93	289.87	5.94
15	153	7.49	2427.86	0.483	3260.55	1762.29	371.59	5.83
16	121	7.99	2963.02	0.485	3920.55	2155.92	433.16	5.74
17	91	8.46	3523.75	0.486	4817.47	2569.47	521.01	5.96
18	66	9.01	4251.98	0.485	5388.99	3143.69	572.00	5.74
19	72	9.50	4823.77	0.471	5528.57	3678.27	510.70	5.74
20	92	9.99	5225.50	0.438	5548.00	4168.66	349.78	5.90
21	105	10.47	5405.90	0.393	5546.29	4584.92	195.94	6.11
22	79	10.98	5474.14	0.345	5543.99	5046.12	82.14	6.14
23	60	11.48	5501.85	0.304	5542.88	5314.38	24.46	6.84
24	64	12.00	5505.77	0.266	5547.68	5396.96	19.93	6.50
25	39	12.48	5507.18	0.236	5548.90	5443.79	13.55	6.36
26	30	12.93	5513.50	0.213	5555.36	5459.13	12.44	6.14
27	26	13.49	5508.60	0.188	5552.10	5453.27	13.24	5.18
28	23	13.97	5510.34	0.169	5556.01	5448.50	14.58	5.52
29	13	14.51	5504.03	0.150	5547.78	5449.19	12.35	6.29
30	12	14.98	5519.72	0.137	5569.57	5458.44	14.38	6.66
31	12	15.52	5525.79	0.124	5579.03	5460.40	15.29	6.67
32	5	15.96	5521.27	0.113	5583.36	5445.94	16.31	5.76
33	4	16.52	5506.76	0.102	5561.20	5419.29	17.37	6.60
34	2*	17.12	5508.95	0.092	5569.44	5455.64	14.85	7.39
35	0*	—	—	—	—	—	—	—
36	1*	17.88	5509.51	0.081	5570.02	5448.85	15.37	5.97

注：数据样本总量为 1775。

* 数据量不足的 bin 区间。

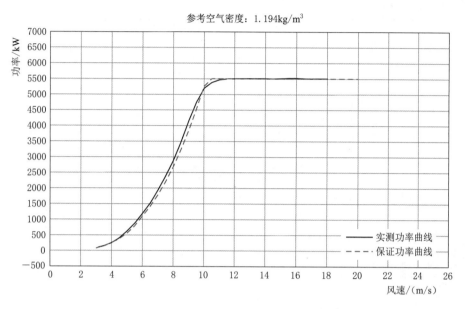

参考空气密度：1.194kg/m³

图 7.6　W5 机位实测功率曲线与保证功率曲线对比

H 供应商机组的实测功率曲线与保证功率曲线比较：

1）在切入风速（3m/s）附近区间实测功率与保证功率相差不大，机组具有较好的低风速发电保证性能。

2）5～11.5m/s 风速区间实测功率比保证功率曲线值略大，可能是机组供应厂商提供的保证值略为保守。

3）机组在 11.5m/s 风速附近达到额定功率，高于保证功率曲线的额定风速 10.5m/s，可能是由于机组在 10.5～11.5m/s 风速区间进行功率调节所致，机组达到额定风速后出力稳定且略大于额定功率。

4）在切入风速至额定风速区间，机组的实测功率曲线与保证功率曲线的吻合度较高。

（6）A 供应商机组（W6）功率曲线测试结果。测试数据采集时间：2019 年 3 月 19 日至 4 月 28 日。测试期间，机组正常工作且未更改配置。测试数据换算至参考空气密度 1.225kg/m³ 后，实测功率曲线及 C_p 的 bin 区间计算结果见表 7.25；因机组供应商所提供保证功率曲线的参考空气密度为 1.194kg/m³，实测功率曲线换算至该空气密度后与保证功率曲线的对比结果见图 7.7。

表 7.25　　功率曲线及 C_p 的 bin 区间计算结果（参考空气密度：1.225kg/m³）

bin区间	数据量	风速/(m/s)	功率/kW	C_p	功率最大值/kW	功率最小值/kW	功率标准差/kW	湍流强度/%
4	12	2.04	−113.65	−1.229	−78.66	−150.06	15.78	10.91
5	26	2.52	−69.51	−0.395	−22.35	−116.41	22.46	8.72
6	42	3.04	−13.70	−0.044	29.80	−60.36	21.82	6.20

续表

bin 区间	数据量	风速 /(m/s)	功率 /kW	C_p	功率最大值 /kW	功率最小值 /kW	功率标准差 /kW	湍流强度 /%
7	52	3.49	48.96	0.105	117.58	−1.33	29.49	5.74
8	44	4.01	163.59	0.231	300.08	84.72	45.95	5.28
9	58	4.54	336.65	0.327	504.48	201.94	66.08	5.47
10	55	4.95	471.36	0.354	646.76	302.34	81.38	5.27
11	62	5.54	719.24	0.385	999.53	477.36	124.16	5.20
12	74	5.99	962.09	0.409	1349.56	661.84	171.90	5.77
13	97	6.53	1291.24	0.423	1626.81	999.01	158.05	4.47
14	60	7.00	1623.85	0.431	2067.96	1251.71	208.98	4.48
15	70	7.52	1961.59	0.421	2469.90	1505.53	249.19	5.03
16	52	8.01	2442.13	0.433	3071.78	1906.65	283.77	4.56
17	64	8.51	2754.70	0.408	3466.37	2164.27	320.38	4.31
18	50	8.94	3246.96	0.414	4075.38	2565.24	372.12	4.72
19	23	9.45	3880.54	0.420	4535.17	3322.17	271.11	3.29
20	21	10.00	4365.20	0.398	5209.34	3495.09	432.02	4.28
21	22	10.49	4808.94	0.380	5508.17	3959.42	397.32	4.41
22	11	10.93	5202.47	0.363	5686.62	4470.46	305.55	4.00
23	13	11.53	5759.61	0.343	6087.94	4823.57	311.78	5.11
24	21	11.98	5877.33	0.312	6115.77	5059.47	202.60	5.93
25	20	12.45	5958.15	0.281	6107.33	5473.73	93.76	5.30
26	35	12.99	5981.52	0.249	6090.70	5797.59	46.06	4.72
27	37	13.51	5984.93	0.222	6059.98	5918.75	23.76	3.48
28	23	14.02	5987.85	0.198	6070.97	5913.23	26.94	4.50
29	27	14.44	5989.89	0.182	6075.02	5913.83	25.61	3.84
30	16	14.95	5994.42	0.164	6111.12	5900.98	34.02	4.92
31	14	15.51	5995.77	0.146	6145.54	5875.69	44.31	5.48
32	14	15.98	5994.86	0.134	6145.21	5869.71	47.04	5.47
33	10	16.44	5993.42	0.123	6160.44	5868.83	46.52	5.24
34	3	16.85	5991.71	0.114	6154.75	5867.01	48.22	4.38
35	2*	17.44	5995.88	0.103	6190.08	5852.16	51.67	4.80

注：数据样本总量为 1130。

* 数据量不足的 bin 区间。

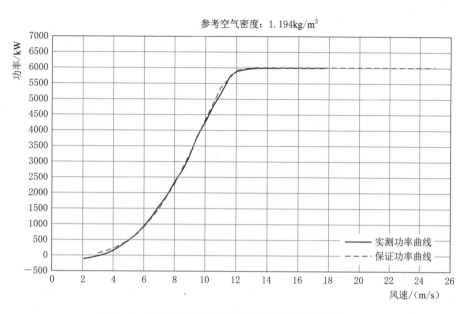

参考空气密度: 1.194kg/m³

图 7.7 W6 机位实测功率曲线与保证功率曲线对比

A 供应商机组的实测功率曲线与保证功率曲线比较:

1) 在切入风速附近区间实测功率比保证功率略小,主要是因为风速较低时风向变化较大,且在切入风速附近机组开始启机运行,发电较少,自用电损耗较多。

2) 5~15m/s 风速区间实测功率与保证功率曲线偏差较小。

3) 机组在 14m/s 风速后出力稳定,但输出功率略低于额定功率 6000kW,保证功率曲线的额定风速为 13m/s。

4) 在切入风速至额定风速区间,机组的实测功率曲线与保证功率曲线基本吻合。

(7) D 供应商机组(W7)功率曲线测试结果。测试数据采集时间:2019 年 4 月 30 日至 7 月 1 日。测试期间,机组正常工作且未更改配置。测试数据换算至参考空气密度 1.225kg/m³ 后,实测功率曲线及 C_p 的 bin 区间计算结果见表 7.26,实测功率曲线与保证功率曲线的对比结果见图 7.8。

表 7.26 功率曲线及 C_p 的 bin 区间计算结果(参考空气密度: 1.225kg/m³)

bin 区间	数据量	风速 /(m/s)	功率 /kW	C_p	功率最大值 /kW	功率最小值 /kW	功率标准差 /kW	湍流强度 /%
3	1*	1.73	−50.70	−0.860	−46.75	−71.35	4.39	17.33
4	19	1.99	−51.06	−0.566	−37.43	−71.74	6.60	9.90
5	27	2.48	−48.34	−0.277	−39.02	−71.29	6.96	8.61
6	28	2.99	−10.32	−0.034	19.51	−47.20	12.83	5.71
7	22	3.50	74.12	0.152	136.01	0.33	32.13	5.60
8	26	4.00	173.76	0.238	269.15	86.77	45.62	5.84
9	38	4.51	312.37	0.298	422.57	222.91	46.68	4.36
10	29	4.99	530.71	0.374	750.12	359.61	96.57	5.21

bin 区间	数据量	风速 /(m/s)	功率 /kW	C_p	功率最大值 /kW	功率最小值 /kW	功率标准差 /kW	湍流强度 /%
11	37	5.50	758.82	0.399	978.86	546.93	118.63	5.09
12	35	5.98	1041.82	0.428	1303.67	798.72	134.53	3.94
13	52	6.50	1443.68	0.460	1737.74	1177.92	149.58	3.63
14	56	6.98	1728.62	0.446	2031.22	1471.67	140.25	2.89
15	71	7.50	2157.78	0.448	2533.39	1815.75	177.14	2.96
16	77	7.99	2638.57	0.454	3070.28	2251.43	192.50	2.81
17	76	8.50	3269.88	0.466	3849.22	2722.43	271.29	3.18
18	107	9.02	3812.14	0.456	4369.58	3282.79	247.88	2.42
19	120	9.51	4401.52	0.448	4975.51	3837.72	255.06	2.42
20	115	10.02	5009.02	0.437	5604.35	4359.13	281.43	2.55
21	89	10.51	5381.79	0.407	5870.95	4752.00	258.72	2.69
22	63	10.97	5810.50	0.385	6081.00	5297.77	167.92	2.87
23	53	11.46	5914.72	0.345	6086.55	5632.54	90.61	2.41
24	43	11.99	5958.50	0.303	6110.71	5736.81	81.34	2.50
25	32	12.49	5987.63	0.269	6104.14	5835.49	52.07	2.64
26	21	13.01	5998.00	0.239	6107.23	5840.06	45.33	2.29
27	26	13.51	5998.83	0.213	6107.05	5874.30	40.58	2.29
28	31	14.02	5998.42	0.191	6111.35	5867.71	40.86	2.25
29	27	14.51	5998.36	0.172	6118.87	5870.80	43.51	2.48
30	17	15.03	5998.45	0.155	6119.05	5870.96	40.93	2.07
31	14	15.50	5998.01	0.141	6116.40	5866.84	44.29	2.20
32	3	15.95	5998.91	0.130	6109.20	5880.60	39.56	1.89

注：数据样本总量为 1355。

* 数据量不足的 bin 区间。

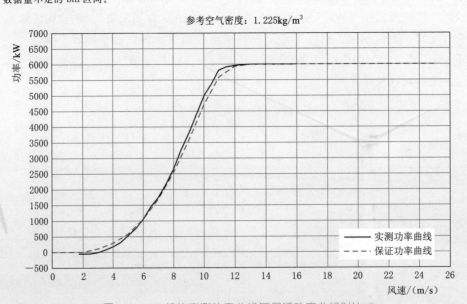

图 7.8　W7 机位实测功率曲线与保证功率曲线对比

D 供应商机组的实测功率曲线与保证功率曲线比较：

1）在切入风速 3m/s 附近实测功率比保证功率小，主要是因为风速较低时风向变化较大，且在切入风速附近机组开始启机运行，发电较少，自用电损耗较多。

2）5～12m/s 风速区间实测功率比保证功率曲线值略大，可能是机组供应厂商提供的保证值略为保守。

3）机组在 13m/s 风速后出力稳定，但输出功率略低于额定功率，保证功率曲线的额定风速为 15m/s。

4）在切入风速至额定风速区间，机组实测功率曲线与保证功率曲线的吻合度较高。

（8）E 供应商机组（W8）功率曲线测试结果。数据采集时间：2018 年 9 月 1 日至 2019 年 6 月 10 日。测试期间，机组正常工作且未更改配置。测试数据换算至参考空气密度 1.225kg/m³ 后，实测功率曲线及 C_p 的 bin 区间计算结果见表 7.27；因机组供应商所提供保证功率曲线的参考空气密度为 1.194kg/m³，实测功率曲线换算至该空气密度后与保证功率曲线的对比结果见图 7.9。

表 7.27 功率曲线及 C_p 的 bin 区间计算结果（参考空气密度：1.225kg/m³）

bin 区间	数据量	风速 /(m/s)	功率 /kW	C_p	功率最大值 /kW	功率最小值 /kW	功率标准差 /kW	湍流强度 /%
4	42	2.09	−43.42	−0.504	−37.21	−54.18	3.26	11.04
5	91	2.47	−44.38	−0.313	−34.80	−56.84	4.13	7.37
6	80	3.04	−47.38	−0.179	−26.40	−64.65	6.69	6.81
7	88	3.50	−7.30	−0.018	106.58	−67.62	30.59	6.37
8	65	3.99	96.72	0.162	233.43	8.53	47.22	5.22
9	87	4.50	260.62	0.303	404.63	149.24	62.40	4.97
10	80	5.02	444.00	0.372	589.41	314.44	66.98	4.33
11	127	5.50	601.81	0.384	775.75	446.58	80.36	4.45
12	99	6.02	809.49	0.394	1030.62	636.22	93.65	3.76
13	104	6.50	1073.12	0.415	1297.65	860.15	112.97	3.76
14	130	7.01	1341.92	0.413	1616.81	1092.57	138.09	3.86
15	97	7.51	1701.39	0.427	2056.94	1391.32	174.02	3.66
16	122	8.00	2063.30	0.427	2502.75	1673.82	220.03	3.66
17	114	8.51	2491.80	0.429	2957.80	2086.61	222.97	3.05
18	130	8.99	2906.40	0.424	3431.41	2437.08	264.83	3.35
19	96	9.46	3350.05	0.419	3926.50	2830.01	294.99	3.25
20	69	9.99	3914.18	0.416	4466.84	3416.52	290.88	2.77
21	56	10.49	4429.01	0.406	4873.41	3948.59	249.02	2.50
22	89	11.00	4895.93	0.390	5090.64	4529.90	152.95	2.47
23	58	11.47	5109.81	0.359	5141.57	5005.24	28.19	2.34

续表

bin 区间	数据量	风速 /(m/s)	功率 /kW	C_p	功率最大值 /kW	功率最小值 /kW	功率标准差 /kW	湍流强度 /%
24	48	11.99	5104.76	0.314	5143.58	5016.75	30.94	3.34
25	50	12.50	5118.75	0.278	5138.16	5079.52	9.29	2.86
26	40	12.94	5119.61	0.250	5139.52	5061.30	10.56	2.76
27	29	13.54	5116.92	0.219	5137.97	5094.66	6.88	2.66
28	19	13.97	5116.24	0.199	5138.05	5093.68	7.18	2.10
29	24	14.50	5117.89	0.178	5143.08	5059.71	13.35	2.51
30	8	14.95	5112.27	0.162	5139.63	5083.63	8.82	3.01
31	1*	15.30	5132.09	0.152	5165.00	5104.00	9.21	3.66
32	2*	15.94	5130.37	0.134	5161.00	5103.50	8.73	1.32

注：数据样本总量为 2045。

* 数据量不足的 bin 区间。

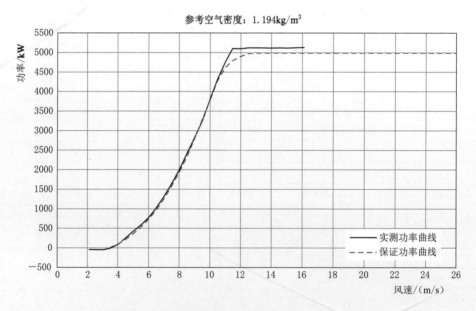

图 7.9　W8 机位实测功率曲线与保证功率曲线对比

E 供应商机组的实测功率曲线与保证功率曲线比较：

1）在切入风速 3.5m/s 附近实测功率比保证功率略小，主要是因为风速较低时风向变化较大，且在切入风速附近机组开始启机运行，发电较少，自用电损耗较多。

2）5~11.5m/s 风速区间实测功率比保证功率曲线值略大，可能是机组供应厂商提供的保证值略为保守。

3）机组在 11.5m/s 风速附近达到额定功率，低于保证功率曲线的额定风速为 13m/s，机组达到额定风速后出力稳定且大于额定功率约 120kW。

4）在切入风速至额定风速区间，机组实测功率曲线与保证功率曲线的吻合度较高。

2. 各型号机组实测功率曲线比较

将参考空气密度统一换算至 $1.225\mathrm{kg/m^3}$ 比较各型号被测机组的实测功率曲线见图 7.10。为方便比较特定风速点对应实测功率的差异，按相邻 bin 区间线性插值得到 0.5m/s 风速间隔的实测功率见表 7.28。从图表中可看出从切入风速至额定风速附近的区间有以下关系：

(1) 各型号机组的实测功率与叶轮直径呈正相关。

(2) 对于叶轮直径和容量相近的机组，从切入风速到 10.5m/s 的风速区间里，W3（G 供应商）机组的实测功率比 W8（E 供应商）机组高。

(3) 对于叶轮直径相近而容量不同的机组，W1（C 供应商）、W4（B 供应商）和 W7（D 供应商）机组的实测功率差异较小。

(4) 除 W4（B 供应商）和 W5（H 供应商）机组外，其他机组在 3m/s 风速附近实测功率为负值，可根据情况适当提高启机风速设置以减少无效的空转磨损。

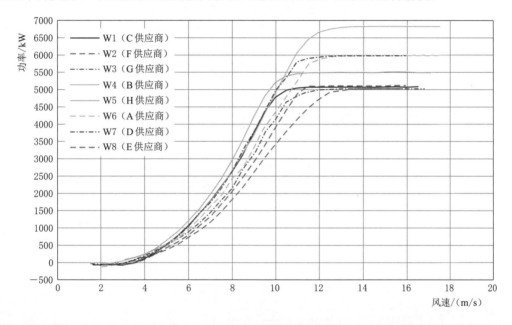

图 7.10　各型号机组实测功率曲线对比

表 7.28　　　　　　　　　　　　　各风速点机组实测功率比较

风速 /(m/s)	实测功率/kW							
	W1 （C 供应商）	W2 （F 供应商）	W3 （G 供应商）	W4 （B 供应商）	W5 （H 供应商）	W6 （A 供应商）	W7 （D 供应商）	W8 （E 供应商）
2.0	−53.24	—	−26.82	—	—	—	−51.00	—
2.5	−46.09	−25.92	−24.59	2.76	—	−71.35	−46.85	−44.54
3.0	−59.36	−23.75	−3.39	58.83	—	−17.99	−8.66	−47.17
3.5	3.59	12.50	91.18	148.82	157.54	51.16	74.12	−7.30

续表

风速 /(m/s)	实测功率/kW							
	W1 (C供应商)	W2 (F供应商)	W3 (G供应商)	W4 (B供应商)	W5 (H供应商)	W6 (A供应商)	W7 (D供应商)	W8 (E供应商)
4.0	128.42	151.66	215.90	263.24	257.49	161.39	173.76	99.93
4.5	299.84	264.58	359.12	394.30	416.53	323.59	309.65	260.62
5.0	531.70	381.70	523.05	547.13	654.15	492.37	535.18	436.95
5.5	782.76	535.98	690.95	768.54	903.46	702.43	758.82	601.81
6.0	1081.30	741.15	900.34	1046.50	1219.20	968.19	1057.28	801.50
6.5	1420.02	940.94	1160.77	1405.86	1561.73	1272.95	1443.68	1073.12
7.0	1792.85	1179.53	1458.45	1778.34	1986.48	1623.85	1745.13	1336.65
7.5	2217.96	1480.98	1818.16	2197.08	2438.56	1948.60	2157.78	1694.20
8.0	2639.30	1835.84	2164.25	2657.87	2974.95	2432.32	2650.95	2063.30
8.5	3139.26	2198.56	2719.06	3187.03	3576.71	2748.45	3269.88	2483.40
9.0	3766.38	2619.32	3149.54	3689.86	4238.74	3321.50	3791.28	2915.84
9.5	4369.95	3044.66	3751.10	4321.02	4823.77	3924.60	4389.49	3392.63
10.0	4796.36	3434.70	4162.36	4921.61	5229.26	4365.20	4985.20	3924.48
10.5	4999.96	3814.45	4663.53	5523.63	5409.91	4817.88	5374.18	4438.17
11.0	5059.39	4170.68	4833.71	6093.20	5475.25	5267.47	5816.88	4895.93
11.5	5085.17	4488.17	4947.10	6465.33	5502.00	5731.75	5918.02	5109.52
12.0	5085.39	4747.73	5012.50	6677.23	5505.77	5880.77	5959.08	5105.03
12.5	5084.82	4943.89	5023.61	6761.91	5507.46	5960.31	5987.83	5118.75
13.0	5086.69	4987.60	5038.39	6809.38	5512.89	5981.59	5997.80	5119.34
13.5	5088.42	5031.61	5041.64	6831.87	5508.64	5984.86	5998.81	5117.10
14.0	5084.03	5039.29	5040.52	6834.76	5509.99	5987.74	5998.44	5116.33
14.5	5083.32	5040.69	5042.12	6838.88	5504.15	5990.42	5998.36	5117.89
15.0	5090.34	5043.84	5043.42	6840.25	5519.94	5994.54	5998.44	5115.10
15.5	5095.38	5043.60	5042.75	6839.95	5525.57	5995.75	5998.01	5131.55
16.0	5086.48	—	5041.82	6838.60	5520.23	5994.80	—	—
16.5	5099.73	—	5040.79	6837.80	5507.28	5993.17	—	—
17.0	—	—	—	6837.58	5508.51	5992.77	—	—

3. 风能利用系数（C_p）比较分析

风能利用系数（C_p）代表了风力发电机将风能转化成电能的转换效率，C_p 按式 (7.5) 进行计算：

$$C_{p,i} = \frac{P_i}{0.5 \times \rho_0 \times A \times V_i^3} \tag{7.5}$$

式中　$C_{p,i}$——bin 区间 i 的功率系数；

　　　P_i——bin 区间 i 的功率平均值；

　　　V_i——bin 区间 i 风速的平均值；

　　　A——风轮扫略面积；

　　　ρ_0——参考空气密度。

根据实测数据，将参考空气密度统一换算至 1.225kg/m^3 比较各型号被测机组的 C_p 如图 7.11 所示。为方便比较特定风速点对应 C_p 的差异，按相邻 bin 区间线性插值得到 0.5m/s 风速间隔的实测功率见表 7.29。从图和表中可看出机组从切入风速开始的功率提升阶段：

（1）W1（C 供应商）、W2（F 供应商）、W3（G 供应商）、W4（B 供应商）、W5（H 供应商）和 W7（D 供应商）机组的 C_p 最大值均大于 0.45，其中 W5（H 供应商）机组的 C_p 最大值达到 0.486，W6（A 供应商）和 W8（E 供应商）机组的 C_p 最大值较低，分别为 0.433 和 0.429。

（2）在 $3\sim5\text{m/s}$ 风速区间，W3（G 供应商）、W4（B 供应商）、W5（H 供应商）机组的 C_p 总体上优于其他机组。

（3）在 $6\sim10\text{m/s}$ 风速区间，W5（H 供应商）机组的 C_p 最高，W1（C 供应商）、W2（F 供应商）、W3（G 供应商）、W4（B 供应商）和 W7（D 供应商）机组的 C_p 相近，W6（A 供应商）和 W8（E 供应商）机组的 C_p 较低。

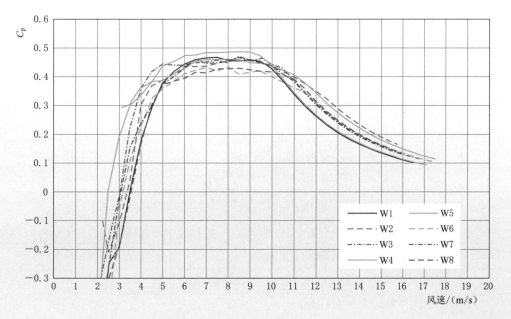

图 7.11　各型号机组 C_p 比较

表 7.29　　　　　　　　　　各型号机组在特定风速点 C_p 比较

风速 /(m/s)	风能利用系数（C_p）							
	W1 （C 供应商）	W2 （F 供应商）	W3 （G 供应商）	W4 （B 供应商）	W5 （H 供应商）	W6 （A 供应商）	W7 （D 供应商）	W8 （E 供应商）
2.5	−0.271	−0.211	−0.176	0.010	—	−0.430	−0.267	−0.306
3.0	−0.195	−0.111	−0.015	0.191	—	−0.071	−0.030	−0.188
3.5	0.000	0.037	0.222	0.301	0.303	0.107	0.152	−0.018
4.0	0.174	0.301	0.357	0.360	0.336	0.229	0.238	0.165
4.5	0.290	0.367	0.418	0.381	0.382	0.320	0.297	0.303
5.0	0.376	0.387	0.444	0.386	0.437	0.357	0.374	0.369
5.5	0.417	0.409	0.440	0.409	0.452	0.383	0.399	0.384
6.0	0.443	0.435	0.440	0.428	0.472	0.409	0.429	0.394
6.5	0.458	0.435	0.448	0.453	0.475	0.422	0.460	0.415
7.0	0.465	0.436	0.451	0.459	0.483	0.431	0.446	0.413
7.5	0.467	0.446	0.457	0.460	0.483	0.421	0.448	0.427
8.0	0.457	0.454	0.448	0.460	0.485	0.433	0.454	0.427
8.5	0.454	0.454	0.470	0.459	0.486	0.409	0.466	0.429
9.0	0.459	0.456	0.458	0.448	0.485	0.415	0.456	0.424
9.5	0.452	0.450	0.463	0.446	0.471	0.418	0.448	0.419
10.0	0.426	0.436	0.442	0.436	0.437	0.398	0.437	0.416
10.5	0.384	0.418	0.427	0.422	0.390	0.380	0.408	0.406
11.0	0.338	0.398	0.385	0.405	0.343	0.361	0.383	0.390
11.5	0.297	0.374	0.346	0.377	0.303	0.344	0.342	0.356
12.0	0.262	0.348	0.307	0.343	0.266	0.311	0.302	0.313
12.5	0.231	0.322	0.273	0.306	0.235	0.278	0.268	0.278
13.0	0.205	0.288	0.244	0.274	0.210	0.248	0.240	0.247
13.5	0.184	0.259	0.218	0.246	0.188	0.223	0.214	0.221
14.0	0.164	0.233	0.195	0.221	0.168	0.199	0.192	0.198
14.5	0.148	0.210	0.176	0.199	0.150	0.180	0.172	0.178
15.0	0.134	0.190	0.158	0.179	0.137	0.162	0.156	0.161
15.5	0.122	0.172	0.144	0.163	0.124	0.146	0.141	0.146

4. 功率曲线验证结果及分析

（1）功率曲线保证值的比较。因各机组供应厂商所提供机组保证功率曲线对应的参考密度不同，为方便比较，将各机组实测功率曲线换算至其保证功率曲线对应的参考空气密度后再进行年发电量的计算。因各机组在功率曲线测试期间均未达到切出风速工况，以最后一个满足 bin 区间数据量要求的实测功率值为常数外推至切出风速得到外推功率曲线。风电机组功率曲线保证值按式（7.2）～式（7.4）进行计算，即

$$保证值(K) = \frac{折算年发电量}{保证年发电量}$$

折算年发电量＝风速频率分布值×实测功率曲线值(外推至切出风速)

保证年发电量＝风速频率分布值×保证功率曲线值

风速频率分布值以样机试验风电场附近 2km 以内三塔屿上的测风塔上 85m、90m 和 100m 高度最接近于轮毂中心高度（高度差不超过 5m）处风速计的实测值为准。各型号被测机组的年发电量及功率曲线保证值计算结果见表 7.30。从表中可看出所有型号被测机组的功率曲线保证值均大于 95％（机组采购合同要求），其中 W2（F 供应商）最高，保证值为 110.19％，W6（A 供应商）最低，保证值为 99.25％，除 W6（A 供应商）外，其他机组均为正偏差。

表 7.30 年发电量及功率曲线保证值计算结果

机组编号	空气密度/(kg/m³)	风频所用高度/m	保证年发电量/(MW·h)	折算年发电量/(MW·h)	保证值
W1（C 供应商）	1.225	100	23845.85	24853.19	104.22
W2（F 供应商）	1.225	85	17276.36	19037.53	110.19
W3（G 供应商）	1.195	100	22196.02	22816.97	102.80
W4（B 供应商）	1.225	100	27041.58	29189.23	107.94
W5（H 供应商）	1.194	100	26317.47	26967.26	102.47
W6（A 供应商）	1.194	100	25618.01	25424.97	99.25
W7（D 供应商）	1.225	100	26857	27374.3	101.93
W8（E 供应商）	1.184	90	20756.61	21266.62	102.46

注：折算发电量是依据功率曲线实测结果与风频分布结合计算得到的理论最高年发电量。由于尾流及其他不可避免的影响因素，机组运行实际发电量一般小于理论值。

（2）单位扫风面积理论年发电量比较。各型号被测机组单位千瓦额定容量的理论年发电量、单位兆瓦额定容量的扫风面积以及单位扫风面积理论年发电量的计算结果如表 7.31 和图 7.12 所示。其中单位扫风面积理论年发电量体现了机组在特定场址风频分布下的风能利用效率，是机组发电能力评价的重要指标，也是《风电项目竞争配置指导方案》中规定的设备先进性的重要指标。从表中可看出 B 供应商 W4 机组单位扫风面积年理论发电量最高，为 1575kW·h；C 供应商 W1 机组最低，单位扫风面积理论年发电量为 1352kW·h。

表 7.31　　　　　　单位扫风面积理论年发电量（参考空气密度：1.225kg/m³）

机组编号	风频所用高度 /m	折算年发电量 /(MW·h)	单位千瓦额定容量的理论年发电量 /[(kW·h)/kW]	单位兆瓦额定容量的扫风面积 /(m²/MW)	单位扫风面积理论年发电量 /[(kW·h)/m²]
W1（C 供应商）	100	24853.19	4921.42	3640.67	1352
W2（F 供应商）	85	19037.53	3807.51	2573.59	1479
W3（G 供应商）	100	23103.63	4620.73	3078.76	1501
W4（B 供应商）	100	29189.23	4356.60	2765.65	1575
W5（H 供应商）	100	27202.5	4945.91	3551.33	1393
W6（A 供应商）	100	25694.49	4282.42	2945.24	1454
W7（D 供应商）	100	27374.3	4562.38	3104.42	1470
W8（E 供应商）	90	21610.08	4322.02	3061.19	1412

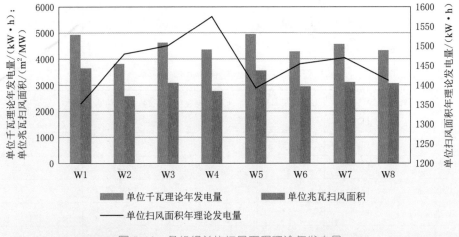

图 7.12　各机组单位扫风面积理论年发电量

5. 功率曲线测试验证小结

根据功率曲线测试及验证结果，分析如下：

（1）所有型号被测机组的功率曲线保证值均大于 95%，7 台风机为正偏差，其中 W2（F 供应商）机组最高，保证值为 110.19%，W6（A 供应商）机组最低，保证值为 99.25%。

（2）在主要实测风速区间（5～15.5m/s）：W1（C 供应商）、W2（F 供应商）、W4（B 供应商）和 W5（H 供应商）机组的实测功率与保证功率总体偏差较大，建议机组供应商复核机组及关键零部件的设计载荷；W3（G 供应商）、W6（A 供应商）、W7（D 供应商）、W8（E 供应商）机组在额定风速前的实测功率与保证功率总体偏差较小，W6（A 供应商）和 W7（D 供应商）机组在额定风速后的实测功率低于额定功率，W3（G 供应商）和 W8（E 供应商）机组在额定风速后的实测功率高于额定功率，特别是 W8（E 供应商）机组满发功率比额定功率偏大较多，建议机组供应商检查机组设置。

（3）从切入风速至额定风速附近的区间：各型号被测机组的实测功率与叶轮直径呈正相关；对于叶轮直径和容量相近的机组，从切入风速到 10.5m/s 的风速区间里，W3（G 供应商）机组的实测功率比 W8（E 供应商）机组高；对于叶轮直径相近而容量不同的机组，W1（C 供应商）、W4（B 供应商）和 W7（D 供应商）机组的实测功率差异较小；除 W4（B 供应商）和 W5（H 供应商）机组外，其他机组在 3m/s 风速附近实测功率为负值，为减少无效的空转磨损，建议根据情况适当提高启机风速设置。

（4）从风能利用系数（C_p）来看，机组从切入风速开始的功率提升阶段：W1（C 供应商）、W2（F 供应商）、W3（G 供应商）、W4（B 供应商）、W5（H 供应商）和 W7（D 供应商）机组的 C_p 最大值均大于 0.45，其中 W5（H 供应商）的 C_p 最大值达到 0.486，W6（A 供应商）和 W8（E 供应商）的 C_p 最大值较低，分别为 0.433 和 0.429；在 3～5m/s 风速区间，W3（G 供应商）、W4（B 供应商）、W5（H 供应商）机组的 C_p 总体上优于其他机组；在 6～10m/s 风速区间，W5（H 供应商）机组的 C_p 最高，W1（C 供应商）、W2（F 供应商）、W3（G 供应商）、W4（B 供应商）和 W7（D 供应商）机组的 C_p 相近，W6（A 供应商）和 W8（E 供应商）机组的 C_p 较低。根据功率曲线实测值及兴化湾样机试验风电场风频分布计算，特定场址下的年综合风能利用效率最高的为 W4（B 供应商）机组，单位扫风面积理论年发电量为 1575kW·h；W1（C 供应商）最低，单位扫风面积理论年发电量为 1352kW·h。

7.4.2.2　环境适应性测试评估

海上风电存在的高温、高湿、高盐雾等严酷环境，对风电机组的环境适应性与可靠性提出了较高要求。本项目采用服役环境条件监测、大气腐蚀等级测试和电器设备腐蚀环境等级测试等方法进行机组在特定场址海洋环境条件下的适应性评估。机组环境适应性现场测试大纲详见附录 B。

1. 环境适应性测试结果及分析

温湿度测试评价参考标准《机械安全　机械电气设备　第 1 部分：通用技术条件》（GB 5226.1—2008），选取塔基、机舱、轮毂、控制柜、变流器等关键部件进行温湿度环境监测（每个测试位置温湿度的统计时间从 2018 年 11 月到 2019 年 4 月，由于部分测试位置传感器数据缺失，其中轮毂环境和机舱环境温湿度的统计时间为 2019 年 1—4 月、机舱控制柜温湿度的统计时间从 2018 年 11 月到 2019 年 3 月、变流器温湿度的统计时间从 2018 年 12 月到 2019 年 4 月）。按照标准规定，对机组所有测试位置温度≥40℃小时数总和以及湿度≥50％小时数总和进行统计，各机组测试统计结果见表 7.32 和表 7.33。

参考标准《电工电子产品环境参数测量方法　第 2 部分：盐雾》（GB/T 10593.2—2012），采用离线式挂膜采样分析法对盐粒子含量进行分析。选择 4 个位置开展海盐粒子含量监测，分别为风电机组机舱外部、机舱内部、塔基外部、塔基内部 4 个监测点。由于各机组进入稳定运行的时间并不一致，机组开展盐粒子含量测试的时间长短不一，机组内部环境盐雾粒子平均浓度测试统计见表 7.34。

表 7.32　各机组所有测试位置温度 ≥40℃小时数总和

风电机组	所有测试位置温度≥40℃小时数总和/h
C 供应商 W1 机组	598.7
F 供应商 W2 机组	5.4
G 供应商 W3 机组	0
B 供应商 W4 机组	1919.2
H 供应商 W5 机组	58.8
A 供应商 W6 机组	2.9
D 供应商 W7 机组	151.3
E 供应商 W8 机组	1550.8

表 7.33　各机组所有测试位置湿度 ≥50%小时数总和

风电机组	所有测试位置湿度≥50%小时数总和/h
C 供应商 W1 机组	5565.4
F 供应商 W2 机组	8168.8
G 供应商 W3 机组	8302.6
B 供应商 W4 机组	540.9
H 供应商 W5 机组	5881
A 供应商 W6 机组	9438
D 供应商 W7 机组	1153.6
E 供应商 W8 机组	5220

参考《过程测量和控制系统环境条件：空气中的污染物》（ISA-71.04—2013），通过电器设备腐蚀环境表征测试片对变流器、控制柜等关键电器设备服役环境进行量化表征分析。电器设备腐蚀环境表征测试片采用高纯度、高导电性的无氧铜。由于各机组进入稳定运行的时间并不一致，机组开展测试的时间长短不一，机组电气柜内部电器设备腐蚀环境表征测试片月平均腐蚀膜厚统计见表 7.35。

表 7.34　各机组内部环境盐雾粒子平均浓度

风电机组	机组内部环境盐雾粒子平均浓度/[mg/($m^2 \cdot$ d)]
C 供应商 W1 机组	0.584
F 供应商 W2 机组	1.020
G 供应商 W3 机组	0.321
B 供应商 W4 机组	0.140
H 供应商 W5 机组	0.087
A 供应商 W6 机组	1.882
D 供应商 W7 机组	0.145
E 供应商 W8 机组	0.300

表 7.35　各机组电气柜内部电器设备腐蚀环境表征测试片月平均腐蚀膜厚

风电机组	机组电气柜内部电器设备腐蚀环境表征测试片月平均腐蚀膜厚/(Å/月)
C 供应商 W1 机组	128.84
F 供应商 W2 机组	124.15
G 供应商 W3 机组	170.95
B 供应商 W4 机组	105.45
H 供应商 W5 机组	148.69
A 供应商 W6 机组	105.34
D 供应商 W7 机组	115.64
E 供应商 W8 机组	153.92

2. 环境适应性测试分析小结

（1）温湿度。在长期高温环境下，易引起涂层以及绝缘材料老化，而且电气设备散热困难，当机组接近满负荷运行且持续时间较长的情况下，可能会导致某些主要部件的温度逐渐升高，引起机组故障停机。高湿环境容易在电气设备上发生凝露，使电气元件绝缘性能下降，同时高湿空气会携带更多的盐雾，加速设备腐蚀。长期高温高湿的环境有利于霉菌的生长，霉菌自身含有的水分和代谢过程中分泌出的酸性物质与绝缘材料反应，导致设备绝缘性能下降。机组各部件温湿度严酷程度相对较高的机组见表7.36。

表7.36　　　　　　　　　　　温湿度严酷程度较高机组

位　　置	环境条件	严酷程度较高机组
塔基环境	温度	
	湿度	A供应商
塔基控制柜	温度	B供应商、C供应商
	湿度	G供应商、F供应商、E供应商
变流器控制柜	温度	E供应商、B供应商、C供应商
	湿度	G供应商、C供应商
机舱环境	温度	A供应商
	湿度	A供应商
机舱控制柜	温度	H供应商
	湿度	A供应商、G供应商、C供应商、H供应商
轮毂	温度	B供应商、E供应商
	湿度	H供应商、A供应商、B供应商

（2）盐雾粒子浓度。盐雾主要的效应是腐蚀沉积使机械部件活动部分阻塞或卡死。在湿润的空气中，盐雾电离出大量氯离子，氯离子穿透金属表面的防护膜与内部金属发生化学反应，另外氯离子具有一定的水合能，容易吸附在设备表面的孔隙和缝隙，导致金属材料的零部件腐蚀和电气设备绝缘性能降低。同时在叶片的静电作用下，盐雾与空气中的其他颗粒物在叶片表面形成覆盖层，严重影响叶片的气动性能，产生噪音污染和影响美观。根据氯化物的沉积率，可以将盐雾粒子浓度分为四个等级，见表7.37。

表7.37　　　　　　　　　氯化物为代表的空气中盐类污染物分类

氯化物的沉积率/[mg/(m^2·d)]	等　级	氯化物的沉积率/[mg/(m^2·d)]	等　级
$S \leqslant 3$	S_0	$60 < S \leqslant 300$	S_2
$3 < S \leqslant 60$	S_1	$300 < S \leqslant 1500$	S_3

注：引自ISO 9223。

根据测试结果按照盐雾浓度等级分类，样机风电场户外海盐粒子浓度等级为S_2级，各机组塔基内海盐粒子浓度均为S_0等级，其中F供应商机组塔基内盐粒子浓度最高，C供应商机组和A供应商机组次之，其他机组浓度较低；机舱内A供应商机组海盐粒子浓度最高，F供应商机组和C供应商机组次之，其他机组浓度较低，其中A供应商机组机舱内海盐粒子浓度为S_1等级，其余机组为S_0等级。高浓度盐雾环境将加速设备腐蚀，同时海盐粒子的沉积会引起机械卡阻及电气设备接触不良。

（3）电器设备微腐蚀环境。电器设备微腐蚀环境评级标准见表7.38。

表 7.38 电器设备微腐蚀环境评级标准

$T_{monthly}/\text{Å}$	等 级	环 境 类 型
0～300	G_1	受控环境，几乎不会发生腐蚀
300～1000	G_2	中度环境，可能会发生一定腐蚀
1000～2000	G_3	严酷环境，很可能发生严重腐蚀
2000 以上	G_X	苛刻环境，设备需要保护才能运行

注： 引自美国国家标准 ANSI/ISA－71.04。

按照测试结果及微腐蚀环境分级标准，大部分机组测试位置电器设备微腐蚀环境腐蚀等级为 G_1，少数位置腐蚀等级达到 G_2，见表 7.39，电器设备微腐蚀环境腐蚀等级越高，说明以铜为主体的电气元件更容易发生腐蚀。

表 7.39 电器设备微腐蚀环境等级达到 G_2 的风电机组位置

风电机组	位 置	风电机组	位 置
E 供应商	塔基环境	C 供应商	塔基环境、塔基控制柜
B 供应商	塔基环境	A 供应商	塔基环境、机舱环境、轮毂内

7.4.2.3 各机组大部件及分系统检查

1. 大部件及分系统检查结果分析

机组大部件及分系统检查内容主要包括机组齿轮箱内窥镜检查、齿轮箱油样检测、传动系统振动测试及分系统常规检查等工作，主要目的是为了检测评估风力发电机组运行状态，及时发现异常问题，确保风力发电机组安全运行；同时，通过对分系统开展的常规检查，也能够发现各供应商维保技术及管理能力的水平和差异。考核期结束后机组大部件检测大纲详见附录 C。

（1）齿轮箱内窥镜检查。根据标准，齿轮箱健康等级可按表 7.40 进行分级。

表 7.40 齿轮箱健康等级定义

等级	状 态 描 述	维 护 建 议
A	严重故障，需立即停机维修，否则会造成更大损失	立即停机维修
B	较严重的故障，但不必立即停机维修，可在监控下运行，如故障加重需要立即停机	需近期安排维修，监控运行状态
C	中等故障，但不需立即停机，需要监控运行	建议业主缩短内窥镜检查周期（3 个月），重点检查故障部位
D	较轻故障，可继续使用	建议业主定期（一年）进行内窥镜检查

注： 引自《北京鉴衡认证中心有限公司技术服务报告》。

按照检测结果及分级标准，各机组存在问题如下：

1）C 供应商 W1 机组太阳轮、行星轮都存在胶合，高速电机侧轴承和高速叶轮侧轴承均存在中度磨损，高速轴齿轮均存在中度磨损和划痕，低速大齿轮存在轻度磨损。检查结论：W1 机组齿轮箱健康等级为 B。

2）F 供应商 W2 机组高速轴发电机侧轴承中度磨损，二级内齿圈齿面轻度磨损、静止压痕，一级内齿圈齿面轻度磨损、静止压痕，一级行星轮轻度磨损、静止压痕，其他齿面和轴承均是轻度磨损。检查结论：W2 机组齿轮箱健康等级为 D。

3）H 供应商机组齿面均是轻度磨损。检查结论：W5 机组齿轮箱健康等级为 D。

4）E 供应商机组一级内齿圈齿面生锈，其他齿面和轴承均是轻度磨损。检查结论：W8 机组齿轮箱健康等级为 D。

（2）齿轮箱油液检查。各机组齿轮箱油液检查结果、分析及建议见表 7.41。

表 7.41 各机组齿轮箱油液检查结果、分析及建议

编号	外观	润滑状态	磨损状态	污染度	运动黏度 40℃ /(mm²/s)	水分 Abs/ 0.1mm	Fe（铁） /(mg/kg)	Cu（铜） /(mg/kg)	结论	结果分析建议措施
W1 号齿轮油	黄色、透明、无杂质	正常	正常	19/16/13	317.6	0	3	1	正常	润滑油可以继续使用
W2 号齿轮油	黄色、透明、无杂质	正常	正常	18/15/12	317.7	0	18	0	正常	润滑油可以继续使用
W5 号齿轮油	透明、无杂质	异常	正常	20/17/13	357.6	24.2	1	0	异常	该油品运动黏度大，可能会影响设备正常润滑
W8 号齿轮油	黄色、透明、无杂质	正常	正常	20/16/12	320.4	0	5	0	正常	润滑油可以继续使用

（3）传动系统振动检测。依据标准 VDI 3834 要求，各部分振动评估的标准值见表 7.42。

表 7.42 振动评估的标准值

组件	评估加速度/(m/s²)		评估速率/(mm/s)	
机舱和塔架	频率范围从小于等于 0.1Hz 到 10Hz		频率范围从小于等于 0.1Hz 到 10Hz	
	区域界限 Ⅰ/Ⅱ	区域界限 Ⅱ/Ⅲ	区域界限 Ⅰ/Ⅱ	区域界限 Ⅱ/Ⅲ
	0.3	0.5	60	100
转子	频率范围从小于等于 0.1Hz 到 10Hz		频率范围为 10～1000Hz	
	区域界限 Ⅰ/Ⅱ	区域界限 Ⅱ/Ⅲ	区域界限 Ⅰ/Ⅱ	区域界限 Ⅱ/Ⅲ
	0.3	0.5	2.0	3.2
变速箱	频率范围从小于等于 0.1Hz 到 10Hz		频率范围为 10～1000Hz	
	区域界限 Ⅰ/Ⅱ	区域界限 Ⅱ/Ⅲ	区域界限 Ⅰ/Ⅱ	区域界限 Ⅱ/Ⅲ
	0.3	0.5	3.5	5.6
	频率范围为 10～2000Hz			
	7.5	12.0		
发电机	频率范围为 10～5000Hz		频率范围为 10～1000Hz	
	区域界限 Ⅰ/Ⅱ	区域界限 Ⅱ/Ⅲ	区域界限 Ⅰ/Ⅱ	区域界限 Ⅱ/Ⅲ
	10	16	6.0	10

注：引自德国工程师协会标准 VDI 3834。

按照机组振动检测结果及评估标准，部分机组存在问题汇总如下：

1）C供应商W1机组发电机前轴承垂向和轴向出现警报，发电机后轴承垂向出现警报，其他部位振动值在正常范围内（表7.43～表7.45）。

2）F供应商W2机组齿轮箱高速级垂向出现警示，其他部位振动值均在正常范围内。建议对W2机组进行发电机对中，在平时运行中注意观察轴承温度是否正常，查看机组振动值是否正常（表7.46）。

表7.43　　　　　　　　　C供应商W1机组齿发电机前轴承垂向振动警报

发电机前轴承垂向图谱	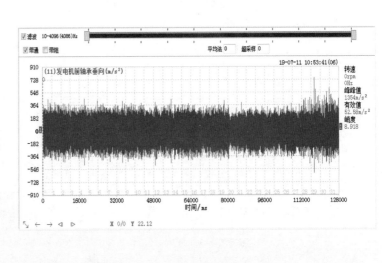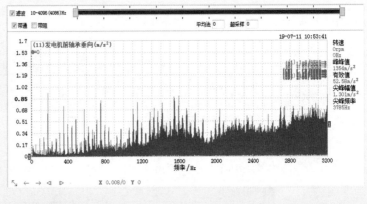		
RMS值●/(m/s²)	52.58	结果判定	警报

注：警示值10m/s²；警报值16m/s²。

---

❶　RMS值：均方根数值。

表 7.44   **C 供应商 W1 机组齿发电机前轴承轴向振动警报**

发电机前轴承 轴向图谱	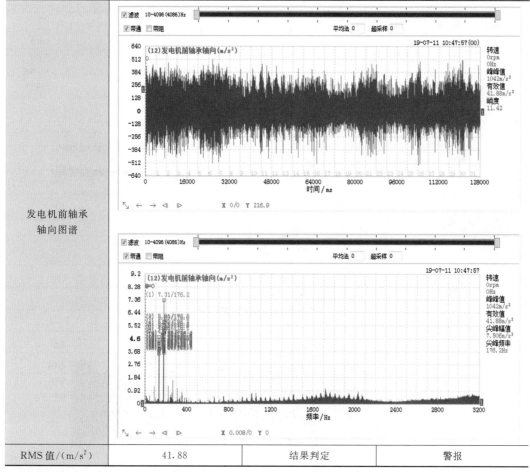
RMS 值/(m/s²)	41.88
结果判定	警报

(表中右侧：RMS 值/(m/s²) 41.88 ｜ 结果判定 ｜ 警报)

注：警示值 10m/s²；警报值 16m/s²。

表 7.45   **C 供应商 W1 机组齿发电机后轴承垂向振动警报**

发电机后轴承 垂向图谱	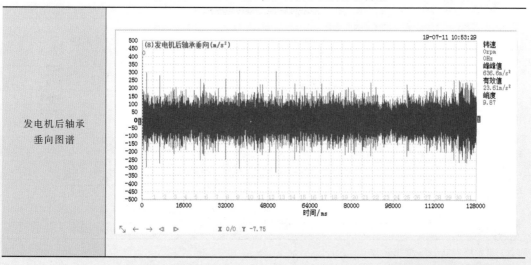

续表

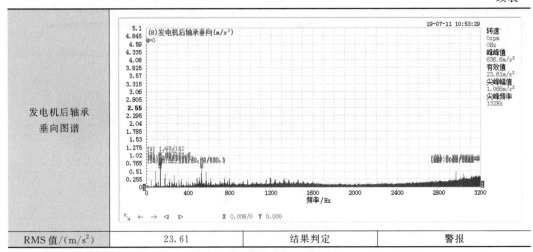

RMS值/(m/s²)	23.61	结果判定	警报

注：警示值10m/s²；警报值16m/s²。

表7.46　　　　　　　　　F供应商W2机组齿轮箱高速轴垂向振动警示

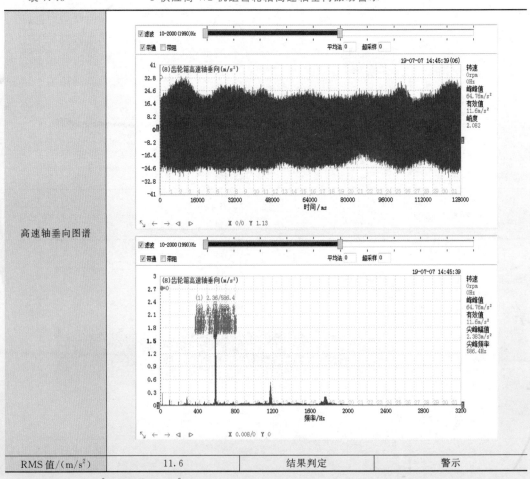

RMS值/(m/s²)	11.6	结果判定	警示

注：警示值7.5m/s²；警报值12m/s²。

3）根据检测结果，其他机组传动系统各部位振动值均在正常范围内。

（4）机组分系统常规检查。根据分系统常规检查结果，各机组存在的主要问题见表7.47。

表 7.47 各机组存在的主要问题

机组编号	分系统常规检查发现问题描述	修复难易程度分类		
		容易修复	不太容易修复	不容易修复
C 供应商（W1）	塔筒螺栓生锈			√
	平台物品搁置杂乱，平台存在油污	√		
	偏航电机上有油污	√		
	机舱下方有油污	√		
	机舱控制柜紧急呼叫电话标签破损	√		
	主轴下方润滑分配器处有油脂溢出	√		
	主轴接油盒处有油脂溢出	√		
	主轴有油脂溢出	√		
	齿轮箱下方有油污	√		
	齿轮箱油管有渗油现象	√		
	发电机前轴承接油盒油脂未清理	√		
	液压站表面有油污	√		
F 供应商（W2）	基础环下方有积水现象	√		
	偏航平台有油污	√		
	机舱下方未堵防火泥	√		
	轮毂内部有灰尘	√		
	叶根有油脂溢出	√		
	变桨润滑泵油位低	√		
	主轴有油脂溢出	√		
	发电机前轴承联轴器处生锈		√	
	高速轴刹车夹有油污	√		
G 供应商（W3）	爬梯处有一根电缆未固定牢固	√		
	轮毂出有少许油脂	√		
B 供应商（W4）	塔基平台下方有杂物	√		
	偏航齿圈下方有油污	√		
	偏航刹车夹油管有渗油现象	√		
	偏航下方布线不整齐	√		
	偏航下方线缆分线处绝缘防护不到位	√		
	机舱尾部有渗雨现象		√	
	机舱控制柜接线未包扎	√		
	轮毂内部有油污	√		
	轮毂内部有掉漆现象	√		
	马鞍桥下方平台有杂物	√		

续表

机组编号	分系统常规检查发现问题描述	修复难易程度分类		
		容易修复	不太容易修复	不容易修复
H 供应商（W5）	机组塔基下方接地线未接	√		
	上机舱顶部爬梯缺少螺栓	√		
	机舱柜未堵防火泥	√		
	偏航平台下方有油污	√		
	偏航润滑泵缺少油脂	√		
	轮毂内部有油污	√		
A 供应商（W6）	塔底接地扁铁接触不良	√		
	个别电缆头裸露，无标识及保护措施	√		
	偏航轴承螺栓、部分塔筒法兰连接螺栓轻度锈蚀			√
	偏航摩擦片粉末未处理，偏航齿圈油脂未清理	√		
	机组内卫生较差	√		
	变桨齿面有锈迹			√
	变桨齿圈及轴承油脂溢出，无有效收集措施		√	
	发电机轴承油脂废旧大量溢出，无有效收集设施		√	
	个别变流器动力电缆头高温变色（已提醒厂家排查处理）			√
D 供应商（W7）	偏航齿面油脂无有效收集措施，未清理		√	
	偏航油脂挡板有裂纹		√	
	发电机轴承油脂泄露	√		
E 供应商（W8）	机架螺栓无力矩标线	√		
	塔基平台下方布线不整齐	√		
	机舱控制柜未堵防火泥	√		
	齿面油脂甩出	√		
	主轴接地碳刷处生锈		√	
	齿轮箱下方有油污和麻布	√		
	齿轮箱弹力支撑周围有杂物	√		
	齿轮箱循环泵接线绝缘胶带缠绕不整齐	√		
	接油槽里有油污	√		
	电缆马鞍桥处无绝缘防护	√		

2. 大部件及分系统检查小结

大部件及分系统常规检查结果分析总结如下：

（1）齿轮箱内窥镜检查发现，C 供应商 W1 机组太阳轮、行星轮都存在胶合，高速电机侧轴承和高速叶轮侧轴承均存在中度磨损，高速轴齿轮均存在中度磨损和划痕，低速大齿轮存在轻度磨损。

2017 年 12 月 11 日，C 供应商 W1 机组右下部、上部行星轮，输入端滑动轴承止推板连接螺栓全部发生无规律脆性断裂；右下部、上部行星轮输入端滑动轴承止推板挤压变形且结合面磨损；上部行星轮，输入端滑动轴承端面发生严重磨损（端面 4mm 厚巴氏合金层全部磨损，轴承机体磨损 1mm）；齿轮箱体与行星轮轴端面磨损 1.5mm。经故障原因分析及专家讨论，轴承结构更改为滑动轴承＋推力球轴承的组合轴承结构，由推力球轴承承受行星轮轴向力，滑动轴承承受径向力，并更换强度等级更高的轴承止推板。

2019 年 3 月 22 日，C 供应商 W14 机组出现：①内齿圈开裂；②行星轮轴齿部分断齿；③行星轮、太阳轮齿面损伤；④输入空心轴断裂、齿圈与空心轴把合螺栓部分断裂、输入级箱盖脱落、润滑油冷却液泄漏等故障现象，同时 W1 机组发现齿轮箱齿面的局部擦伤现象。经故障分析及修复方案评审，计划采用两级 NGW 型行星＋一级平行轴传动方案的新齿轮箱对 2 台机组现有齿轮箱进行整体更换。为确保 W1 机组过渡期间的安全可靠运行，通过计算分析，W1 机组按 3MW 功率运行。

（2）根据齿轮箱油液检查结果，H 供应商 W5 机组齿轮箱油品运动黏度大，可能会影响设备正常润滑，应加强监控和进一步检查，必要时应更换。

（3）通过对各机组传动系统开展的振动检测，依据标准《VDI 3834》要求，C 供应商 W1 机组发电机前轴承垂向和轴向出现警报，发电机后轴承垂向出现警报，建议对 W1 机组进行发电机对中，发电机对中完毕以后，注意观察发电机前后轴承振动值和轴承温度是否有异常，如果前后轴承振动值和温度还存在异常，应采集前后轴承油脂进行油样化验，如果前后轴承振动值报警、轴承温度持续升高报警或油液检测发现轴承存在异常磨损，应立即更换轴承；F 供应商 W2 机组齿轮箱高速级垂向出现警示，建议对 W2 机组进行发电机对中，在平时运行中注意观察轴承温度是否正常，查看机组振动值是否正常。

（4）根据分系统检查结果，主要存在部分机组螺栓锈蚀、润滑系统漏油、接地不可靠等现象。其中 G 供应商机组的维护管理工作做得较好，检查发现的问题较少；而 A 供应商机组问题较多，厂家维护工作开展的较不到位。

7.4.2.4 机组现场测试验证各指标评价得分

根据评价指标打分细则及测试验证情况分析，各机组现场测试验证（B2）要素下各二级评价指标得分情况见表 7.48。

表 7.48　　　　　　　机组现场测试项目各指标得分

机组编号	C13	C15	C17	C18
W1（C 供应商）	60.00	83	68	0
W2（F 供应商）	88.57	84	79	80
W3（G 供应商）	94.29	83	96	100
W4（B 供应商）	100.00	91	77	100
W5（H 供应商）	65.71	88	88	80
W6（A 供应商）	77.14	85	52	100
W7（D 供应商）	82.86	91	88	100
W8（E 供应商）	71.43	83	77	100

根据阶段性评价指标的权重值，各机组现场测试验证（B2）及二级评价指标得分情况见表7.49。

表7.49　　　　　　　　　各机组现场测试验证（B2）指标得分

指标编号	权重	C供应商	F供应商	G供应商	B供应商	H供应商	A供应商	D供应商	E供应商
C13	0.363	21.78	32.15	34.23	36.30	23.85	28.00	30.08	25.93
C15	0.224	18.59	18.82	18.59	20.38	19.71	19.04	20.38	18.59
C17	0.203	13.80	16.04	19.49	15.63	17.86	10.56	17.86	15.63
C18	0.210	0.00	16.80	21.00	21.00	16.80	21.00	21.00	21.00
B2总得分		54.18	83.80	93.31	93.32	78.23	78.60	89.33	81.15
B2排名		8	4	2	1	7	6	3	5

7.4.2.5　机组现场测试验证小结

按照单位扫风面积理论年发电量，在福清兴化湾这个特定场址下的年综合风能利用效率最高的为W4（B供应商）机组，其相应的功率曲线测试验证（指标编号：C13）得分最高；环境适应性测试（指标编号：C15）指标得分最高的是W4（B供应商）和W7（D供应商）机组；分系统常规检查（指标编号：C17）得分最高的是W3（G供应商）机组；大部件检查（指标编号：C18）除了W1（C供应商）、W2（F供应商）、W1（H供应商）机组之外，其他机组均为满分；总体上，现场测试验证排名靠前的为W4（B供应商）机组、W3（G供应商）机组。

从机组现场测试验证情况可以看出，各机组现场测试结果不一。其中C供应商W1机组在齿轮箱内窥镜检查中发现太阳轮、行星轮都存在胶合，高速电机侧轴承和高速叶轮侧轴承均存在中度磨损，高速轴齿轮均存在中度磨损和划痕，低速大齿轮存在轻度磨损等故障现象。根据C供应商W1、W14机组的齿轮箱历史故障情况，说明在齿轮箱整体更换之前，W1机组采用降功率运行的正确性和必要性。受客观条件限制，本阶段尚未完成抗台风控制策略现场验证、台风期间机组载荷测试及比对两项指标测试验证，环境适应性测试也未按照测评方案完成完整周期的测试及数据采集，下一阶段将继续开展测试并统计分析测试结果。各机组功率曲线测试验证的结果较为理想，保证值均高于采购合同约定的要求值。

7.4.3　考核期运行数据统计分析结果

7.4.3.1　SCADA/CMS系统评价

除了人工参与的以下统计信息之外，机组运行数据大部分来源于SCADA/CMS系统，监控系统的优劣是统计机组运行数据并进行性能分析的关键，评价结果见表7.50。

7.4.3.2　可利用率分析

可利用率是反映风电机组在已运行期间的故障水平、服务和备件供应的及时性以及环境和电网条件满足机组运行范围程度的综合性指标，包括基于时间的可利用率和基于发电量的可利用率，其中，基于时间的可利用率是指在一定的考核时间内风力发电机组无故障可使用时间占考核时间的百分比，本项目考核期可利用率分析主要针对风力发电机组基于时间的利用率进行。按照IEC/TS 61400-26-1标准，其计算方法如下：

时间可利用率 TBA =［可用小时数/（可用小时数＋不可用小时数）］×100%

表 7.50　　　　　　　　　　　各机组 SCADA/CMS 系统评价结果

企业名称	SCADA/CMS 系统评价存在问题
C 供应商	①SCADA 系统只能采样 1s 时间步长的数据，无法选择其他采样周期，一次性最多可同时导出 12 个变量，可形成 Excel 表格导出，变量通道可保留历史查询记录便于重复性查询。 ②故障信息能在主界面显示；故障信息缺失变桨故障码的解析；具有历史故障的统计功能，除自定义时间段查询，也可按日、月、年时间段进行查询。自动统计类似故障次数及持续时间。 ③把主控软件加入 SCADA 系统里，可直接通过 SCADA 进入主控，但 SCADA 无法对主控强制处理相关信息。 ④具备生产报表功能、可查询相关数据的日、周、月、年报表（包含可利用率、发电量、风速、总发电时间、耗电量）。 ⑤只有启停机复位遥控点，无其他遥控点。 ⑥中控室有独立 CMS 系统、中文版，较好操作，数据拷贝时间较长
F 供应商	①SCADA 系统可以自定义更改采样时间步长，最小步长只能一分钟，一次性可同时导出 7 个变量、可形成 Excel 表格导出，可建立变量数据模板，便于重复性查询。 ②故障信息能在主界面显示；故障信息缺失变频器代码的解析；具有历史故障的统计功能，可自定义时间段查询，最长查询时间为一个月，只单纯记录故障列表。 ③进主控需另外打开主控软件，SCADA 无法对主控强制处理相关信息具备生产报表功能、可自定义数据、时间段查询相关数据，无法自动按自然月查看（包含可利用率、发电量、风速、总发电时间，耗电量、功率、温度、偏航次数、运行时间、故障时间）。 ④无偏航遥控，箱变高压侧开关、台风模式均可遥控。 ⑤中控室有独立 CMS 系统、英文版
G 供应商	①SCADA 系统可以更改采样时间步长（1s、5s、10s、30s、1min、5min、10min、1h），一次性可以把全部变量导出，多个变量查询，需修改曲线图纵坐标，不方便查看。 ②故障信息能在主界面，故障代码信息未更新，存在部分无用故障代码；具有历史故障统计功能，可自定义时间段查询。可自动统计故障持续时间。 ③进主控需另外打开主控软件，SCADA 无法对主控强制处理相关信息。 ④具备生产报表功能、可自定义数据、时间段查询相关数据（只能查询电量、风速在单独模块、无机组可利用率计算）。 ⑤只有启停机复位遥控点，无其他遥控点。 ⑥CMS 系统未安装
B 供应商	①SCADA 系统可选择每秒、每 10min、每日采样时间步长，可一次性把全部变量导出，可建立数据模板，便于重复性查询。 ②故障信息能在主界面显示，具有历史故障的统计功能，可自定义时间段查询，可统计故障持续时间、故障次数及损失电量。 ③进主控需另外打开主控软件，SCADA 无法对主控强制处理相关信息。 ④具备生产报表功能、可自定义数据、时间段查询相关数据（具体分产量统计、时间可利用率、损失电量、可靠性统计、限电时段统计、历史通信状态、发电量可利用率综合报表等模块进行统计）。 ⑤包含偏航、箱变高压侧开关、台风模式等全部遥控。 ⑥中控室无独立 CMS 系统，数据只能上机组拷贝，无法在升压站进行，相当不便，厂家解释除样机配有 CMS，后续机组未配备

续表

企业名称	SCADA/CMS 系统评价存在问题
H 供应商	①SCADA 系统可选择 1min、5min、10min 采样时间步长，可一次性把全部变量导出，可建立数据模板，便于重复性查询。 ②故障信息能在主界面上显示，具有历史故障的统计功能，能够记录故障持续计时间。 ③进主控需另外打开主控软件，SCADA 无法对主控强制处理相关信息。 ④生产报表分为发电量统计、风电机组性能统计、损失电量统计（包含：发电量、风速、可利用率、运行、故障时间等信息）。 ⑤启停机、复位、安全链复位、无其他遥控。 ⑥中控室有独立 CMS 系统，中文版，数据拷贝时间较长
A 供应商	①SCADA 系统只能采样 10min 时间步长、可一次性把全部变量导出，不过会比较卡，可建立变量数据模板，便于重复性查询。 ②故障信息能在主界面显示，故障无代码只用英文缩写，具有历史故障统计功能，可自定义时间段查询。 ③进主控需另外打开主控软件，SCADA 无法对主控强制处理相关信息。 ④报表统计数据有限，可利用率等数据统计异常。 ⑤启停机、复位，无其他遥控。 ⑥CMS 系统安装在 SCADA 服务器内，分配了个虚拟服务器，系统未汉化，操作界面不明朗
D 供应商	①SCADA 系统最小记录步长是 10min，数据导出快速；1 个月时间长度的所有变量数据，记录在 10 个数据包中，可批量一次性拷贝出所有数据，不可建立变量数据模板，不便于重复性查询。 ②故障信息能在主界面显示，只单纯显示历史故障列表。 ③进主控需另外打开主控软件，SCADA 无法对主控强制处理相关信息。 ④报表统计数据有限，只有发电量、可利用率单独模块计算。 ⑤启停机、复位、偏航，无其他遥控。 ⑥CMS 系统安装在 SCADA 服务器内，分配了个虚拟服务器，系统未汉化，操作界面比较杂乱
E 供应商	①SCADA 系统采集步长最短为 10min、1h，最多可导 4 个变量数据，不可建立数据模板，不便于重复性查询。 ②故障信息能在主界面，具有历史故障统计功能，可自定义时间段时间查询，只单纯记录故障列表。 ③把主控软件加入 SCADA 系统里，可直接通过 SCADA 进入主控，但 SCADA 无法对主控强制处理相关信息。 ④生产报表可自定义选择数据（包含：发电量、风速、等效利用小时数、运行、故障时间等信息）。 ⑤启停机、复位、箱变高压侧、消防系统，无偏航遥控、台风模式等遥控。 ⑥中控室有独立 CMS 系统、中文版

　　根据机组采购合同约定的算法，风力发电机组可利用率计算采用风电机组控制器中的状态列表数据，时间周期为 1 年（8760h），如 2 月为 29d，则为 8784h，计算方法如下：

$$可利用率 = (8760 - 由于卖方设备原因故障停机时间)/8760 \times 100\%$$

　　其中，故障停机时间为在运行中由于卖方设备原因导致停机的 1 年累计时间，单位为 h，不包括外部条件导致的停机时间。

根据运行数据统计及计算分析结果，各机组通过240h验收结束后至2019年6月期间的时间可利用率见表7.51。

表7.51　　　　　　　　240h验收结束后至2019年6月各机组可利用率统计结果

机组编号	时间可利用率/%	统计时间（年.月）	备　　注
W1	67.43	2019.1—2019.6	
W14	42.46	2019.1—2019.6	
W13	99.76	2018.8—2019.6	
W2	99.80	2018.8—2019.6	
W3	99.43	2019.1—2019.6	
W4	98.38	2018.11—2019.6	
W12	98.68	2018.11—2019.6	
W5	98.80	2019.1—2019.6	
W11	99.04	2019.1—2019.6	
W6	92.08	2019.1—2019.6	
W10	94.87	2019.1—2019.6	尚未通过240h试运行验收
W9	96.31	2019.1—2019.6	
W7	98.81	2018.10—2019.6	
W8	99.22	2018.11—2019.6	

根据机组采购合同及评审通过的测评方案，各机组科研考核期定义为240h试运行验收结束之后的6个月，期间各机组可利用率见表7.52。

表7.52　　　　　　　　240h验收结束之后6个月各机组可利用率统计结果

机组编号	时间可利用率/%	统计时间（年.月）	备　　注
W1	67.43	2019.1—2019.6	
W2	99.64	2018.8—2019.1	
W3	99.43	2019.1—2019.6	
W4	98.03	2018.11—2019.4	
W5	98.80	2019.1—2019.6	
W6			尚未通过240h试运行验收
W7	99.44	2018.10—2019.3	
W8	97.84	2018.11—2019.4	

由于各机组通过240h试运行验收的时间不一致，且A供应商机组尚未通过240h试运行验收，为了更为明晰地查看并比较风电场内所有机组的可利用率情况，统计出2019年1—6月期间各机组实际可利用率见表7.53。

表 7.53 2019 年 1—6 月各机组实际可利用率统计结果

机组编号	时间可利用率 /%	备 注	机组编号	时间可利用率 /%	备 注
W1	67.43		W5	98.80	
W14	42.46		W11	99.04	
W13	99.99		W6	92.08	尚未通过 240h 试运行验收
W2	99.92		W10	94.87	
W3	99.43		W9	96.31	
W4	98.26		W7	98.78	
W12	98.68		W8	99.25	

7.4.3.3 故障情况统计分析

根据 SCADA 系统及故障维修记录信息，故障情况统计和分析方法包括对故障次数、平均检修间隔时间和机组检修总耗时，具体统计结果见表 7.54。

平均检修间隔时间为风电机组在一定的统计周期内单台机组检修发生的平均时间，其中，因故障出海修复 1 次统计为 1 次检修，5 次故障远程复位（含自复位）统计为 1 次检修；单台机组同一天发生多次检修记录按照一次统计；如果一次维护持续几天，则仍视为一次单一事件；业主要求的及其他强制检查（非机组因素）不计入检修次数。计算公式为

$$平均检修间隔时间＝统计时长/检修次数$$

机组检修总耗时为风电机组在一定的统计周期内因检修消耗的总时间。

各机组 240h 试运行验收结束之后，理论上真正开始稳定运行，机组不应出现太多或太严重的故障，各机组 240h 验收结束后至 2019 年 6 月的故障情况统计见表 7.54。

表 7.54 240h 验收结束后至 2019 年 6 月故障情况统计表

机组编号	时间 （年.月）	远程复位 故障次数	出海检修 故障次数	检修次数	检修总耗时 /h	统计时长 /h	平均检修 间隔时间 /h
W1	2019.1—2019.6	66	24	37.2	911.58	4344	116.77
W14	2019.1—2019.6	3	12	12.6	2398.25	4344	344.76
W13	2018.8—2019.6	22	4	8.4	13.04	8016	954.2857
W2	2018.8—2019.6	27	3	8.4	13.31	8016	954.2857
W3	2019.1—2019.6	4	3	3.8	24.82	4344	1143.16
W4	2018.11—2019.6	35	8	15	91.61	5808	387.2
W12	2018.11—2019.6	39	11	18.8	89.58	5808	308.9362
W5	2019.1—2019.6	15	6	9	51.46	4344	482.67

机组编号	时间 (年.月)	远程复位 故障次数	出海检修 故障次数	检修次数	检修总耗时 /h	统计时长 /h	平均检修 间隔时间 /h
W11	2019.1—2019.6	4	4	4.8	40.58	4344	905.00
W6	2019.1—2019.6	45	12	21	228.43	4344	206.86
W10	2019.1—2019.6	74	11	25.8	207.15	4344	168.37
W9	2019.1—2019.6	51	6	16.2	96.82	4344	268.15
W7	2018.10—2019.6	19	8	11.8	45.61	6552	555.2542
W8	2018.11—2019.6	15	12	15	112.92	5808	387.2

根据机组采购合同及评审通过的测评方案，各机组科研考核期定义为240h验收结束之后的6个月，期间故障情况统计见表7.55。

表 7.55　　　　　　　　　240h 验收结束之后 6 个月故障情况统计分析

机组编号	时间 (年.月)	远程复位 故障次数	出海检修 故障次数	检修次数	检修总耗时 /h	统计时长 /h	平均检修 间隔时间 /h
W1	2019.1—2019.6	66	24	37.2	911.58	4344	116.77
W2	2018.8—2019.1	25	2	7	12.65	4416	630.86
W3	2019.1—2019.6	4	3	3.8	24.82	4344	1143.16
W4	2018.11—2019.4	28	7	12.6	82.9	4344	344.76
W5	2019.1—2019.6	15	6	9	51.46	4344	482.67
W7	2018.10—2019.3	3	4	4.6	24.49	4368	949.57
W8	2018.11—2019.4	15	12	15	112.92	4344	289.60

由于各机组通过240h试运行验收的时间不一致，且A供应商机组尚未通过240h试运行验收，为了更为明晰地查看并比较风电场内所有机组的故障情况，统计出2019年1—6月期间各机组故障情况见表7.56。

表 7.56　　　　　　　　　2019 年 1—6 月各机组故障情况统计分析

机组编号	远程复位 故障次数	出海检修 故障次数	检修次数	检修总耗时 /h	统计时长 /h	平均检修间隔时间 /h
W1	66	24	37.2	911.58	4344	116.77
W14	3	12	12.6	2398.25	4344	344.76
W13	4	0	0.8	0.45	4344	5430.00
W2	4	2	2.8	3.44	4344	1551.43
W3	4	3	3.8	24.82	4344	1143.16

续表

机组编号	远程复位故障次数	出海检修故障次数	检修次数	检修总耗时/h	统计时长/h	平均检修间隔时间/h
W4	26	7	12.2	73.15	4344	356.07
W12	30	8	14	70.57	4344	310.29
W5	15	6	9	51.46	4344	482.67
W11	4	4	4.8	40.58	4344	905.00
W6	45	12	21	228.43	4344	206.86
W10	74	11	25.8	207.15	4344	168.37
W9	51	6	16.2	96.82	4344	268.15
W7	17	4	7.4	21.27	4344	587.03
W8	6	6	7.2	34	4344	603.33

7.4.3.4　部件更换情况及影响分析

240h 验收结束后至 2019 年 6 月，各机组部件更换情况统计见表 7.57。

表 7.57　　240h 验收结束后至 2019 年 6 月各机组部件更换情况统计

机组编号	部件名称	更换次数	更换时间（年.月）	部件类型
W1	滑环、通信板、防雷模块等	1	2019.3	较为重要部件
	齿轮箱行星轮	1	2019.4	重要部件
	1 号叶片编码器支架	1	2019.4	一般部件
	2 号变桨电机抱闸摩擦片	1	2019.4	较为重要部件
	3 号变桨电机抱闸摩擦片	1	2019.5	较为重要部件
W14	2 号叶片编码器支架	1	2019.2	一般部件
	3 号叶片编码器支架	1	2019.2	一般部件
	齿轮箱	1	2019.3	重要部件
W13	发电机 DE 端接地碳刷	1	2018.8	一般部件
	视频交换机	1	2018.12	一般部件
	机舱加速传感器指示灯	1	2018.10	一般部件
W2	视频监控交换机	2	2018.11 2018.1	一般部件
	滑环编码器轴承连接器	1	2019.1	一般部件
	齿轮箱滤芯	1	2019.5	一般部件
W3	变桨电机编码器	1	2019.3	较为重要部件
	变流器取能板	1	2019.3	较为重要部件

机组编号	部 件 名 称	更换次数	更换时间（年.月）	部件类型
W4	加脂器	1	2018.11	较为重要部件
	4台变桨系统液压泵	1	2019.1	较为重要部件
	变桨通信线	1	2019.3	一般部件
	变流器控制板	2	2019.3	较为重要部件
			2019.6	
W12	液压站液位计	1	2018.11	一般部件
	机舱变桨柜防雷模块	1	2018.12	一般部件
	叶轮锁定销	1	2019.2	较为重要部件
	电磁阀密封圈	1	2019.2	一般部件
	功率模块驱动板	1	2019.3	一般部件
W5	偏航系统压力阀	1	2019.3	一般部件
	滑环组件	1	2019.5	较为重要部件
W11	轮毂超速模块	1	2019.2	较为重要部件
	风轮锁紧销	1	2019.5	较为重要部件
W6	第三通道V相门驱	1	2019.3	一般部件
	变桨控制器	1	2019.3	较为重要部件
	IGBT模块	2	2019.3	较为重要部件
			2019.4	
	发动机水冷系统排空气阀	1	2019.5	一般部件
W10	机械式风速仪	1	2019.2	较为重要部件
	变流器功率模块	2	2019.3	较为重要部件
			2019.3	
	倍福模块EK1100	1	2019.6	一般部件
W9	变流器IGBT的pib驱动板	1	2019.2	较为重要部件
W7	液压油管	1	2018.12	一般部件
	变流器风扇	2	2019.1	一般部件
			2019.2	
	UPS电源	1	2019.5	较为重要部件
	液压泵	1	2019.6	较为重要部件
W8	变桨电容电压采集模块	1	2018.11	一般部件
	变流器信号防雷板	1	2018.1	一般部件
	主控安全链继电器19K3	1	2018.12	一般部件

注：2019年3月22日，C供应商W14机组出现：①内齿圈开裂；②行星轮齿部分断齿；③行星轮、太阳轮齿面损伤；④输入空心轴断裂、齿圈与空心轴把合螺栓部分断裂、输入级箱盖脱落、润滑油冷却液泄漏等故障现象。同时，W1机组发现齿轮箱齿面的局部擦伤现象。经故障分析及修复方案评审，计划采用两级NGW型行星＋一级平行轴传动方案的新齿轮箱对2台机组现有齿轮箱进行整体更换。

科研考核期间（240h 验收结束之后 6 个月），通过试运行验收的各机组部件更换情况统计见表 7.58。

表 7.58　　　　　　　　240h 验收结束之后 6 个月各机组部件更换情况统计

机组编号	更 换 次 数			统计周期（年．月）
	一般部件	较为重要部件	重要部件	
W1	1	3	1	2019.1—2019.6
W2	4	0	0	2018.8—2019.1
W3	0	2	0	2019.1—2019.6
W4	1	3	0	2018.11—2019.4
W5	1	1	0	2019.1—2019.6
W7	3	0	0	2018.10—2019.3
W8	3	0	0	2018.11—2019.4

2019 年 1—6 月各机组部件更换情况见表 7.59。

表 7.59　　　　　　　　2019 年 1—6 月各机组部件更换情况统计

机组编号	更 换 次 数			机组编号	更 换 次 数		
	一般部件	较为重要部件	重要部件		一般部件	较为重要部件	重要部件
W1	1	3	1	W5	1	1	0
W14	2	0	1	W11	0	2	0
W13	0	0	0	W6	2	3	0
W2	2	0	0	W10	1	3	0
W3	0	2	0	W9	0	1	0
W4	1	3	0	W7	2	2	0
W12	2	1	0	W8	0	0	0

7.4.3.5　运行数据各指标评价得分

由于 A 供应商机组尚未完成 240h 试运行验收，不具备考核条件，暂不对其开展数据分析打分及排名，根据测评方案，按照各机组的运行数据开展统计分析结果和评分细则，其他各机组运行数据分析要素（评价要素编号：B3）下各二级评价指标得分情况见表 7.60。

表 7.60　　　　　　　　考核期运行数据评价得分

机组编号	C19	C20	C21	C22
W1（C 供应商）	62	0	40	0
W2（F 供应商）	63	100.00	90	80
W3（G 供应商）	51	93.33	90	70
W4（B 供应商）	73	86.67	60	50
W5（H 供应商）	72	90.00	70	80
W6（A 供应商）	49			
W7（D 供应商）	50	96.67	90	85
W8（E 供应商）	69	83.33	50	85

根据阶段性评价指标的权重值，各机组运行数据分析要素（评价要素编号：B3）及二级评价指标评价得分情况见表 7.61。

表 7.61 各机组运行数据分析得分

指标编号	权重	准则层 2 机组各评价指标加权得分							
		C 供应商	F 供应商	G 供应商	B 供应商	H 供应商	A 供应商	D 供应商	E 供应商
C19	0.228	14.14	14.36	11.63	16.64	16.42	11.17	11.40	15.73
C20	0.296	0.00	29.60	27.63	25.65	26.64	—	28.61	24.67
C21	0.245	9.80	22.05	22.05	14.70	17.15	—	22.05	12.25
C22	0.231	0.00	18.48	16.17	11.55	18.48	—	19.64	19.64
B3 总得分		23.94	84.49	77.47	68.55	78.69	—	81.70	72.28
B3 排名		7	1	4	6	3	—	2	5

注：A 供应商机组尚未通过 240h 试运行验收，不具备运行数据分析条件。

7.4.3.6 机组运行数据分析小结

根据机组运行数据统计分析及评分结果，F 供应商 W2 机组和 D 供应商 W7 机组表现较为优异，得分均在 80 分以上；C 供应商机组由于齿轮箱故障，得分不到 30 分。具体情况小结如下：

（1）各机组通过 240h 试运行之后到 2019 年 6 月的不同类型数据开展统计分析，除了 C 供应商机组之外，所有机组的可利用率均在 95％以上。对于大容量海上风电样机来说，总体表现相当优异。

（2）从科研考核期内的总体表现来看，G 供应商 W3 和 D 供应商 W7 机组具有较低的故障频次和较长的平均检修间隔时间，F 供应商 W2 机组的平均机组检修总耗时最少；C 供应商机组因齿轮箱故障，至 2019 年 6 月 W1 限功率发电，W14 停机待更换齿轮箱，导致其平均机组检修总耗时最长；A 供应商机组尚未通过 240h 验收，在 2019 年上半年 6 个月的统计周期内还存在比较多的故障。

（3）F 供应商 W2 和 E 供应商 W8 机组在考核期内均只有少量一般部件的更换，G 供应商 W3、H 供应商 W5 机组在考核期内均有 1～2 个较为重要部件更换，C 供应商 2 台机组的齿轮箱在考核期内均出现不同程度的故障，需要后续进行更换，A 供应商机组尚未通过 240h 试运行验收，在 2019 年上半年的统计周期内 W6 和 W10 机组还存在较多的部件更换现象。

7.4.4 企业及机组概况评价分析结果

7.4.4.1 企业基本情况

从企业概况、人员结构、技术实力、市场地位、发展潜力等方面对企业的基本情况进行评价，依据风能协会统计的装机总量，以及企业提交的知识产权和专利数、参加标准编制数量、科研项目数量等信息进行核对。具体统计分析结果见表 7.62。

表 7.62　　　　　　　　　　　　各 家 企 业 基 本 情 况

企业名称	装机台数 （截至 2018 年年底）	知识产权和 专利数	参加标准 编写数量	科研项目数量	工厂审查
C 供应商	710	72	—	—	7 个一般不符合项
F 供应商	4551	101	—	—	3 个一般不符合项
G 供应商	4842	150	3	5	4 个一般不符合项
B 供应商	30991	1511	151	—	2 个一般不符合项
H 供应商	9491	204	22	—	4 个一般不符合项
A 供应商	1522（国内）*	—	—	—	未开展
D 供应商	5369	95	—	5	5 个一般不符合项
E 供应商	7901	18	7	1	3 个一般不符合项

* 缺少 A 供应商在国外的装机台数信息，该数据为 A 供应商在国内的装机台数。

其中，各厂家工厂审查不符合项如下。

1. C 供应商

（1）《海上风力发电机组标准规范》（受控号：001，日期：2016 年 9 月 26 日）中规定的偏航轴承安装时四步打力矩要求中缺少第三步的力矩要求数值。

（2）《海上风力发电机组标准规范》（受控号：001，日期：2016 年 9 月 26 日）中规定的偏航轴承安装时第一步和第二步的力矩要求值和现场的偏航系统过程装配记录卡中要求的力矩值不同。

（3）主传动系统过程装配记录卡中第 3 项描述为与主机架连接螺栓，未明确为哪个部件与主机架连接螺栓。

（4）主传动系统过程装配记录卡中增速机的弹性支撑与主机架连接螺栓打力矩时用扭矩扳手，出厂检验时用拉伸器进行检查。

（5）按照《钢结构高强度螺栓连接技术规范》（JGJ 82—2011）中 6.5 紧固质量检验部分的要求"高强六角头螺栓在施工完成后应进行检查一般要求抽查 10%"，现场的作业指导书中缺少螺栓检查的要求。

（6）《海上风力发电机组标准规范》中螺栓预紧的顺序有三种，而过程记录卡中未明确每个螺栓需要采取哪种顺序。

（7）现场扭矩扳手的有效期标签在检定报告首页粘贴，未在扭矩扳手上明确标识其有效期范围。

2. F 供应商

（1）2017 年 11 月 27 日《液压扳手检查记录表》中对 162 号机组使用 A3TR1407096 型扭矩扳手进行螺栓预紧，其中两次用到该扳手，扭矩值分别为 1350N·m 和 2300N·m，对应的压力值为 200Bar 和 360Bar，该情况与扭矩值和压力值之间应为线性关系的理论不符。同时查看了机组安装时使用的液压扭矩对照表，其要求的扭矩值和液压值为线性关系。

（2）现场查看液压站的校准标签，其标签位置处于液压表背面，该情况不利于设备借用时方便地观察液压站的有效性。

（3）由山东高强紧固件有限公司提供的《螺栓产品质量保证书》中缺少扭矩系数的试验数据，而实际对螺栓供应商有扭矩系数试验的要求，因此入厂检验时的《外购/协检验卡片——螺栓、螺母、垫圈》文件中应增加扭矩系数试验审查项目。

3. G 供应商

（1）《记录控制程序》中对记录的保存期限规定为 5 年，与风电机组的 20 年要求不匹配。

（2）《偏航轴承安装工序卡》中三次螺栓预紧力的要求分别为 460kN、658kN、588kN，第三次预紧力和第二次的时间间隔没有明确规定。

（3）《机舱总成装配检验记录》中装控制柜支架和装悬臂吊两部分有相关的力矩扳手编号、送检日期和生产厂家的信息，偏航驱动安装部分缺少力矩扳手信息。

（4）车间审查时发现一根 8m 长带的原铭牌信息已磨损无法辨识，按照设备管理要求需要增加钢铭牌。

4. B 供应商

（1）由杭州大通风能动力有限公司提供的《M36X430 高强度双头螺栓的产品质量保证书》中，缺少扭矩系数的测试部分，而螺栓紧固件的技术规范要求中有扭矩系数的测试要求。

（2）B 供应商底座油漆检验报告中油漆附着力要求不小于 5MPa，缺少试验数据记录。

5. H 供应商

（1）《风力发电机组主机总成装配过程检验记录卡》中传动链与机舱弯头对接部分 M42 的螺栓拧紧方式要求"交叉对称，按 400kN、798kN 分两次拧紧到额定值，最后用 600kN 校验一次"，这里 600kN 校验的要求不合理。

（2）《风力发电机组主机总成装配过程检验记录卡》中拉伸器的型号没有标注，《监视和测量设备管理台账》中有两个编号（MYDF0301028、MYDF0301029）的拉伸器适用，无法快速追溯到现场实际使用的拉伸器。

（3）车间的《传动链组工具台账 2018 年月度状态盘点》文件中缺少 9 月和 10 月的状态盘点记录。

（4）《风力发电机组整机检验记录卡》中序号 16 的检验项目为出厂前偏航制动器处于制动状态，检验标准为使偏航制动器处于松开状态，两者要求互相矛盾。

6. A 供应商

因 A 供应商机组生产工厂在国外，未开展工厂审查。

7. D 供应商

（1）《风力发电机组高强度紧固件采购规范》中对扭矩系数的检验方法中的润滑剂牌号和润滑方式有规定，而浙江晋财金属制品有限公司的 M36X314（10.9 级）螺栓检验报告中扭矩系数 K 检验结果中没有描述实验用润滑剂牌号和润滑方式。

（2）《终检测试设备一、二级维护保养记录》（文件编号：LINS912AP21）文件第二页缺少 9 月的月维护保养记录。

（3）《3.6 轮毂来料检验》（文件编号：ZCH1044183）3.1.15 项"检查镀锌层厚度至少取每个法兰内部和外部 10 个测量点，测量结果 min67，max184，ave126"与《Coating Systems – Specific Technical Requirements》文件中厚度要求范围 60～160mm 有出入，现场判断合格。

（4）《机舱终检 G4CN》（文件编号：ZCH1044185）中第 26 项检查项和说明描述为"检查垫片的数量不超过 2 片并且所有的垫片厚度不超过 1.25mm"，方法为"目测"，要求和方法不匹配。

（5）按照《钢结构高强度螺栓连接技术规范》（JGJ 82—2011）中"6.5 紧固质量检验"部分的要求"高强六角头螺栓在施工完成后应进行检查一般要求抽查 10%"，现场的作业指导书中缺少螺栓检查的要求。

8. E 供应商

（1）按照《钢结构高强度螺栓连接技术规范》（JGJ 82—2011）中"6.5 紧固质量检验"部分的要求"高强六角头螺栓在施工完成后应进行检查一般要求抽查 10%"，现场作业指导书中缺少螺栓检查的要求。

（2）机架装配工艺卡中有后机架运输支架的安装，现场工艺控制卡中缺少该项目的安装记录。

（3）现场工艺控制卡中发电机与后机架连接螺栓预紧力矩要求与机架装配工艺卡中的要求不一致。

7.4.4.2　机组技术成熟度

从机组技术来源和演化以及样机安装、调试、试运行等情况对机组进行评价。通过评价企业提交的相关技术来源和技术路线说明文档以及样机试验风电场各机组安装、调试及试运行实际情况分析，具体对比统计结果见表 7.63。

表 7.63　　　　　　　　　各家企业机组技术成熟度对比情况

企业名称	技术路线和来源	样机完成 吊装用时 /d	样机完成 调试用时 /d	样机调试完成到 通过 240h 验收总用时 /d
C 供应商	自主研发，变速变桨永磁高速同步	10	7	436
F 供应商	自主研发，变速变桨永磁高速同步	3	9	235
G 供应商	自主研发，变速变桨永磁低速同步（直驱）	10	14	111
B 供应商	自主研发，变速变桨永磁低速同步（直驱）	6	11	159
H 供应商	自主研发，变速变桨永磁中速同步（半直驱）	8	22	204
A 供应商	自主研发，变速变桨永磁低速同步（直驱）	33	210	尚未通过 240h 试运行验收
D 供应商	引进西门子公司产品技术，变速变桨 永磁低速同步（直驱）	40	4	129
E 供应商	自主研发，变速变桨永磁高速同步	8	6	154

7.4.4.3　机组市场业绩

评价企业海上机组的历史运行业绩，具体统计结果见表 7.64。数据来源于中国可再生能源学会风能专业委员会收集到的截至 2017 年 12 月 31 日各厂家的 3MW 及以上海上机组的装机台数。

表 7.64　　　　　　　　　　　3MW 及以上海上机组装机台数对比

企业名称	3MW 及以上海上机组装机台数 （截至 2017 年 12 月 31 日）	企业名称	3MW 及以上海上机组装机台数 （截至 2017 年 12 月 31 日）
C 供应商	0	H 供应商	12
F 供应商	19	A 供应商	12
G 供应商	11	D 供应商	354
B 供应商	24	E 供应商	1

注：引自《北京鉴衡认证中心有限公司技术服务报告》。

7.4.4.4　机组历史运行情况

对主机厂 3MW 及以上海上机组历史上的可利用率数据进行评估，具体统计结果见表 7.65。

表 7.65　　　　　　　　　　　3MW 及以上海上机组历史运行情况

企业名称	3MW 及以上海上机组历史运行情况
C 供应商	2 台，可利用率低于 90％
F 供应商	20 台，2017 年 12 月可利用率 99.57％，有业主证明
G 供应商	10 台，2017 年 1—12 月运行数据统计表中年可利用率 99.65％，有业主证明
B 供应商	18 台，2017 年 7 月至 2018 年 6 月的可利用率为 96.88％
H 供应商	1 台，2017 年 5 月的 20 天的可利用率 99.46％，有业主证明
A 供应商	未提交数据
D 供应商	38 台，半年的可利用率为 90％～97％，有业主证明
E 供应商	1 台，运行可利用率为 99％，有业主证明

7.4.4.5　企业及机组概况评价得分

根据数据统计、资料分析及工厂审查结果，"企业及机组概况评价"要素（评价要素编号：B4）下各二级评价指标的评分见表 7.66。

表 7.66　　　　　　　　　　　企业及机组概况评价得分

机组编号	得分			
	C25	C26	C27	C28
W1（C 供应商）	27	88	0	0
W2（F 供应商）	71	92	40	100
W3（G 供应商）	78	91	40	100
W4（B 供应商）	88	92	60	60
W5（H 供应商）	78	88	40	50
W6（A 供应商）	43	80	40	0
W7（D 供应商）	69	92	100	100
W8（E 供应商）	71	95	20	50

根据指标权重,"企业及机组概况评价"要素(指标编号:B4)及二级评价指标得分见表 7.67。

表 7.67 企业及机组概况评价得分

指标编号	权重	准则层 2 机组各评价指标加权得分							
		C 供应商	F 供应商	G 供应商	B 供应商	H 供应商	A 供应商	D 供应商	E 供应商
C25	0.259	6.99	18.39	20.20	22.79	20.20	11.14	17.87	18.39
C26	0.294	25.87	27.05	26.75	27.05	25.87	23.52	27.05	27.93
C27	0.227	0.00	9.08	9.08	13.62	9.08	9.08	22.70	4.54
C28	0.220	0.00	22.00	22.00	13.20	11.00	0.00	22.00	11.00
B4 总得分		32.87	76.52	78.04	76.66	66.15	43.74	89.62	61.86
B4 排名		8	4	2	3	5	7	1	6

7.4.4.6 企业及机组概况评价小结

根据各企业及机组概况评分结果,D 供应商 W7 机组和 G 供应商 W7 机组表现较为优异,其中 D 供应商机组得分接近 90 分。具体情况小结如下:

(1)从各企业提供的资料来看,B 供应商在知识产权数量及参加各类标准编制等方面表现最为突出。

(2)从工厂审查来看(A 供应商工厂未开展审查),B 供应商及 E 供应商发现的不符合项最少,C 供应商工厂发现的不符合项目最多。

(3)各供应商采用的技术路线和来源均较为清晰,A 供应商机组满负荷运行所用的调试时间为 210d,且目前尚未通过 240h 试运行验收,除了机组性能本身的原因之外,后方技术支持团队的效率不高也是重要的因素;C 供应商机组从调试完成到通过 240h 试运行验收用了 436d,齿轮箱采用的技术路线不成熟是主要原因。

(4)从各供应商机组市场表现来看,截至 2017 年 12 月 31 日,D 供应商在海上风电场的装机量最多,为 354 台;根据中国风能协会统计数据,截至 2018 年 12 月 31 日,B 供应商机组总装机量最多(A 供应商机组国外市场业绩未统计),达到 30991 台。

7.4.5 样机综合性能评价

7.4.5.1 样机综合性能评价得分

依据《福清兴化湾样机试验风电场风电机组科研测试评价方案》,按照各评价指标得分情况及指标权重值,各机组综合性能阶段性评价得分见表 7.68。

表 7.68 各机组综合性能阶段性评价得分

指标编号	权重	准则层 1 机组各评价指标加权分							
		C 供应商	F 供应商	G 供应商	B 供应商	H 供应商	A 供应商	D 供应商	E 供应商
B1	0.275	10.62	11.32	10.98	26.28	20.46	20.21	18.64	24.23
B2	0.394	21.35	33.02	36.76	36.77	30.82	30.97	35.19	31.97

续表

指标编号	权重	准则层1机组各评价指标加权得分							
		C供应商	F供应商	G供应商	B供应商	H供应商	A供应商	D供应商	E供应商
B3	0.259	6.20	21.88	20.07	17.75	20.38	2.89	21.16	18.72
B4	0.072	2.37	5.51	5.62	5.52	4.76	3.15	6.45	4.45
机组综合性能得分		40.53	71.73	73.42	86.32	76.42	57.22	81.45	79.38
综合性能排名		7	6	5	1	4	—	2	3

注：1. A供应商机组尚未通过240h试运行验收，不具备整机综合性能考核条件。
　　2. 以上仅代表各机组阶段性综合性能评价结果。

7.4.5.2 综合性能评价总结

（1）受外部条件限制，测评方案中的小部分指标目前尚未完成测试评价，因此本报告的评价结果是阶段性的。本阶段性评价除C供应商、A供应商机组外，各供应商得分均在70分以上，其中B供应商、D供应商在80分以上。表明除C供应商、A供应商两家现阶段暂不满足合同规定外，其他厂家均可视为潜在供应商，在后续海上风电项目中通过招标方式选择性价比最优机组。

（2）后续将进一步开展测试分析工作，完善分析和评价成果。主要补充及深入开展的工作如下：

1）根据各企业最终提供的文件资料补充开展各机组技术文件审核评估、企业及机组概况评价。

2）根据样机试验风电场的外部环境条件，适时开展各机组大风工况下的载荷测试及仿真比对，完成各机组抗台风策略验证分析，并进行台风期间等效发电小时数的统计分析。

3）继续开展各机组环境适应性测试，通过测试周期的加长使得测试结果更加科学、合理。

4）细化研究各评价指标的打分细则，使得优化后的细则能够更为公正、合理的体现各机组综合性能。其中，对机组开展度电成本分析是一个非常具有挑战性的工作，基于样机试验风电场建设过程的特殊性，风电机组基础建设实际成本与样机本身技术指标要求的关联度不是特别紧密，度电成本指标的评价细则将有必要开展深入研究。

5）根据各评价指标最终的测试、统计及评估打分结果，量化评价各型号机组的整机综合性能。

（3）根据机组采购合同中约定，科研考核期验收要求指标为：可利用率不小于90％，功率曲线保证率不小于95％。根据合同约定的统计、计算方法开展的阶段性测试验证表明，科研考核期间，除了C供应商机组之外，其他所有机组的可利用率均在95％以上，其中F供应商W2机组可利用率最高，为99.92％；完成科研考核的各机组功率曲线保证率均不小于95％，其中F供应商W2机组最高，保证值为110.19％，A供应商W6机组最低，保证值为99.25％。

（4）与阶段性测试评价报告相比，最终版的评价报告将具有更为丰富的评价和分析内容，整机综合性能评价的结论与阶段性结果相比可能存在较大偏差。

7.5　经验与总结

7.5.1　海上风电机组综合评价重点分析及总结

环境条件分为风况、海洋条件（波浪、海流、水位、海冰、海生物、海床运动和冲刷）和其他环境条件。海上风电基本上还没有形成一套比较完善且独立的设计方法、标准和检测、安装、运行和维护体系，我国海洋环境条件与欧洲海洋环境条件存在明显差异，机组设计制造过程中，如果没有充分考虑到海洋特殊环境带来的复杂载荷和腐蚀问题，那么机组在运行过程中的可靠性和安全性就无法得到保障。与陆上相比，海上风力发电机组经受的环境条件，可能会影响其受载、耐久性和运行。因此，除了最为重要的发电性能和普通意义下的可靠性，环境条件的适应性以及特殊海况下的安全性应该作为海上风电机组综合评价的重点。

1. 机组功率曲线测试验证

风力发电的功率特性用风速和功率的关系曲线表示，是评价风电机组性能的一个最重要指标。通过开展功率特性测试，可以得到实际发电量与预计发电量的差别；可以了解风电机组的功率特性随时间变化的情况，验证风电机组制造商提出的风电机组功率曲线。目前风电机组制造商提供的担保功率曲线一般为通过设计仿真计算出来的理论功率曲线（即静态功率曲线）或结合风电场实际气象和环境条件绘制的动态功率曲线。现有的水平轴风电机组自带的动态功率曲线测试系统由于仪器精度、布置方案、分析方法或主机厂家主观原因，得出的功率曲线往往不够精确，功率曲线测试验证是开展机组测试评价工作的重点。测试时需要对风速、风向、电功率、大气压力和温湿度等参量进行测量，并对相关的机组状态信号进行同步采集，其中风速的测量是功率曲线测试的关键。按照现行的测试标准，可采用以下两种方式进行测风：测风塔结合风杯风速计（方式 a）或超声波风速计（方式 b）的方式，地面式遥感设备结合监控测风塔的方式。

此外，风速测量点需选在距离待测机组 2～4 倍（宜选 2.5 倍）叶轮直径的位置。如果采用方式 a 进行测风，则需在风速测量点位置建造测风塔。方式 b 所述的地面式遥感设备主要包括光探测雷达和声探测雷达，目前行业内应用和研究较多的是地面式垂直测风激光雷达，通常采用脉冲式和连续式激光光源。这种类型测风激光雷达的激光发射窗口固定，只能测量设备正上方的气流，在海上安装使用时需要在风速测量点的正下方建造一个支撑平台。由于在海上建造测风塔或支撑平台的难度较大，而且还牵涉到海域征用等问题，导致严格按照方式 a 和方式 b 进行功率曲线测试的周期长、成本高、经济性差。

近年来，随着海上风电的快速发展，如何经济合理地对海上风电机组的功率曲线进行测试验证成了风电场运营商、整机厂商和测试机构共同关心的问题，因此为海上风电机组功率曲线的测试引入更加经济和高效的测风系统显得很有必要。三维扫描式测风激光雷达是一种新型结构的测风系统，原理上与地面垂直式测风激光雷达类似，不同之处在于其激光发射窗口安装在一个角度可调节的伺服扫描机构上，可以实现全天空范围的扇区扫描，测试时无需像地面垂直式测风激光雷达那样安装在风速测量点的正下方，可以在雷达扫描范围内选择合适的位置进行安装，通过定点 PPI（固定仰角、改变方位角）扫描方式进行测试。用它进行海上风电机组功率曲线测试时，可以将其安装在风电机组塔底外部平台上，从而避免了在海上建造单独的支撑平台，节约了测试的时间和成本。本项目采用三维扫描式测风激光雷达进行海上风电机组功率曲线测试的结果与保证功率曲线吻合度较好，表明采用三维扫描式测风激光雷达进行海上风电机组功率曲线测试是可行的。项目采用三维扫描式测风激光雷达进行海上风电机组功率曲线测试过程中，通过测试前后测风激光雷达与参考风速、风向计的对比测试可以验证其测试结果的准确性。

2. 机组抗台风安全性能测试验证

台风具有极值风速大、风向变化快、与巨浪同步等基本特征，在台风作用下海上风力发电机组常见失效模式为整体倾覆、塔筒失效、叶片破坏等。理论上机组强度的极限工况一般出现在满发时的突发阵风情况，而不是停机顺桨时遭遇台风时的工况。然而根据事故统计，造成强度破坏的案例往往都是发生在台风期间，可见机组抗台风性能研究的重要性。

根据 IEC 相关技术规范，机组在型式试验过程中，由于条件限制，并未对大风工况或进入抗台风模式下的机组载荷开展测试，设计、仿真计算得到的相应工况的载荷值也就没能进行有效的验证。对于抗台风性海上风电机组来说，抗台风安全性能至关重要，应该作为测试评价的重点。

海上风力发电机组抗台风性能评价研究是在充分认识台风基本特征以及在台风作用下海上风力发电机组失效模式的基础上，建立合理的测试方案，通过在主要部件关键位置合理埋设载荷、变形、振动等传感器进行数据采集，并结合机组自身监测数据共同分析，对机组结构、重要部件以及控制和保护系统在同一区域台风季节的表现进行测试和评价，判断机组抗台风综合性能的优劣。项目收集了各型号机组的抗台风策略说明，并根据抗台风策略说明开展了各项功能试验验证；通过台风季节大风工况的实际载荷测试与相应工况计算载荷值的比对分析，验证分析了各机组设计仿真的正确性及合理性。

3. 基于运行数据的台风型风电机组可靠性分析技术研究

可靠性是指产品在规定的条件下和规定的时间区间内完成规定功能的能力，统计方法是开展风电机组可靠性分析评估的主要手段。由于整机可靠性试验费用高、周期长，研制阶段不可能进行整机完整的可靠性试验；制造商在设备投入试生产时，由于其技术保密等原因，关键部件的试验信息保密，具体试验指标不详，最终导致可以解析机组可靠性的试验数据缺乏。我国近年来投入运行的大型风电场基本上都装了 SCADA 系统和 CMS 系统，用于监控风电场内机组运行情况（状态参数、电网参数、外部环境参数等）并存储历史数据。在兴化湾样机试验风电场样机设备采购技术合同书中规定了各投标样机监测系统应有的监测数据，利用风电机组在线监测系统测得的运行数据，并结合现场开展的各机组环境适应性测试，针对样机工程风电机组的具体情况开展设备可靠性统计、剖析，是分析和评估风电机组可靠性水平的有效途径。

4. 海上风电机组综合性能评价方法及指标权重制定

风电机组的评价属于多目标、多判据、多层次的系统综合评价。如果仅仅依靠几个评价者的定性分析和逻辑判断，缺乏定量分析依据来评价系统方案的优劣，显然是十分困难的。层次分析法由美国著名运筹学家萨蒂（Saaty）于 1982 年提出，它是一种简明、实用的定性分析与定量分析相结合的系统分析与评价的方法。它既是一种系统分析的好方法，也是一种创新、简洁、实用的决策方法。该方法是在对复杂决策问题的本质、影响要素以及内在关系等进行深入分析后，构建一个层次结构模型，然后利用较少的定量信息，把决策的思维过程数学化，从而为求解多目标、多准则事物结构特性的复杂决策问题，提供一种简便的决策方法。结合模糊综合评判，在模糊层次分析法中建立的判断矩阵：通过元素两两比较建立的模糊一致判断矩阵并计算权重值可最大程度减少人为的干预。

兴化湾机组测评项目综合考虑机组抗台风安全性能、发电性能、环境适应性、可靠性等方面表现，根据风电机组测试问题的性质和要达到的总目标将问题分解为不同组成要素（或称指标），并按照要素间的相互关系影响以及隶属关系将要素按不同层次聚集组合，通过模糊层次分析法建立科学、合理的两层次多指标的整机评价模型和定权、评分准则创新体系。传统的层次分析法是将底层评价指标各待选方案的相对优劣进行直接专家评判，逐层上推最终得到各方案对总目标的相对优劣值。该方法的比较、判断及结果计算过程都是粗糙的，且人为主观因素对整个过程的影响很大，这就使得结果难以让决策者所接受，也很难实际应用于风电机组选型。本项目建立了合理的海上风电机组两层次分析模型，并针对每一个二级指标（第二准则层要素）均制定了详细的评价细则，通过现场测试及验证或资料评估对各个评价要素进行准确打分，再根据两个准则层评价要素的权重值通过加权和的方式层层上推，得到每个待评机组的综合性能得分，从而真正将整机综合性能评价进行最大程度的量化，使得评价过程更加客观公正，评价结果一目了然。

同一准则层要素间相对于上一准则层元素的重要性采用专家咨询法来制定。除了合理地选择咨询专家外，有必要根据工程实际对准则层评价要素相对重要性的内涵进行更深入的理解。举例来说，"机组技术资料审核"和"机组现场测试验证"都是机组综合性能的重要评价要素，在确定相对重要性标度值时，如果仅从评价要素本身的重要程度来理解，往往认为两者同样重要，所以得到的标度值是"1"，然而现场测试结果是易于比较的，但机组技术资料的审核评估很难有统一的尺度，更难被公正评测和准确实施。因此，"机组现场测试验证"和"机组技术资料审核"相比，对于评价机组综合性能来说显得相对重要，最终得出的重要度标度值大于 1 也就比较合理。同样，"机组抗台风控制策略现场验证"是机组抗台风安全性能的重要指标，"功率曲线测试验证"是机组发电性能的主要指标，在考虑它们之间相对重要性时，应该认识到"功率曲线测试验证"有参照标准，而机组抗台风控制策略却没有统一标准，因此对于机组现场测试验证来说，"功率曲线测试验证"应该是相对更为重要的指标。

7.5.2　海上风电机组选型建议

（1）从测试计算结果来看，所有型号被测机组的功率曲线保证值均大于合同约定的95%，其中 F 供应商（W2）机组保证值达到 110.19%，保证值最低的 A 供应商（W6）

机组也达到了 99.25%。另外，所有机组的可利用率均在 95% 以上，其中 F 供应商 W2 机组可利用率最高，为 99.92%。可以推断，由于样机试验风电场机组有别于一般的商业风电场，在样机选择及采购不太强调性价比的前提下，厂家为了履行合同，合同中有明确约定的机组考核指标都提得比较保守。样机试验风电场中 F 供应商机组从原型机叶轮直径 151m 直接降到了 128m，合同中保证功率曲线也提得比较低，其可利用率及功率曲线保证值方面的优异表现也就不足为奇。从单位扫风面积理论年发电量来看，B 供应商机组在福清兴化湾这个特定场址下的年综合风能利用效率表现最为突出，单位扫风面积理论年发电量达到 1575kW·h；而合同保证值最高的 F 供应商机组，单位扫风面积理论年发电量仅为 1479kW·h，表现一般。建议在后期的商业风电场招投标过程的机组价格谈判中，不宜简单的考虑单位千瓦，而应将保证功率曲线与机组价格挂钩。根据《风电项目竞争配置指导方案》，风能利用效率是加分项目，应充分重视投标机型的单位扫风面积下的年发电量保证值的大小。

（2）从机组运行数据及情况统计分析来看，所选机组厂家是否具有海上风电机组的生产、运维经历，以及所选机组是否已经有市场业绩，或是否有其原型机、相近型号机组的运行经验，与所选机组运行是否稳定、可靠有密切的关联，建议在机组选型、采购过程中重点考虑。

（3）大容量风电机组的技术路线之争虽然还没有完全定论，但是从样机试验风电场机组整体运行的阶段性表现来看，无齿轮箱机组总体故障率更低。由于海上风电齿轮箱修复、更换的成本巨大，考虑到整个生命周期的维护风险及技术发展趋势，直驱机组更具有优势。

（4）机组运行的稳定性和可靠性与厂家质量保证体系、团队管理以及配合态度关系巨大，也应作为招标采购的重要考虑因素。

第 8 章

管 理 团 队 建 设

8.1 组织机构与职能设置

三峡集团福建能源投资有限公司（简称：福建能投公司）成立于 2016 年 5 月，为三峡集团的全资子公司，是三峡集团实施"海上风电引领者"发展战略的重要主体，统筹管理三峡集团在福建省海上风电研发检测、资源获取、开发建设、股权管理等。下设市场开发部、工程管理部、安全质量部、财务部、党群部、人力资源部、纪检监察部、办公室等 9 个职能部门；海峡发电有限责任公司、福建三峡海上风电国际产业园运营有限公司等二级子公司；福清海峡发电有限公司、漳浦海峡发电有限公司等三级子公司。其中，海峡发电有限责任公司是福建能投公司与福建省能源集团有限责任公司下属福建福能股份有限公司合资成立的海上风电开发运营平台公司，负责开发运营福建能投公司已获取的海上风电资源；福清海峡发电有限公司作为海峡发电有限责任公司子公司，是三峡福清兴化湾样机试验风电场项目实施主体公司。

为了加大力度推进样机试验风电场的建设，深化推进三峡集团与福建省的战略合作，由福建能投公司总经理直接兼任海峡发电有限责任公司与福清海峡发电有限公司主要负责人，同时海峡发电有限责任公司与福清海峡发电有限公司实行领导班子成员共设、部门设置共用、员工配备共享的模式，共同参与项目的开发建设，有效推进项目建设进展。本着部门设置精简高效、岗位人员匹配合理的原则，领导团队成员配置 6 人，共设置了综合部、市场部、工程管理部、运营生产部、计划财务部等 5 个部门，人员主要来源于股东单位派遣调动、社会招聘。综合部主要负责党务群团、人力资源、机要文书、后勤保障、纪检监察、企业文化等；市场部主要负责市场开发、前期规划、政府核准报批等；工程管理部主要负责工程招标采购、现场管理、安全质量、合同管理、征海征地、质监验收等；运营生产部主要负责电力生产、市场营销、电力技术分析、机电设备管理等；计划财务部主要负责资金管理、会计核算、预算计划、内控管理、风险管理等，部门之间相互协同配合，共促业务开展，满足了公司正常运转的需要（图 8.1）。同时，根据专业工作的需要，设立公司安全生产委员会、安全生产标准化工作领导小组、应急工作小组、质量管理领导小组、招标委员会、防洪防汛领导小组等组织机构，日常管理设在业务部室，统一高效指挥工作与布置工作，更好地指导与推进相关业务的开展，确保业务开展的及时性、合规性，保障工程建设的顺利推进。

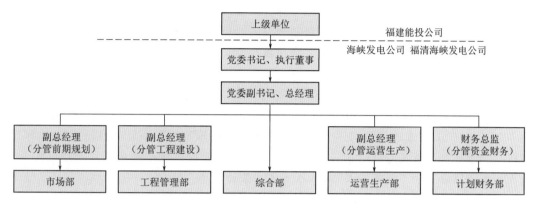

图 8.1　管理机构组织结构图

8.2　运行机制

为了加快建设三峡福清兴化湾样机试验风电场项目，彰显三峡集团在福建连片规模开发海上风电项目的信心与实力，带动整个海上风电的产业链在福建落地，形成规模效应与产业效应，在福建能投公司的统一领导下，构建了一支优秀的管理团队，有力地推动了项目建设，实现项目同年核准、同年建设、同年投产。

8.2.1　强化党建引领作用，真抓实干促发展

福建能投公司党委始终坚持党的领导，不断提高党建工作站位，深化党建工作内涵，拓宽党建工作思路，把党组织的政治优势转化为公司持续发展的竞争优势，公司本部有多个支部，二级单位、三级单位也及时成立了支部，并与当地政府部门、项目参建单位开展党建共建活动，探索党建工作与业务工作相互促进、相互提升，进一步推动各项工作的开展。同时，公司党委与经营班子团队能够坚决贯彻集团党委的决策部署，做海上风电引领者，群策群力、迎难而上，带领全体员工共同开创三峡福建海上风电事业，打造三峡福建亮丽名片。按照《中华人民共和国公司法》和现代企业制度的治理要求，严格执行"三重一大"民主决策制度，严格按照公司"党委会议事规则""总经理办公会议事规则"等制度规定，重大问题集体调研、集思广益、集体决策，为确保公司的依法经营、科学管理奠定了坚实的基础。三峡福清兴化湾样机试验风电场荣获 2018 年度海上风电工程技术奖、海峡发电公司荣获集团公司 2017—2018 年度"基层示范党支部"等荣誉。

8.2.2　建立良好沟通机制，强调团队合作精神

福建能投公司按照立足福建连片规模开发海上风电的发展战略，发挥三峡集团先进的管理经验与技术优势，进一步加快促进海上风电的开发建设，服务三峡集团发展战略。

同时与行业协会、政府行业管理部门、外部同行单位建立有效的沟通交流渠道，及时掌握政策走向，提供合理化意见建议，致力推动中国海上风电高质量发展。在公司内部，按照整体工作做好目标分解，围绕阶段工作、周期工作的计划落实与布置，形成周工作例会、月工作例会、专题工作会议等机制，及时听取工作开展情况及下一步工作开展计划，实时掌握工作动态与存在的困难，提出解决意见与方案，调整工作思路与完善工作措施，做到工作安排有条理、落实措施有办法、完成任务有目标。公司上下形成干事创业一条心，上下级之间、部门之间及员工之间在工作沟通上保持畅通渠道，工作互相配合、互相促进、上下联动，形成高效的工作合力。公司部门、员工先后荣获福建省总工会 2017 年度"工人先锋号"、三峡集团 2018 年度"红旗班组"荣誉称号、福建省 2017 年度"安康杯"竞赛先进班组、三峡集团"青年文明号"、三峡集团"十大杰出"员工 2 人次、福建省总工会"金牌工人"3 人次等多项荣誉。

8.2.3　加强对外综合协调，强化推进项目实施

福建能投公司紧紧围绕三峡集团与福建省《战略合作框架协议》，统筹部署三峡集团在福建海上风电的开发建设与配套投入建设，同步推进海上风电项目、海上风电产业园、研发中心、检测中心、钢构产业等协同发展，赢得当地政府、当地合作开发企业的信任与肯定。兴化湾样机试验风电场位于福清兴化湾内，临近福清核电站，涉及养殖密集区、鸟类迁徙等功能区，临时升压站用地涉及政府规划地块，利益方多，协调事项多，工程开工建设推进难度大。公司能够上下统一思想、迎难而上，加强与政府主管部门的沟通与政策对接，编制海洋环境影响报告、社会稳定性风险评估报告等专题并进行评审，取得专家支持意见及合规性手续；重视当地村民、利益相关方的诉求，依据《中华人民共和国海域使用管理法》、福清市政府征海征地的法律法规，尊重征海实施主体乡镇的意见，多次与福清市政府、乡镇就用地用海的征用进行专题会谈，达成了陆上临时升压站、海上机位用海的补偿征用，并签订《施工海域养殖补偿协议书》《临时升压站用地补偿协议书》，有效地保障现场建设工作按时开工。工程建设中，能够与海事、海洋渔业、国土等政府部门保持有效的联系与沟通，最大限度地取得政府部门对项目建设的支持，更好地服务了项目；同时加大弘扬央企的责任担当与甘于奉献的精神，积极开展"三峡集团福建区域海洋生物增殖放流公益活动""关爱环境　保卫蓝天"沙滩垃圾义务清理等活动，更好地融入当地经济、生态环境建设，以实际行动深化公众保护渔业资源认识，落实企业环境保护主体责任，进一步助推福建区域海上风电产业及海洋生态环境保护协同发展。

8.2.4　明晰岗位职责分工，提高员工工作效率

福建能投公司能够按照三峡集团下达的工作目标任务，统一思想，集中精力，加强组织领导，合理安排布置，有效传达工作与督促管理工作，做好公司部门工作、员工工作的分工，以及各个二级、三级单位的工作定位。在福建能投公司的统一领导下，各个部门、各个下属单位工作目标明确、思路清晰、措施得力，都较好完成工作任务。作为福清兴化湾样机试验风电场项目开发实施主体，海峡发电公司能够明确工作重点与难点，统一工作思路，以集中精力建设好项目为出发点，公司管理团队能够克服公司成立初期

人员少、任务重、工期紧等困难，班子成员分工明确、配合默契、效率高效；部门设置精简合理，现场主要以工程管理部、运营生产部为主，综合部、计划财务部做好各自保障工作，市场部配合做好前期相关手续或施工手续的办理。员工岗位职责都合理分工，强化责任意识，明确责任考核制度。管理团队的分工信息上牌上板悬挂于公司显眼公共区域，外部单位都能第一时间获知公司人员的责任工作和岗位工作，有效提升公司的形象与工作效率。

8.3 管理模式创新

8.3.1 实行科研立项，加快推进项目实施

为了克服海上风电项目前期工作流程长，加快兴化湾样机试验风电场开发速度，依托上海勘测设计研究院有限公司、福建省新能研发中心有限公司等具备海上风电研发实力的企业，通过与福建省科技厅签署《科技合作框架协议》，以科研项目名义立项兴化湾样机试验风电场，加快上级单位内部立项决策以及协调解决现场用海问题，有效加快推进了项目的开发建设进展，为我国大容量海上风电机组尽早产业化奠定了坚实基础。同时，通过以兴化湾样机试验风电场为科技创新平台载体，对风电机组基础设计关键技术、风电机组安装技术、海上风电设备检测分析等系列课题进行科研立项，提升福建海上风电技术创新能力，实现海上风电技术研发、设备制造与检测、设备安装、运行与维护、人才培养与培训等五位一体的产业集群，形成研发能力强、技术水平领先、产业聚焦程度高、具有市场竞争优势，立足福建、面向沿海、辐射全球的海上风电创新平台和海上风电装备制造基地。通过科研项目税收优惠政策申请，成功为全进口 GE 风电机组办理退税 764 万元，降低了投资成本。

8.3.2 采用扁平化管理模式，提高项目管理效率

福建能投公司作为三峡集团在福建的区域管理机构，统一对福建区域的海上风电开发建设及配套产业的投资建设进行高效管理；海峡发电公司作为福建海上风电建设的投资平台公司，福清海峡发电公司作为兴化湾样机试验风电场项目管理主体公司。为迅速贯彻三峡集团统一部署，加快落实决策事项，提高工作执行效率与管理效率，由福建能投公司总经理直接兼任海峡发电公司和福清海峡发电公司的主要负责人，海峡发电公司与福清海峡发电公司实行班子成员共设、部门共配、人员共享的精简模式，项目管理办公全部前移现场项目所在地一线，管理重心下沉，靠前指挥，管理前移，直接参与项目建设的决策、管理与实施，减少管理层级与决策流程，提高决策民主化和决策的效率，降低管理成本。

8.3.3 加强与省属企业合作开发，打造全产业链模式

为了进一步深化三峡集团与福建省《战略合作框架协议》，推动具体项目的实施与产业落地，福建能投公司贯彻三峡集团的发展战略，服务福建经济高质量赶超目标，推动

海上风电整个产业链的发展与提升，加强与当地省属企业的合作，充分发挥央企的资金优势、技术优势、人才优势与省属企业的政策优势、协调优势、属地优势，与福能集团共同合作开发福建海上风电资源；与福建省船舶工业集团有限公司（简称"福船集团"）、中铁大桥局合作成立中铁福船海洋工程公司承担海上风电机组安装；与福船集团合作成立福建一帆新能源装备公司承接海上风电配套塔筒、钢管桩的生产供货；与福州市国有资产投资发展集团有限公司共同合资成立福建三峡海上风电国际产业园公司，建设产业园是集中连片开发福建海上风电的重要保障，是共同推进海上风电开发事业的重要举措，产业园按照"立足福建、面向沿海、辐射全球"的定位，引入知名实力风电机组生产厂家金风科技、东方电气，配套钢构厂家中水四局，叶片厂家 LM，江苏中车电机等，园区预计 2020 年全面达产，届时将实现海上风电整机、电机、叶片、结构件等主要零部件的福建制造。未来，产业园还将继续通过引进更多国内知名的海上风电设备、制造企业、科研院校，形成集技术研发、设备制造、检测认证、运行维护为一体的海上风电产业集群，打造国际一流的海上风电装备基地，成为福建海上风电产业名片。

8.3.4　集聚国内外大容量样机开发建设，开启同场竞技

福建能投公司坚定不移实施中国海上风电引领者战略，按照"六个引领"和"五个一批"的总体要求，以高起点开局，高水平建设，高标准管理，把福清兴化湾样机试验风电场建设好、运营好，努力做到从"试验"到"示范"的提升和引领，为做强做优做大在闽海上风电产业开好局、铺好路。样机试验风电场风电机组设备采购做了大量细致的前期工作，包括厂家调研或风电场实地调研、市场咨询、行业单位了解、前期同品牌风电机组运行数据分析等，经过内部采购流程，项目均采用国内外单机 5MW 及以上容量风电机组，大部分为样机试验阶段。共有 GE、金风科技、上海电气、明阳电气、太原重工、中国海装、东方电气、湘电风能等 8 个厂家的 14 台风电机组，是全球首个国际化大功率海上试验风电场与涵盖国际国内品牌最多的海上试验风电场。通过国内外一流厂商的同台竞技，实现我国海上风电"更高、更快、更强"发展，为福建三峡海上风电国际产业园遴选出最适合福建海况风况的最优入园企业和最优机型，实现海上风电关键技术工程化开发、检测分析服务和技术示范与推广基地等海上风电科技创新目标，最终实现福建海上风电产业聚集与同步发展。

8.3.5　探索新工艺新设备的应用，促进行业技术提升

三峡福清兴化湾样机试验风电场作为科研项目，肩负推动海上风电技术发展、产业发展、行业管理提升等使命，既要实现项目全过程的"奥林匹克"竞技目标，又要探索采用新工艺新设备，提速中国海上风电的技术能力。中铁大桥局通过参与兴化湾样机基础施工，从桥梁施工世界冠军成功跨入海上风电领域，企业采用传统桥梁施工工艺搭建辅助施工平台，有效地延长海上作业窗口期与现场施工作业环境；采用自主研发的旋转钻机进行嵌岩施工，实现效率最高、可靠性最好，形成了浅覆盖层区域创新的施工方案；尝试采用国内徐工集团生产的旋挖钻机首次在海上嵌石钻孔施工，开创培育新的行业，促进自主产业发展；"福船三峡"号一体化风电机组吊装作业平台首次投入使用并依托样

机试验风电场的吊装工作，其起吊能力、甲板工作面积及载荷均为国内之最，成功应对风电场风速大吊装困难，海上风电机组吊装时间大大缩短，掌握了不同风电机组安装工艺、安装技术，成功完成首秀并积累技术领先优势。

8.3.6 建立人才储备体系，保障后续项目开发建设

福建能投公司加强人才梯队的管理，挖掘优秀人才，发挥员工最大潜能，满足项目开发建设的需要；同时，通过三峡机电工程技术有限公司、中国长江电力股份有限公司等内部单位金结、土建、电气专业技术人员的轮岗交流，锻炼与提升员工的技能，促进项目建设专业技术的提升与管控；加强对现有在职人员安全管理、合同管理、现场施工管理等专门培训学习，有效提升员工个人工作能力，较快地满足了工作需要；新入职员工通过导师带徒活动，明确师徒责任义务，提高了事业责任心，加快人才培养周期。在满足项目开发建设的同时，公司提前谋划后续福建长乐、漳浦、兴化湾二期项目等海上风电项目的人才需求计划，做好人才招聘与引进工作，共储备水工、电气、商务合同等约20名专业技术人员，重点通过参与项目建设的锻炼与学习，提前做好海上风电项目的人才储备工作，有力助推连片规模开发海上风电项目。

8.3.7 构建"大安全"管理体系，实现安全管理目标

三峡福清兴化湾样机试验风电场地处海峡"峡管"效应区域，台风多、地质海况复杂，施工难度大；紧临核电、养殖区，交通船舶多，交通安全隐患大；参建单位多，施工海域作业船舶多，安全管理难以协调，包括陆上送出线路施工单位、临时升压站施工单位及厂家、海上基础施工单位、海缆敷设施工单位、风电机组吊装单位以及8家机组供应商、监理设计单位等。福建能投公司牢固树立坚持"安全第一、预防为主、综合治理"的方针，高度重视安全生产管理工作，持续提升企业管理水平，保障项目建设的顺利进行；严格落实安全生产"党政同责、一岗双责"，时刻将安全生产工作放在心上、抓在手上、扛在肩上，做到警钟长鸣、主动作为、常抓不懈；全面落实企业安全生产主体责任，强化企业安全生产教育，提升企业安全生产意识，组织隐患自我排查和整改，切实把隐患消除在萌芽状态；加强对在建项目及项目单位的安全监管力度，提高安全管理防范水平。兴化湾样机试验风电场成立"福清兴化湾海上风电场一期项目安全生产委员会"（以下简称：项目安委会，下设项目安委会办公室负责项目安全管理的日常工作），根据建设进度和施工单位进场的情况适时调整，以满足项目建设安全管理的需要。项目安委会接受海峡发电公司安委会和福清海峡发电公司安委会双重领导，各项目参建单位（设计、监理、施工及8个机组供应商）分别成立安全生产管理委员会（安全生产管理小组），统一纳入到项目"大安全"管理体系中，明确所有海上作业船只进入施工区域统一服从基础施工单位的指挥。要求各参建单位配备足够的安全管理人员，健全安全管理制度，做好危险源辨识评价工作；强化安全培训工作，严格资格审查；重在预防，加强应急演习；以及加大监管海上吊装、交通、特种作业、高空作业等重点行为，突出"管理、落实、监督"三个主体责任，推动现场安全监管，确保实现零死亡和零重伤的安全管理"双零"目标。

8.3.8　构建区域化"大党建"工作格局，促进项目建设

福建能投公司围绕三峡集团海上风电引领者战略，坚持"融入工程抓党建、抓好党建促发展"，通过建立福建区域海上风电"大党建"协调工作机制，充分发挥党组织领导核心作用和基层党组织战斗堡垒作用，整合基层党组织力量，整合党政、工会等资源，以项目开发建设为纽带，将行政上大多互不隶属、只存在经济合同关系的各参建单位党组织凝聚在一起，促进项目的开发建设；同时，积极寻求地方党组织对区域化"大党建"工作的指导和支持，构建企地党建互联共建新模式，把党的政治优势和组织优势转化为推动福建海上风电事业发展的动力，更好服务于项目又好又快的发展，为地方经济作出贡献。海峡发电公司按照三峡福建区域海上风电"大党建"协调委员会的统一领导下，设立海峡发电"大党建"工作委员会，以公司党支部为主导，项目设计、施工和监理等主要参建单位的党组织或党员代表共同参与，定期召开"大党建"工作联席会议，协调需要解决的问题；通过开展创先争优、劳动竞赛、各类主题活动和党建经验分享交流等活动，打造具有海上风电特色的活动阵地，增强企业文化影响力；结合"百家全省重点项目劳动竞赛活动"、"福建省'安康杯'竞赛活动"、"三峡风送真情"结对帮扶活动、青年联欢、篮球赛等活动，有效激发驻区单位参与热情，保证活动效果，打造具有"学习型、服务型、帮扶型、文化型"三峡海上风电特点的"大党建"品牌。

8.4　建设困难解决方式

8.4.1　项目前期工作开发周期长

海上风电项目前期工作从可研开始至核准阶段，需要完成公司内部的立项、收集外部自然环境资料（立塔测风、海洋水文要素观测）、相关专题报告的编制及评审意见，工作量大、涉及面广、协调部门多、数据采集时间长等，兴化湾样机试验风电场开发建设时间紧、任务重、意义大，采用服务转让方式向外单位获取测风数据，解决从立塔选址到数据完整采集，存在的流程多、周期长的问题，保障了预可研、可研工作的及时开展；依托上海勘测设计研究院有限公司、福建省新能研发中心有限公司等具备海上风电研发实力的企业，通过与福建省科技厅签署《科技合作框架协议》，以科研项目名义立项兴化湾样机试验风电场，加快内部立项决策审批及协调解决用海问题，有效地推进了项目的开发与实施。

8.4.2　临时送出通道资源紧张

海上风电是可再生能源发展的重要领域，是推动风电技术进步和产业升级的重要力量，是促进能源结构调整的重要措施。近年来，海上风电受到国家政策的扶持，发展十分迅猛。但是"重建设、轻送出"现象问题凸显，很多海上风电场开发受送出通道资源及建设滞后的影响，出现弃风或无法并网送电的现象。兴化湾样机试验风电场作为福清兴化湾海上风电场的一期项目，为了加快样机试验风电场投产，进行样机同台竞技、科

研测试比选工作，通过多次实地查勘，掌握现场通道规划实际情况，以及与国网福建省电力公司、设计单位沟通与技术探讨，采用福清核电施工电源作为一期样机项目临时送出通道的方案，成功化解送出难的问题。依靠上级单位与国家电网公司调度部门、电力设计院不断沟通，挖掘福清核电施工线路的容量和潜力，编制详细的样机测试方案，并征得国网福建省电力公司同意，顺利开展样机并网测试工作。

8.4.3 海上作业窗口期时间短

福建沿海受季风气候影响，风资源丰富，受台湾海峡"狭管效应"的影响，兴化湾样机试验风电场可研报告中平均风速 8.2m/s；台风次数多、地质条件复杂、海洋水文条件差，尤其冬季季风期，基本无连续作业窗口，年有效作业窗口期少。采取紧抓施工窗口期和延长施工窗口期并重，经过精心编制施工方案，严谨设计校核及专家评审后，首次借鉴采用传统桥梁施工工艺双层桁架梁、贝雷梁施工及辅助施工平台，成功应用到海上风电的基础施工，有效降低涌浪、潮水对基础作业的影响，在非极端恶劣天气情况下海上基础施工可以正常进行；同时，辅助平台放置固定履带吊车，提高了吊运预埋件、工器具等施工物资的便利性和效率性，有效地延长了海上作业窗口期，改善了现场施工作业环境。

8.4.4 地质条件复杂，施工难度大

根据现场地勘数据分析，风电场区各机位的地质情况较为复杂多变，存在不同机位地质情况相异、海床标高变化大、岩石强度高甚至同一机位相临地质孔地质情况变化大等特点：①散体状强风化岩岩层厚度最大达到 34.4m；②岩石强度高，最大岩石饱和抗压强度达到 133MPa；③嵌岩桩桩长较长，孔深超过 80m 的桩基比例超过 30%，最深机位孔深达到 96m，入岩需达到 7m。为了选择更适合风电场海域地质嵌岩钻孔工艺设备，项目海上基础施工前对海域地质、水文情况进行研究，认真分析地质勘察报告，对机位选址处潜在不良地质问题的影响程度进行预判。建设前期探索采用冲击钻机、旋转钻机、旋挖钻机等三种嵌岩施工钻孔机械，通过对入岩效率、成孔垂直度、经济效益性等数据采集与比较分析得出福建地区海上嵌岩施工中旋转钻机施工工效最优，从而在后期施工中全部采用旋转钻机，有效加快了嵌岩施工进度。

8.4.5 升压站工程建设工期长

传统升压站从项目设计至项目完工，现场土建工程量大，受现场施工环境影响大进度难以保证，建设周期长、占地面积大、现场调试作业多等缺点，制约项目投产时间。为了缩短福清兴化湾样机试验风电场 110kV 临时升压站的建设周期，减少基础施工单位与设备供货单位的工作衔接、协调配合问题，工程采用了 PC 招标方式，选定了以许继公司为牵头人的承建方，临时升压站采用预制舱形式，是许继公司第一个自主研发，在福建省的第一座零建筑预制舱站。预制舱主体框架采用非金属复合材料，避免了金属腐蚀，设计使用寿命可达 60 年。墙体采用密封型腔技术，最大限度地避免水和氧气对钢骨架的腐蚀，减少维护。舱体的抗风等级最大为 63m/s，在 2017 年建设过程中成功地抵御

了"纳沙"和"海棠"双超强台风，质量可靠稳定。整站建设工期 5 个月，较常规升压站提高了效率，加快工期；占地面积集约减少，节省征地费用；减少现场的土建施工工程量，降低环境污染。预制舱升压站模式改变了传统的升压站建站模式，将大部分一次电力设备和二次电力设备、人员管理均集成于预制舱内，工厂化加工，配送式运输，现场组装，实现工厂化、集约化、智能化模块化管理。

8.4.6　参建单位多，协调困难

兴化湾样机风电场现场参建单位包括 2 家设计单位、3 家施工单位、2 家监理单位、1 家监造单位、1 家安全监测单位、8 家机组供应商、2 家物资设备供应厂家等，参建单位多，整体工作计划需要统筹安排。需重点做好图纸设计、设备供货、基础施工、风电机组吊装的工作统一布置，做好前后工作的衔接与交底；需定期组织所有参建单位召开工作例会，协调解决工程建设中存在的问题各自工作计划、进度等存在的问题；需要协调事项并及时进行会商，及时修正计划偏差，提出问题处理方式，落实工作方案，避免工作各自为主，缺乏总体目标管理，影响项目的整体进度。推进"互联网络＋工程服务"功能，搭建信息资源共享平台，组建兴化湾样机风电场微信总群及风电机组设备供货、临时升压站、海上作业等多个专业工作微信群、QQ 群，每日工作信息准时上报，计划落实情况实时上报，存在的问题及时汇报，解决了项目参建单位多信息沟通慢、协调效率低、管理分散等问题，做到统一思想认识、统一目标任务、统一协调配合。

8.4.7　风电场海域涉及规划功能区

福清兴化湾位于鸟类重要的栖息通道，在兴化湾样机试验风电场项目用海审批过程中，存在湿地占用、鸟类觅食迁徙影响等问题，委托专业资质机构编制兴化湾水鸟及湿地观测专题报告，科学论证项目对鸟类的影响和补偿工作，取得专家支持意见；并反复与林业部门的权威专家进行沟通，将兴化湾样机试验风电场的创新、试验意义，以及三峡集团充分理解湿地保护、鸟类保护的重要意义清晰地表达出来，主动提出在福建省首次编制湿地"占补平衡方案""湿地功能影响评价报告"等专题，配合省林业部门做好湿地占补平衡管理办法的制定完善。通过"占补平衡方案"成功解决了项目海域的规划功能区及生态保护区，为项目的顺利开发奠定了基础。

8.5　经验与总结

8.5.1　强化党组织和党员作用是推进项目顺利建设的政治保证

三峡福清兴化湾样机试验风电场建设对三峡集团"海上风电引领者"战略、国内海上风电行业发展及地方产业经济发展有着重大意义，福建能投公司紧抓样机风电场开发建设重大机遇，强化党组织对一切工作的全面领导作用。围绕项目建设，创新建立福建区域海上风电"大党建"协调工作机制，充分发挥党组织领导核心作用和基层党组织战斗堡垒作用，进一步凝聚人心，促进和谐，服务项目。项目建设单位按照"大党建"总

体工作要求，开展亮身份、亮承诺、亮行动、创样板工程、创优质团队、创先锋岗位"三亮三创"主题活动、"为三峡工程点赞、为海上风电加油"微视频、"不忘初心、牢记使用"主题讨论等活动，增强党员责任意识，牢记自己的使命，听从党的召唤，敢于责任担任，争创一流业绩；项目现场施工单位充分发挥基层党组织的政治优势、组织优势、密切联系群众优势，把党员干部群众组织起来、动员起来，开展党员亮身份，现场挂牌上岗活动，发挥党员的引领示范和先锋模范作用，强力有效推进项目建设，保证了项目建设按时按质完成。

8.5.2　优选行业实力参建单位是实现项目建设目标的基础保障

三峡福清兴化湾样机试验风电场建设工期紧、任务重、意义大，项目建设单位加强组织领导、精心组织、统筹安排，做好项目建设的权证办理、征海征地、协调沟通等工作。由于时间紧，经过三峡集团决策批准，主要参建单位海上主体施工单位、监理单位采用竞争性谈判、设计单位采用单一来源采购、风电机组供货采用询价方式来择优选择。在开展招标采购之前，项目建设单位根据招标采购的要求编制了调研大纲或技术交流会议流程，做了大量详细的市场调查、实地考察、技术交流、行业单位了解等工作，精心挑选了资质高、实力强、口碑好的行业前列单位参与招标采购，通过了专家评审、实地查核、合同谈判等规定流程后，选择中铁大桥局作为海上主体工程的施工单位，发挥其桥梁行业领军单位的跨界优势，能够有效利用项目邻近的、所承建的平潭海峡公铁两用大桥的资源优势，以及熟悉海域地质海况与人文环境、灵活调动物资设备、人才队伍、技术力量等明显优势，较好地保障项目建设中资源需求，极大地推动项目建设。监理单位经过择优对比选择上海东华建设管理有限公司和福建宏闽工程监理有限公司联合体，设计单位选择了上勘院。上海东华建设管理有限公司、上勘院均是国内第一个海上风电场，也是亚洲首个大型海上风电项目——上海东海大桥 10 万 kW 海上风电场示范工程的监理单位、设计单位，业绩经验丰富、专业技术领先，他们有效发挥了各自在行业领域中的优势作用，保障了工程投资控制、工程质量控制、工程进度控制、工程安全管理等方面的全面受控。

8.5.3　方案评审总结机制为项目建设安全推进提供技术支撑

三峡集团率先在福清兴化湾建立了全球首个国际化大功率海上样机试验风电场，为首个集国内外 8 种大容量样机（单机容量 5MW 及以上）的试验风电场。其特点分明，如 GE Haliade150 - 6MW 与西门子 SWT - 6.0 - 154DD 均为全进口风电机组，金风科技GW154/6700 风电机组为亚太地区单机容量最大风电机组，第一个采用大直径（3.2m）直桩嵌岩多桩基础；"三峡福船"号成功首秀并掌握多种机型与多项吊装技术，创造行业多项"第一"之举等。因此面临全新的施工技术方案、吊装方案、基础设计优化及施工过程中遇到的孤石塌孔等技术处理问题，项目建设单位严格按照行业规范、企业工程管理制度要求，始终贯彻重大重要方案评审管控机制，邀请三峡集团技术专家、行业资源专家、科研院校领军学者等共同评审方案，确保方案科学可行、技术先进、效益明显，较好地保证了项目建设中各项重大重要方案贯彻实施。项目建设过程中共组织召开风电机组基础设计、海上运输及吊装专项施工方案、风电机组、升压站投运方案等 10 多次专题、专家评审会。同时，对于 8 种风电机组吊装技术，进行"一机一方案一总结"措施，针对各机型编制专门吊装方案，进行专家评审，吊装完成后及时召开总结会，对吊装过程存在的问题及经验进行总结，更好地指导后续风电机组的安装作业。

8.5.4　深化企地关系，集中精力抓好项目开发建设

海上风电是重要的清洁能源，是风电技术的前沿领域，是全球风电产业的发展方向。如何兼顾项目开发建设与地方经济协调发展，是可持续开发海上风电的关键。三峡集团与福建省政府于 2015 年 6 月签署《战略合作协议》，双方就开发海上发电产业达成共识，建立企地发展、互赢共利的良好局面。三峡集团践行央企社会责任，积极融入参与地方经济、产业发展、人才就业、社会公益等社会稳定发展事业。2016 年第 1 号超强台风"尼伯特"正面袭击福建，局地降雨强度突破历史记录，引起山洪暴发和内涝，福建全省受灾人口达 65.46 万人，直接经济总损失 99.89 亿元人民币。三峡集团党组高度重视，向福建省委、省政府发去慰问信，并捐助人民币 500 万元，用于灾后重建，受到福建省委省政府的高度赞赏。在开发海上风电项目的同时，三峡集团重视地方经济的产业发展，配套投资建设福建三峡海上风电国际产业园，同步规划、同步建设、同步投入，带动海上风电全产业链的发展，积极推动地方经济的可持续发展。在项目建设征海征地过程，重视地方村镇的诉求，支持村镇基础设施配套建设，改善民生事业，切实提高百姓生活水平；在人才招聘与团队建设中，逐步推行属地化管理，增加本地人员的比例，发挥属地人才的人文优势、稳定优势，实现优势互补，打造一支勇担当、强本领、肯实干的优秀团队。

8.5.5　"现场工作法"强力高效推进项目进展

为了加快三峡福清兴化湾样机试验风电场的建设，带动国际国内先进的海上风电装备制造业落地，打造海上装备聚集地，践行三峡集团给福建省委、省政府的庄重承诺。福建能投公司认真贯彻上级单位决策部署，坚定信心、求真务实、努力工作，为项目的高质量完成立下新功，福建能投公司制定了"现场工作法"，要求项目参建单位做到"重心下沉、关口前移、靠前指挥"工作常态模式，各级管理人员要坚持以上率下，靠前指挥，把工作重心放在现场，把主要精力用在解决实际问题上。福建能投公司主要领导直接兼任项目单位负责人，海峡发电公司全部员工围绕开展工作需要主动一线现场办公，服务项目工作，现场重要事项、重大事项想方设法协调，及时解决了建设过程中用海用地、送出线路等问题，确保了项目建设按计划推进；对风电机组承台混凝土浇筑、风电机组吊装、海缆敷设等现场重点工作，公司领导带领专业工程师现场全程监督跟踪，严把质量关，追求高标准工程贯穿于每一个细节；全体员工主动放弃周末、公休和节假日，离家别子、爱岗敬业、无私奉献，以实际行动诠释了新时代三峡人的精神。施工单位、监理单位、设计单位、设备供货厂家、科研测试单位等参建单位围绕项目整体工作目标要求，积极配合项目建设单位，克服困难，现场驻点办公，提高了工作效率。通过现场集合工作模式，做到统一思想、统筹安排、统一组织，充分调动参建单位工作的积极性、

能动性，强化各参建单位现场工作配合，有效提高项目建设的效率，推进项目建设速度。

8.5.6 提早谋划全局工作，有力保障按期并网发电目标

三峡福清兴化湾样机试验风电场是三峡集团在闽连片规模开发海上风电的首个项目，是集海上风电基础技术研究、安装关键技术研究、设备检测分析等关键技术研究的科研项目，同时也是为福建三峡海上风电国际产业园遴选质量可靠、性能最优、技术先进的海上风电机组，引入福建三峡海上风电国际产业园进行制造生产，力争使中国生产的海上风电机组从福建走向世界，让中国装备全球。投产并网意义重大，工期目标要求高，项目建设单位从项目建设开始，就提前谋划投产并网各个节点目标以及节点目标落实措施工作，包括运维人员招聘引进、人员的培训取证、其他风电场跟班学习、厂家的调试培训、内部专业强化培训准备工作，项目建设中，生产运行人员提前参与介入设备的安装、升压站施工、送出线路改造施工等工作，熟悉设备性能与操作模式，提出合理化建议及时落实整改。设立并网发电办证专业小组，由公司主要领导亲自挂帅，指定专人专业负责，对接国家电网公司、福建省工信厅、质量检验监督机构、互联网信息办以及第三方标准化验收等部门，提前着手启动办理相关并网手续，开展第三方验收工作，为实现如期并网的目标奠定了坚实基础。

参 考 文 献

［1］　雷增卷，曾建平，彭亚，等. 兴化湾样机海上风电场关键技术及其工程应用［R］，2019.

［2］　蒋光逌，王雪松，黄祥声，等. 抗台风型海上风电机组测试评价关键技术［R］，2019.

［3］　王伟，杨敏. 海上风电机组地基基础设计理论与工程应用［M］. 北京：中国建筑工业出版社，2014.

［4］　张金接，符平，凌永玉. 海上风电场建设技术与实践［M］. 北京：中国水利水电出版社，2013.

［5］　陈小海，张新刚. 海上风电场施工建设［M］. 北京：中国水利水电出版社，2017.

［6］　王志新. 海上风力发电技术［M］. 北京：机械工业出版社，2013.

［7］　胡宏彬，任永峰. 风电场工程［M］. 北京：机械工业出版社，2013.

［8］　库尔特.E.汤姆森. 海上风能开发：海上风电场成功安装的全面指南［M］. 冯延晖，译. 北京：机械工业出版社，2016.

［9］　彼得·塔弗纳. 海上风电机组可靠性、可利用率及维护［M］. 张通，译. 北京：机械工业出版社，2018.

［10］　陈小海，张新刚，李荣富，等. 海上风力发电机设计开发［M］. 北京：中国电力出版社，2018.

风电机组载荷及功率特性测试大纲

A.1 概述

本测试大纲适用于福清兴化湾样机试验风电场风电机组科研测试评价项目中载荷及功率特性的测试。通过采集风力发电机组轮毂高度处的风速、风向、温湿度、气压等气象参数，同步记录叶片载荷、风轮载荷、塔架载荷以及机组输出净功率值、机组输出状态信号等参数数值，经过分析处理确定风力发电机组在稳态运行以及瞬态事件情况下的机械载荷特性，以及风力发电机组稳定运行期间的功率特性。同时，在尽可能采集台风期间大风速下机组的机械载荷，用于机组仿真模型的验证分析。

本测试大纲对参评机组载荷及功率特性的测试给出了基本的测试要求，用于指导现场测试工作的开展。

A.2 测试标准

测试主要参考的标准如下：

IEC 61400 – 13：2015《Wind Turbine Generator Systems – Part 13：Measurement of Mechanical Loads》

IEC 61400 – 12 – 1：2017《Wind Turbine – Part 12 – 1：Power Performance Measurement of Electricity Producing Wind Turbines》

IEC 61400 – 12 – 2：2013《Wind Turbines – Part 12 – 2：Power Performance of Electricity – Producing Wind Turbines Based on Nacelle Anemometry》

A.3 测试机组基本信息

参评机组型号参数各异，将分别对测风高度、测试扇区以及机组配置信息进行确认、登记。各参评机组轮毂高度和叶轮直径如附表 A.1 所示。

　　　　　　　　　　各参评机组轮毂高度和叶轮直径

序号	项目	金风科技	太原重工	GE	上海电气	中国海装	东方电气	明阳电气	湘电风能
1	轮毂高度/m	106	90	100	90	85	90	105	81
2	叶轮直径/m	150.8	153	150	154	128	140	155	128

A.4　测试场地评估

A.4.1　测试场地描述

福清兴化湾样机试验风电场属于近海区域，地形平坦。

附图 A.1 是测试场地风向频率玫瑰图和风能频率玫瑰图，由图中可看出，风电场全年主风向主要集中在 NNE 方向。

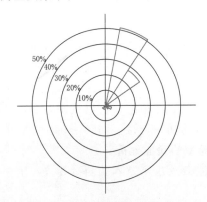

　（a）风电场离海平面90m高度风向频率玫瑰图　　　（b）风电场离海平面90m高度风能频率玫瑰图

附图 A.1　测试场地风向频率玫瑰图、风能频率玫瑰图

依据标准相关要求，测风点与待测风力发电机组之间的距离为 2～4 倍风轮直径之间，初定为 2.5 倍的风轮直径。测风设备安装在待测机组的主风向上。

A.4.2　测试场地地形评估

依据标准 IEC 61400-12-1：2017 中附录 B《测试场地地形评估》的相关要求，待测机组周围地形均满足标准要求，因此在测试前无需进行场地标定。

A.4.3　测试扇区评估

根据 IEC 61400-12-1：2017 标准，测试期间机组停机后作为障碍物影响的范围远远小于机组运行时的影响范围，等效风轮直径按照式（附 A.1）计算。

$$D_e = \frac{2 I_h I_w}{I_h + I_w} \qquad\qquad （附 A.1）$$

式中　D_e——等效风轮直径；

I_h，I_w——障碍物高度和宽度。

由于风电场全年主风向在 NNE 方向，结合测试场地机组排布图可知 W1、W4、W12、W5、W11 共计 5 台机组在风电场的边缘位置，且主风向来风方向无其他障碍物，测试时其他机组不用另行停机，计算出的测试扇区参见附表 A.2。

附表 A.2　　　　　　　　W1、W4、W12、W5、W11 机组测试扇区

测试机组	测试扇区	测试机组	测试扇区
W1	246°~57°	W5	346°~106°
W4	272°~36°	W11	345°~208°
W12	346°~102°		

W6 机组也在风电场的边缘位置，但是主风向上的测试扇区较小，有可能出现测试周期较长的情况，因此在 W6 测试期间将其主风向上的障碍物机组 W1 停机，以便尽量缩短测试周期。W6 机组的测试扇区参见附表 A.3。

附表 A.3　　　　　　　　　　W6 机组测试扇区

测试机组	测试扇区	测试机组	测试扇区
W6（其他机组不停机）	169°~22°	W6（W1 机组停机）	169°~47°

注：测试扇区计算中未考虑测风塔的扇区剔除，因此仅供参考不代附表该机组最终的测试扇区。

其他机组如要进行测试则需要进行部分机组的停机，具体参见附表 A.4。

附表 A.4　　　　　　　　　其他机组测试扇区

测试机组	需停机机组	测试扇区
W14	W4	352°~56°
W13	W4、W12	353°~55°
W2	W4、W12、W5	350°~58°
W3	W12、W5、W11	14.7°~90°
W10	W1、W14、W4	349°~44°、108°~118°、173°~292°
	W1、W14、W4、W13、W12	349°~55°、108°~118°、173°~292°
W9	W14、W13、W2、W4、W12、W5	17°~52°、88°~103°、165°~299°
W7	W13、W2、W3、W4、W12、W5	14°~41°、72°~93°、152°~284°
	W13、W2、W3、W4、W12、W5、W11	14°~93°、152°~284°
W8	W2、W3、W4、W12、W5、W11	9°~272°

注：1. 测试扇区计算中未考虑测风塔的扇区剔除，如采用测风塔方式测风，需做相应的修正。
　　2. 由于涉及大量机组的停机，将影响风电场的发电量，需要得到业主的支持。

A.5　测试项目及测试范围

A.5.1　载荷特性测试

机械载荷测试主要测试台风情况下机组的机械载荷特性，同时根据现场的条件测

试机组稳态运行情况及瞬态事件的机械载荷特性，不同工况下载荷测试要求参见附表 A.5。

附表 A.5 不同工况下载荷测试要求

MLC	工况描述	测 试 要 求
台风工况		
1.1	台风工况	在台风情况下，采集机组的风速及机械载荷数据
非瞬态工况		
2.1	正常发电	单次测试持续时间：10min 风速：10min 平均风速在额定风速以上 机组状态：机组停机，偏航角度在 $-30°$、$0°$ 和 $30°$ 时各测一次
2.2	停机状态	
瞬态工况		
3.1	启动	$V_{in} \sim V_r - 2m/s$；大于 $V_r + 2m/s$ 风速下各做 3 次
3.2	正常停机	$V_{in} \sim V_r - 2m/s$；$V_r - 2m/s \sim V_r + 2m/s$；大于 $V_r + 2m/s$ 风速下各做 3 次
3.3	紧急停机	机组在额定功率下，执行 3 次测试
3.4	电网掉电	机组在额定功率下，执行 3 次测试 通过移除外部电源的方式使得机组执行停机动作

注：引自《北京鉴衡认证中心有限公司技术服务报告》。

瞬态工况的测试需要机组供应商配合进行风机相关操作，具体测试内容参考附表 A.6。

附表 A.6 瞬态工况测试记录表

工况说明	操作方法	数据采集量	机组状态	数据采集时间 （以数据采集时间为准）	日期 （××××年 ××月××日）
A）紧急停机	切入风速紧急停机 3 次	采集 10min 以上数据，记录操作时间		： ： — ： ： 拍急 停后持续采集 10min 数据	年 月 日
				： ： — ： ： 拍急 停后持续采集 10min 数据	
				： ： — ： ： 拍急 停后持续采集 10min 数据	
	额定功率紧急停机 3 次	采集 10min 以上数据，记录操作时间		： ： — ： ： 拍急 停后持续采集 10min 数据	年 月 日
				： ： — ： ： 拍急 停后持续采集 10min 数据	
				： ： — ： ： 拍急 停后持续采集 10min 数据	

工况说明	操作方法	数据采集量	机组状态	数据采集时间 （以数据采集时间为准）	日期 （××××年 ××月××日）
B）电网 故障	额定风速以上进行电网故障操作	采集 10min 以上数据，记录操作时间		：　：　—　：　：　做完 持续采集 10min 数据	年　月　日
	额定风速以上进行电网故障操作	采集 10min 以上数据，记录操作时间		：　：　—　：　：　做完 持续采集 10min 数据	年　月　日
	额定风速以上进行电网故障操作	采集 10min 以上数据，记录操作时间		：　：　—　：　：　做完 持续采集 10min 数据	
C）带 故障时 发电的 俘获矩阵	风向标偏向 20°方式 1，切入风速到额定风速－2m/s 范围	采集 2min 以上数据，记录数据采集时间		：　：　—　：　：　做完 持续采集 2min 数据	年　月　日
	风向标偏向 20°方式 2，额定风速的±2m/s 范围	采集 2min 以上数据，记录数据采集时间		：　：　—　：　：　做完 持续采集 2min 数据	年　月　日
	风向标偏向 20°方式 3，大于额定风速 2m/s 范围	采集 2min 以上数据，记录数据采集时间		：　：　—　：　：　做完 持续采集 2min 数据	年　月　日
D）停机 状况下的 俘获矩阵	停机，偏航至风向的 90°和 180°两种情况下测试 1，切入风速到额定风速－2m/s 范围	采集 20min 以上数据，记录数据采集时间	偏航至风向的 90°	：　：　—　：　：　做完 持续采集 20min 数据	年　月　日
		采集 20min 以上数据，记录数据采集时间	偏航至风向的 180°	：　：　—　：　：　做完 持续采集 20min 数据	
	停机，偏航至风向的 90°和 180°两种情况下测试 2，额定风速的±2m/s 范围	采集 20min 以上数据，记录数据采集时间	偏航至风向的 90°	：　：　—　：　：　做完 持续采集 20min 数据	年　月　日
		采集 20min 以上数据，记录数据采集时间	偏航至风向的 180°	：　：　—　：　：　做完 持续采集 20min 数据	
	停机，偏航至风向的 90°和 180°两种情况下测试 3，大于额定风速 2m/s 范围	采集 20min 以上数据，记录数据采集时间	偏航至风向的 90°	：　：　—　：　：　做完 持续采集 20min 数据	年　月　日
		采集 20min 以上数据，记录数据采集时间	偏航至风向的 180°	：　：　—　：　：　做完 持续采集 20min 数据	

续表

工况说明	操作方法	数据采集量	机组状态	数据采集时间 （以数据采集时间为准）	日期 （××××年 ××月××日）
E）正常瞬态状况下的俘获矩阵	正常启动和停机操作1，切入风速到额定风速－2m/s范围	风力发电机组启机并网后保持稳定运行2min以上在进行停机2min，否则数据无效。记录启机时间及停机时间	启机 停机 启机 停机 启机 停机	：：稳定运行一段时间 ：：停机 ：：稳定运行一段时间 ：：停机 ：：稳定运行一段时间 ：：停机	年　月　日
	正常启动和停机操作2，额定风速的±2m/s范围	风力发电机组启机并网后保持稳定运行2min以上在进行停机2min，否则数据无效。记录启机时间及停机时间	启机 停机 启机 停机 启机 停机	：：稳定运行一段时间 ：：停机 ：：稳定运行一段时间 ：：停机 ：：稳定运行一段时间 ：：停机	年　月　日
	正常启动和停机操作3，大于额定风速2m/s范围	风力发电机组启机并网后保持稳定运行2min以上在进行停机2min，否则数据无效。记录启机时间及停机时间	启机 停机 启机 停机 启机 停机	：：稳定运行一段时间 ：：停机 ：：稳定运行一段时间 ：：停机 ：：稳定运行一段时间 ：：停机	年　月　日
F）超速状态下的俘获矩阵	额定风速以上进行风电机组超速操作	采集2min以上数据，记录数据采集时间			年　月　日

注： 引自《北京鉴衡认证中心有限公司技术服务报告》。具体操作方案需双方进行沟通确认无误后方可进行。

A.5.2 机组抗台风性能验证测试预案

由于无法保证测试期间台风一定会从风电场正面登陆，可能无法采集到极大风速的情况，为验证机组的抗台风性能，将采用如下测试预案。

1. 机组抗台风策略功能验证

为验证机组抗台风策略的功能，通过调低触发风速的方式进行。

2. 机组抗台风能力验证

为验证台风期间机组响应与设计预期的一致性，在实际台风期间进行。预期测试条件为风速值达到能够触发所有待测厂家机组抗台风策略的设定值（如没有单独的台风策略，则测试达到切出风速＋2m/s），备选测试风速条件为该试验风电场一年一遇风速。

如果测试期间未能达到上述所需风速条件，将可能需要申请项目延期直至采集到满足要求的数据。

A.5.3 功率特性测试

依据相关标准要求，功率特性测试需要测试风速范围在切入风速以下 1m/s 至风力发电机组额定功率 85% 对应风速的 1.5 倍。风速范围划分以 0.5m/s 整数倍的风速为中心，左右各 0.25m/s 的连续区间。每一个区间至少包含 30min 的采样数据，数据库至少包含 180h 的采样数据。

A.6　测试变量

测试过程中需要采集的变量包括载荷变量、气象变量、功率变量以及机组状态信号变量四类，具体测试变量参见附表 A.7。

附表 A.7　　　　　　　　　测 试 变 量 列 表

变量类型	变量名称	信号类型	输出单位	采样频率	备注
气象变量	主风速	模拟信号	m/s	1Hz	
	辅助风速	模拟信号	m/s	1Hz	
	叶片下边缘处风速	模拟信号	m/s	1Hz	
	风向	模拟信号	(°)	1Hz	
	温度	模拟信号	℃	1Hz	
	湿度	模拟信号	%	1Hz	
	大气压力	模拟信号	hPa	1Hz	
	独立机舱风速计	模拟信号	m/s	1Hz	
叶片 1 载荷	叶片根部挥舞载荷	模拟信号	mV	50Hz	
	叶片根部摆阵载荷	模拟信号	mV	50Hz	
	叶片中部挥舞载荷	模拟信号	mV	50Hz	推荐
	叶片中部摆阵载荷	模拟信号	mV	50Hz	推荐
叶片 2 载荷	叶片根部挥舞载荷	模拟信号	mV	50Hz	
	叶片根部摆阵载荷	模拟信号	mV	50Hz	
	叶片中部挥舞载荷	模拟信号	mV	50Hz	推荐
	叶片中部摆阵载荷	模拟信号	mV	50Hz	推荐
叶片 3 载荷	叶片根部挥舞载荷	模拟信号	mV	50Hz	
	叶片根部摆阵载荷	模拟信号	mV	50Hz	
	叶片中部挥舞载荷	模拟信号	mV	50Hz	推荐
	叶片中部摆阵载荷	模拟信号	mV	50Hz	推荐
主轴载荷（直驱机组不测试）	偏航弯矩	模拟信号	mV	50Hz	
	俯仰弯矩	模拟信号	mV	50Hz	
	风轮扭矩	模拟信号	mV	50Hz	

续表

变量类型	变量名称	信号类型	输出单位	采样频率	备注
塔顶载荷	主风向弯矩	模拟信号	mV	50Hz	
	侧风向弯矩	模拟信号	mV	50Hz	
	扭矩	模拟信号	mV	50Hz	
塔底载荷	主风向弯矩	模拟信号	mV	50Hz	
	侧风向弯矩	模拟信号	mV	50Hz	
塔底功率	实测机组功率	模拟信号	kW	1Hz	
偏航角度	实测偏航角度	模拟信号	mV	50Hz	
风轮方位角	实测风轮方位角	模拟信号	(°)	50Hz	
机组信号	可用状态	数字信号	V	1Hz	
	并网状态	数字信号	V	1Hz	
	限功率状态	数字信号	V	1Hz	
	刹车状态	数字信号	V	1Hz	
	启停机状态信号	数字信号	V	1Hz	
	机组空转状态信号	数字信号	V	1Hz	
	紧急停机（安全链触发）	数字信号	V	1Hz	
	偏航角度	模拟信号	(°)	1Hz	
	对风偏差	模拟信号	(°)	1Hz	
	风轮转速	模拟信号	r/min	50Hz	
	叶片 1 桨距角	模拟信号	(°)	50Hz	
	叶片 2 桨距角	模拟信号	(°)	50Hz	
	叶片 3 桨距角	模拟信号	(°)	50Hz	
	叶片 1 变桨力矩	模拟信号			可通过电压、电流、转速计算
	叶片 2 变桨力矩	模拟信号			可通过电压、电流、转速计算
	叶片 3 变桨力矩	模拟信号			可通过电压、电流、转速计算
	机舱 X 方向加速度	模拟信号	m/s^2	1Hz	
	机舱 Y 方向加速度	模拟信号	m/s^2	1Hz	
	SCADA 机舱风速	模拟信号	V	1Hz	
	SCADA 机舱风向	模拟信号	V	1Hz	
	SCADA 机组输出功率	模拟信号	V	1Hz	

注：1. 机组信号主要在塔底采集，由机组 PLC 模块提供，机组供应商需确保 PLC 模块预留通道充足，并配合解决台风期间的供电。

2. 风轮方位角信号在轮毂测试柜中进行采集，若风轮方位角传感器安装在机舱内则需另外增加 2 路滑环通道。

3. 叶片中部载荷分布应变片需要在叶片合模前进行预装，视叶片设计情况可以不安装，机组供应商需提前和新能公司确认。

4. 独立机舱风速计量程需不小于 70m/s，且经过第三方校准（提供校准报告），并直接接入科研测试柜。

5. 引自《北京鉴衡认证中心有限公司技术服务报告》。

A.7　测试系统描述

风力发电机组机械载荷测试设备主要包含测风塔气象数据采集单元以及载荷数据采集单元两部分，其中载荷数据采集设备又包含塔底载荷数据采集、塔顶载荷数据采集、叶片载荷数据采集、主轴载荷数据采集四部分，测试系统的示意图如附图 A.2 所示。

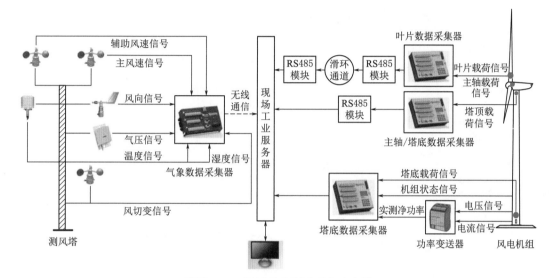

附图 A.2　机械载荷测试系统示意图

（引自《北京鉴衡认证中心有限公司技术服务报告》）

气象数据采集单元独立于机组运行，在机组测试过程中，通过无线通信方式实现与现场服务器的实时连接，实现机组数据与风速数据的时间同步，保证风速数据的完整与正确。

塔底数据采集单元位于塔架底层平台，负责采集机组的输出净功率数据以及塔架弯矩测量数据、机组 SCADA 系统输出的状态信号等，并与现场服务器直接连接，实现数据的存储与同步。

塔顶数据采集单元位于塔顶偏航平台，负责采集塔顶弯矩载荷和扭矩载荷数据，通过网线与塔底工业服务器通信，实现数据的存储与同步。

叶片数据采集单元位于轮毂内，负责采集叶片根部和叶片中部挥舞方向载荷数据及摆振方向载荷数据，同时采集主轴弯矩和扭矩数据，并通过机组滑环通道与塔底工业服务器通信，实现数据的存储与同步。

现场服务器的主要功能是在测试过程中对各数据采集单元内的测试数据进行定期存储，并对各数据采集系统进行校时，实现分布式采集系统的同步。

A.7.1　气象数据采集设备

本测试将根据现场情况从以下几种测风方案中选择一种。

1. 测风塔测风方式

依据标准 IEC 61400-12-1：2017 中附录 G《测风塔上设备的安装》的相关规定进

行测风塔的设计及气象数据测试仪器的安装。测风塔上仪器设备安装的示意图如附图A.3所示。

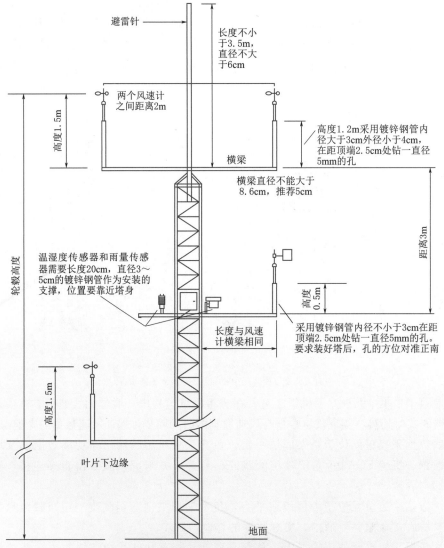

避雷针

长度不小于3.5m，直径不大于6cm

两个风速计之间距离2m

高度1.5m

横梁

高度1.2m采用镀锌钢管内径大于3cm外径小于4cm，在距顶端2.5cm处钻一直径5mm的孔

横梁直径不能大于8.6cm，推荐5cm

距离3m

轮毂高度

温湿度传感器和雨量传感器需要长度20cm，直径3～5cm的镀锌钢管作为安装的支撑，位置要靠近塔身

长度与风速计横梁相同

高度0.5m

采用镀锌钢管内径不小于3cm在距顶端2.5cm处钻一直径5mm的孔。要求装好塔后，孔的方位对准正南

高度1.5m

叶片下边缘

地面

附图A.3　测风塔仪器设备安装示意图

（引自《北京鉴衡认证中心有限公司技术服务报告》）

测风塔上安装的气象数据采集设备清单如附表A.8所示。

附表A.8　　　　　　　　　　气象数据采集设备清单

序号	设备名称	数量	序号	设备名称	数量
1	数据采集器	1	4	温湿度传感器	1
2	风速计	3	5	气压传感器	1
3	风向计	1			

注：引自《北京鉴衡认证中心有限公司技术服务报告》。

所有测试设备均通过检定/校准，并在有效期内。

（1）风速计。风速计安装在气象桅杆顶部，安装高度与被测风力发电机组的轮毂高度保持一致。安装风速计的横杆垂直于风力发电机组塔筒中心与气象桅杆的连线，竖杆保持垂直。采用风杯式风速计，在同一高度安装了 2 个同一类型的风速计，其中一个为主风速计，另一个为参考风速计，参考风速计用于对主风速计的数据进行校核。两个风速计间距为 2.5m，满足标准中对于两支风速计间距为 1.5~2.5m 之间的规定。叶片下边缘位置安装一个风速仪，用于计算风剪切。

（2）风向计。测试所用的风向计安装在气象桅杆顶部，安装高度比风速计的安装高度低 3m，安装风向计的横杆与安装风速计的横杆平行。

（3）温湿度传感器。风功率参数与空气密度相关，空气密度是大气压、大气温度的函数，由二者的测试数据计算得出。温湿度传感器安装在轮毂高度以下 4.5m 处（满足标准中安装位置与轮毂高度差小于 10m 的要求）。

（4）气压传感器。气压传感器安装在数据采集器柜内（满足标准中安装位置与轮毂高度差小于 10m 的要求）。

（5）数据采集器。数据采集器安装在数据采集柜内，位于温湿度传感器支架下方，采集器采用一张容量为 2G 的存储卡存储数据，并通过无线通信方式将数据传输至现场工业服务器，并与工业服务器进行校时，实现数据同步。

2. 激光雷达测风方式

依据新版功率特性测试标准要求，平坦地形可以使用激光雷达进行测试，但是测试前及测试后均需要与测风塔进行一致性校验。

激光雷达有两种方式，必要时同时采用两种方式进行测风并将数据进行比对分析：

（1）3D 扫描测风激光雷达：在风机基础平台位置（视叶片遮挡情况）安装 3D 扫描激光雷达，倾斜打到轮毂高度及 2.5 倍叶轮直径位置，测量该位置的风速。

（2）机舱式测风激光雷达：机舱顶部安装机舱式激光雷达，测量前方 2.5D 位置的风速。

A.7.2 功率数据采集设备

风力发电机组净电功率的测量采用功率变送器测量装置，同时在风力发电机组出口电缆位置（升压变压器入口侧，即变流器出口侧减去自用电位置）安装 3 台电流互感器对每相电流分别进行测量。所有测试设备（附表 A.9）均通过检定/校准并在有效期内方可使用。

附表 A.9　　　　　　　功 率 数 据 采 集 设 备

序号	设备名称	数量	序号	设备名称	数量
1	电流互感器	3	2	功率变送器	1

注：引自《北京鉴衡认证中心有限公司技术服务报告》。

A.7.3 载荷数据测试设备

1. 数据采集设备

每台机组的载荷数据采集包含 3 台数据采集器，分别位于叶轮、塔顶、塔底处。

2. 应变片

测试过程中采用的应变片位置及数量如附表 A.10 所示。

附表 A.10　　　　　　　　载荷应变片布置位置及数量

序号	设 备 名 称	数量	阻　值
1	塔架弯矩应变片	8	(350.0±0.3) Ω
2	主轴弯矩应变片	8	(350.0±0.3) Ω
3	叶片弯矩应变片	24	(350.0±0.3) Ω
4	塔架扭矩应变片	8	(350.0±0.3) Ω
5	主轴扭矩应变片	8	(350.0±0.3) Ω

注: 引自《北京鉴衡认证中心有限公司技术服务报告》。

A.8　设备安装方案

依据标准要求和机组实际情况,机组载荷测试位置分别选择在塔架底部、塔架顶部、主轴、叶片根部、叶片中部进行。

A.8.1　塔架载荷测量

塔架载荷测试内容分为塔底载荷测量和塔顶载荷测量两部分,塔底载荷测试内容为两个互相垂直方向上的弯矩,塔顶载荷测试内容为两个互相垂直方向上的弯矩和塔顶扭矩。

1. 塔架载荷应变传感器安装位置

(1) 塔底。测量塔底载荷的应变传感器安装在距塔架门上方塔筒壁 2m 处位置,分别对应主风向方向和垂直于主风向方向各粘贴两组应变电桥。每组两个桥臂呈 180°相互对应。通过激光水平投线仪和米尺来确定塔架中心位置及应变传感器粘贴位置。

(2) 塔顶。测量塔顶载荷的应变传感器安装在距塔顶法兰 1m 的位置处,分别对应主风向方向和垂直于主风向方向各粘贴两组应变电桥用于塔顶弯矩测量,在主风向方向再粘贴 2 组应变电桥用于塔顶扭矩测量,每组两个桥臂呈 180°相互对应。通过激光水平投线仪和米尺来确定塔架中心位置及应变传感器粘贴位置。

2. 塔架载荷测量数据

塔底载荷测量数据存储在塔底测试设备柜中的服务器中。塔底测试设备柜大小为 60cm×50cm×20cm,内部示意图如附图 A.4 所示,放置在一层平台上面,摆放位置如附图 A.5 所示。该测试设备柜中同时置有功率变送器进行功率测量。测试柜由机组提供 220V 供电。

塔顶载荷测量数据存储在塔顶测试设备柜中,放置在塔顶偏航平台位置处。测试柜由机组提供 220V 供电。

A.8.2　风轮载荷测量

风轮载荷测试内容分为风轮俯仰力矩、偏航力矩与风轮扭矩三项。

传感器安装位于法兰轮前主轴喇叭口位置处(附图 A.6),偏航力矩和倾覆力矩通过

4 个相差 90° 的应变计测量。风轮扭矩通过 2 个相差 180° 的应变计测量。主轴载荷数据通过信号线缆接入轮毂测试设备柜的数据采集器进行采集。

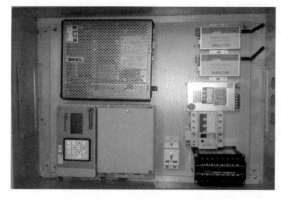

附图 A.4 塔底设备柜内部示意图
（引自《北京鉴衡认证中心有限公司技术服务报告》）

附图 A.5 塔底测试设备柜摆放位置
（引自《北京鉴衡认证中心有限公司技术服务报告》）

风轮弯矩采用精密电阻标定，风轮扭矩通过发电机功率及转速标定。

风轮载荷测量数据通过信号线接入轮毂设备柜内的数据采集器中，进行实时采集，同时采集的数据还有 3 个叶片的载荷信号和风轮方位角信号。轮毂设备柜内含有数据采集器 1 台，RS485 通信模块 1 个，220V 转 12V 开关电源、空气开关各 1 个。测试柜由机组提供 220V 供电。数据采集器内含 2G 内存卡，可存储少量测试数据，数据采集器通过 2 个 RS485 模块，滑环通道，网线实现与塔底工业服务器的实时连接，将测试数据保存至塔底服务器，并进行时间校准，保证数据同步。轮毂内设备柜安装示意图参见附图 A.7。

附图 A.6 主轴变计安装位置示意图
（引自《北京鉴衡认证中心有限公司技术服务报告》）

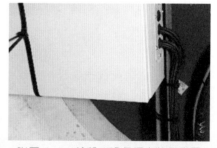

附图 A.7 轮毂内设备柜安装示意图
（引自《北京鉴衡认证中心有限公司技术服务报告》）

A.8.3 叶片载荷测量

叶片载荷测试内容分为叶片根部挥舞弯矩、摆振弯矩测量、叶片中部挥舞弯矩和摆阵弯矩测量。

1. 叶片根部载荷应变传感器安装位置

叶片根部应变片安装位置距离叶根螺栓最深处 0.5m 以上，分别对应叶片最大弦长方向（由叶片生产企业给出）和垂直于该方向。在叶片内部均等成 90° 的 4 个位置粘贴应变传感器。每组的两个桥臂呈 180° 相互对应，四组桥臂分别互成 90°。

叶片根部载荷数据通过信号线缆接入轮毂测试设备柜的数据采集器进行采集。

2. 叶片中部载荷应变传感器安装位置

按照标准要求，叶片中部应变传感器应安装在叶片 30%～50% 之间。

挥舞方向应变传感器安装在前缘腹板和后缘腹板之间的主梁位置处，上壳体主梁和下壳体主梁各粘贴一片应变传感器，构成全桥电路，进行载荷数据测量。主梁位置处的应变传感器需在叶片合缘之前进行打磨、贴片、布线与防护，信号线缆可在叶片合缘时一起埋入玻璃纤维内。

摆阵方向应变传感器安装在叶片后缘的下壳体上，与叶片后缘腹板中间位置保持水平，连续粘贴两片应变传感器，这两片应变传感器的电源与地相反，构成全桥电路，进行载荷数据测量，考虑到叶片的生产过程，摆阵方向应变传感器需在叶片合缘前进行粘贴，信号线缆通过铜箔、粘块等沿叶片固定至采集器，叶片中部的应变传感器安装位置如附图 A.8 所示。

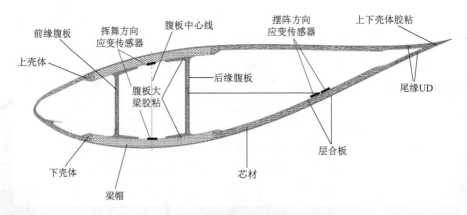

附图 A.8　叶片中部应变传感器安装示意图
（引自《北京鉴衡认证中心有限公司技术服务报告》）

叶片中部载荷数据通过信号线缆接入轮毂测试设备柜的数据采集器进行采集。

A.8.4　功率数据采集单元设备安装

1. 电压采样

电压采样取自变流器网侧位置，一般选取在机组自用采样回路作为功率特性测试采样电压。采用 2.5mm² 的四芯护套线，耐压等级大于 AC 1000V。电压取样线接入塔底设备柜内的三相开关（附图 A.9）。

2. 电流采样

电流互感器安装于升压变压器低压侧母线排（附图 A.10），在互感器接入前，互感器的二次回路均要连接稳妥。互感器安装时要注意

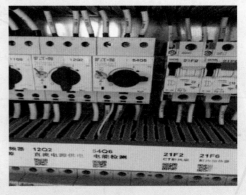

附图 A.9　电压采样位置示意图
（引自《北京鉴衡认证中心有限公司技术服务报告》）

电流方向标识。每支互感器安装前，先进行二次回路的导通测量检查。检查无误后连接到功率变送器相应的电流输入端。二次回路连接完成后，再将互感器接入机组出口回路。完全完成一相安装工作后再进行下一相回路的安装。

附图 A.10　电流采样位置示意图
（引自《北京鉴衡认证中心有限公司技术服务报告》）

3. 注意事项

（1）在 8.4.2 的操作前，必须断掉该机组的箱变高压侧开关，并在低压侧接入短路保护装置，同时悬挂警示标识。

（2）断开机组箱变并网主开关，并使用万用附表检查机组主回路电压。

（3）设备安装完毕后，所有安装和改动过的位置均要专人（非安装人）进行仔细检查后方可合箱变供电闸。

（4）箱变合闸后，测量各个位置电压。确认无误后，启动机组。

设备安装最终方案可能因为现场的实际施工条件而有变化。

A.9　载荷标定

A.9.1　电阻标定

工具：电阻标定盒，内含 50k、100k、200k、400k、600k、800k 8 个档位精密电阻。

标定方法：将电阻标定盒的黑色附表笔接到采集器的地上，红色附表笔依次顶在应变片测量点接入采集器的螺丝上，以塔底为例，黑色附表笔接地，红色附表笔分别顶在 SE1、SE2、SE3、…、SE8 的螺丝上，电阻盒上面的滑动变阻器依次从 50k 旋转至 800k，再从 800k 旋转至 50k，每次旋转间隔 5～6s，若不方便看时间，可以匀速从 1 数到 10（附图 A.11）。

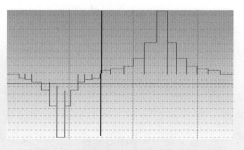

附图 A.11　应变片电阻标定波形示意图
（引自《北京鉴衡认证中心有限公司技术服务报告》。黑线左侧为红色附表笔接在 SE1 螺丝上，滑动变阻器正一圈，反一圈后的波形。黑线右侧为红色附表笔接在 SE2 螺丝上，滑动变阻器正一圈，反一圈后的波形）

标定要求：要求在风速较小时进行。

需要进行电阻标定的应变片：塔底应变片、主轴应变片。

A.9.2　塔架偏航标定

风速要求：风速小于 4m/s。

标定方式：利用偏航方式进行塔架弯矩的载荷标定工作，需要连续偏航一圈半以上，然后反向偏航一圈半以上，返回原位置。

现场观察：打开现场服务器，连接塔底数据采集器，通过附图形观察界面查看塔底载荷信号 TDM1、TDM2、TDC1、TDC2，并将附图形宽度时间设置为 40min 左右，查看载荷波形是否如附图 A.12 所示。

标定结束后，将标定数据单独存储。

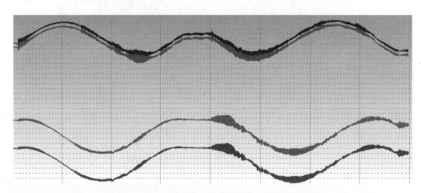

附图 A.12　塔架弯矩标定塔底波形示意图

（引自《北京鉴衡认证中心有限公司技术服务报告》）

A.9.3　叶片 0°标定

风速要求：风速小于 4m/s，越小越好。

操作要求：对于可独立变桨的机组，将进行标定的叶片桨距角变为 0°，为减少 3 个叶片同时 0°，叶片旋转过快对标定数据造成影响和安全隐患，可将其他叶片变桨至 30°～70°，保证叶片匀速空转 3～5 周。

操作要求：对于不能独立变桨的机组，将 3 个叶片同时变桨至 0°，保证叶片空转 3～5 周。

现场观察：打开现场服务器，连接叶片数据采集器，通过附图形观察界面查看叶片挥舞、摆阵载荷信号，如果是叶片 0°标定，将时间范围设置为 5min，若进行叶片 90°标定，将时间范围设置为 10min，观察波形是否如附图 A.13 所示。

标定结束后，将标定数据单独存储。

A.9.4　叶片 90°标定

风速要求：风速小于 4m/s，越小越好。

操作要求：对于可独立变桨的机组，将进行标定的叶片桨距角变为 90°，另外 2 个叶

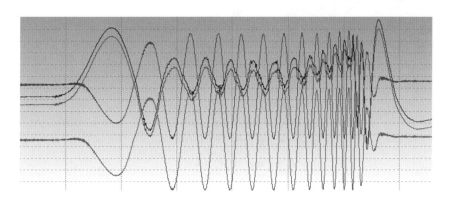

附图 A.13　叶片弯矩标定波形示意图

（注：引自《北京鉴衡认证中心有限公司技术服务报告》。若是叶片 0°标定，则蓝绿色为
摆阵方向应变；若是叶片 90°标定，则蓝绿色为挥舞方向应变）

片变桨至 0°，保证叶片空转 3～5 周。

对于不能独立变桨的机组，将 3 个叶片同时变桨至 90°叶片无法旋转，可将 3 叶片同时变桨至 85°左右，若还无法空转，逐渐减小桨距角。

现场观察：打开现场服务器，连接叶片数据采集器，通过附图形观察界面查看叶片挥舞、摆阵载荷信号，如果是叶片 0°标定，将时间范围设置为 5min，若进行叶片 90°标定，将时间范围设置为 10min，观察波形。

标定结束后，将标定数据单独存储。

A.9.5　叶片水平变桨标定

风速要求：风速小于 4m/s，越小越好。

操作要求：将机组侧对风，将标定叶片锁至水平位置，通过风轮方位角判断叶片是否水平，若不水平，记录此时叶片位置，位置定义按照人正面看风轮平面时，将叶片位置按照手附表时间分布定义，比如左侧水平为 9 点钟方向。将叶片桨距角从 90°变桨至 0°，等待 3min 左右，叶片稳定后，再从 0°变桨至 90°。若条件允许，可将叶片分别锁平至左右两边，进行 2 次标定，若桨距角还能进行更大度数的变化，效果更佳。

现场观察：查看标定波形。

标定结束后，将标定数据单独存储。

A.9.6　其他标定

载荷测试还需进行其他标定，详见附表 A.11 载荷标定信息记录表。

附表 A.11　　　　　　　　　　　载荷标定信息记录表

完成情况	序号	标定内容	标定时间	单独存储	需要文件
	1	塔底电阻标定		中文名.dat	Only
	2	塔底偏航标定		中文名.dat	All

续表

完成情况	序号	标定内容	标定时间	单独存储	需要文件
	3	塔底应变片粘贴角度标定、位置说明		文档说明	
	4	塔顶电阻标定		中文名.dat	Only
	5	塔顶偏航标定		中文名.dat	All
	6	塔顶应变片粘贴角度标定、位置说明		文档说明	
	7	主轴/支撑架电阻标定		中文名.dat	Only
	8	主轴/支撑架应变片粘贴角度标定、位置说明		文档说明	
	9	1号叶片0°空转标定		中文名.dat	All
	10	1号叶片90°空转标定		中文名.dat	All
	11	1号叶片水平变桨标定		中文名.dat	All
	12	1号叶片应变片粘贴角度标定、位置说明		文档说明	
	13	2号叶片0°空转标定		中文名.dat	All
	14	2号叶片90°空转标定		中文名.dat	All
	15	2号叶片水平变桨标定		中文名.dat	All
	16	2号叶片应变片粘贴角度标定、位置说明		文档说明	
	17	3号叶片0°空转标定		中文名.dat	All
	18	3号叶片90°空转标定		中文名.dat	All
	19	3号叶片水平变桨标定		中文名.dat	All
	20	3号叶片应变片粘贴角度标定、位置说明		文档说明	
	21	风轮方位角信号标定		文档说明	
	22	偏航角度信号对北标定		文档说明	
	23	测风塔风向标对北标定		文档说明	
	24	测风塔2风速计连线方向对北标定		文档说明	
(New)	25	3个叶片中部应变片粘贴角度标定、位置说明		文档说明	
(New)	26	3个叶片中部应变片标定数据		中文名.dat	All

注：1. Only 表示只要进行操作内容的数据。

　　2. All 表示采集内所有数据（包括气象、塔底、塔底、主轴、叶片等所有数据）。

　　3. 引自《北京鉴衡认证中心有限公司技术服务报告》。

A.10　安全事项

参考风力发电机组现场测试安全规程，此处略。

附录 B

风电机组环境适应性测试大纲

B.1 概述

本测试大纲适用于福清兴化湾样机试验风电场风电机组科研测试评价项目中机组环境适应性的测试。通过采集风力发电机组及其主要部件服役环境的温度、湿度、海盐粒子等参数，同时进行相关的试验检测，并结合现场测试和检查情况以及机组的运行状态，来验证和评估各风电机组在温度、湿度、盐雾、雨水、雷电、霉菌、太阳辐射等外部环境条件的适应性。

本测试大纲对参评机组环境适应性能的测试给出了基本的要求，用于指导现场测试工作的开展。

B.2 测试和评价标准

IEC 61400-3：2009《海上风力发电机组设计要求》

NB/T 31006—2011《海上风电场钢结构防腐蚀技术标准》

GB/T 3797—2005《电气控制设备》

GB/T 2423 系列标准

ANSI/ISA-71.04—2013《Environmental Conditions for Process Measurement and Control Systems：Airborne Contaminats》

NB/T 31094—2016《风力发电设备 海上特殊环境条件与技术要求》

IEC 61400-24：2010《风力发电机系统 第 24 部分：防雷保护》

NB/T 31039—2012《风力发电机组雷电防护系统技术规范》

GB/T 7060—2008《船用旋转电机基本技术要求》

GB 4208—2008《外壳防护等级（IP 代码）》

GB/T 19292.1—2003《金属和合金的腐蚀 大气腐蚀性 分类》

GB/T 14165—2008《金属和合金 大气腐蚀试验 现场试验的一般要求》

GB/T 16545—1996《金属和合金的腐蚀 腐蚀试样上腐蚀产物的清除》

GB/T 19292.4—2003《金属和合金的腐蚀 大气腐蚀性 用于评估腐蚀性的标准试样的腐蚀速率的测定》

ISO 2808：2007《涂料和清漆 漆膜厚度的测定》

GB/T 9754—2007《色漆和清漆 不含金属颜料的色漆漆膜的 20°、60°和 85°镜面光泽的测定》

GB/T 11186.2—89《漆膜颜色的测量方法 第二部分：颜色测量》

GB/T 11186.3—89《漆膜颜色的测量方法 第三部分：色差计算》

ISO 4628：2～7—2003《色漆和清漆 涂层老化的评定：起泡、生锈、开裂、剥落、粉化》

B.3 测试机组基本信息

参评机组型号参数各异，将分别根据机组对外部环境条件的防护和控制措施以及机组配置信息进行确认。

B.4 测试项目及测试范围

B.4.1 服役环境条件监测

对机组服役环境进行持续监测，分析风电机组内外温度、湿度、盐雾等环境条件数据，环境条件整体监测周期为 10～12 个月，以系统分析海上风电机组服役环境条件，为不同海上风电机组环境适应性方案对比分析提供基础数据支持，具体内容如附表 B.1 所示。

附表 B.1   海上风电机组服役环境条件监测内容

监测内容	监测部位	监测说明
温湿度	机舱外部温湿度 机舱内部温湿度 塔基内部温湿度 塔基控制柜内部温湿度 机舱控制柜内部温湿度 变频柜内部温湿度	在线连续监测各个部位温湿度数据，采集频率为 5min，3 个月导一次数据
海盐粒子	机舱外部海盐粒子监测 机舱内部海盐粒子监测 塔基内部海盐粒子监测	采取离线式挂膜采样分析，采集频率为 3 个月挂样一次，每次现场试验 1 个月

注：引自《中国电器科学研究院有限公司技术服务报告》。

B.4.2 大气腐蚀等级测试

根据《海上风力发电机组设计要求》（IEC 61400-3：2009），机组外大气环境腐蚀性等级为 C5，机舱及塔筒等内环境腐蚀性等级为 C4。因此，可以通过采集和计算得到的风力发电机组运行时所处的风电机组内、外部的大气腐蚀等级，并结合现场检查情况和机组的运行状态，来验证和评估风电机组的耐腐蚀性能。

依据《金属和合金的腐蚀 大气腐蚀性 用于评估腐蚀性的标准试样的腐蚀速率的测定》（GB/T 19292.4—2003），测定放置于机舱外部以及内部环境的暴露1年的标准试样的失重，从而得出试件的腐蚀速率。依据《金属和合金的腐蚀 大气腐蚀性 分类》（GB/T 19292.1—2003），得出被测环境的腐蚀性等级。

试样选用材质为Q235B的热轧平板，尺寸为135mm×100mm×2mm。试样数量为14件：3件放置于机舱顶部，6件放置于风电机组内部，3件放置于塔基平台，2件为对比试样。试验试样采用敞开暴露的放置方式。试样夹具采用聚酰胺或尼龙1010，试样底部距离固定面不得小于350mm。试样安装过程中不得直接与皮肤接触或污染试样表面，夹具及试样须可靠固定以防止意外移动。所有试样倾斜45°安装。试样称重后应妥善保存避免机械损伤以及与腐蚀性物品接触。试样暴露时间为1年，试样暴露起始时间选择春季或秋季。每个季度定期观察试样，检查试样是否发生松动，记录试样上下表面的腐蚀变化过程，并拍照说明。

试样暴露结束后，应当及时将所有试样妥善保护并收回实验室。试样回收过程中，应当对试样干燥保存，不得解除腐蚀性试剂，避免机械刮伤等。试样失重的检测应当在暴露结束后的一周内进行。失重检测时，重量测量精度为0.1mg。并且同一试样的处理过程：除锈—称重的过程不得少于3次，至试样重量测量值稳定。使用式（附B.1）计算试样的年腐蚀速率：

$$r_{cor} = \Delta m/(A \cdot t) \qquad\qquad (\text{附 B.1})$$

式中 Δm——单件试样的失重，g；

$\quad\quad A$——单件试样的原始表面积，m^2；

$\quad\quad t$——试样暴露时间，年。

具体的实验操作主要参照《金属和合金 大气腐蚀试验 现场试验的一般要求》（GB/T 14165—2008）以及《金属和合金的腐蚀 腐蚀试样上腐蚀产物的清除》（GB/T 16545—1996）。

B.4.3 结构件防腐措施现场测试

目前海上风电机组结构件主要采用涂层进行海洋防腐，为测试评估防腐涂层体系在福建实际海洋环境的防腐能力，将对涂层光泽、色差和粉化数据、腐蚀现象拍照记录等进行测试分析，此外，将尝试采用便携式交流阻抗仪对涂层整体防护性能进行测试分析，测试周期为4个月一次，以此分析涂层体系在实际海洋大气环境中环境失效行为。涂层性能测试所参考的测试标准见附表B.2。

附表 B.2 涂层性能测试所参考的测试标准

试验种类	测 试 标 准
干膜厚度	ISO 2808：2007《漆膜厚度的测定》
光泽	GB/T 9754—2007《色漆和清漆 不含金属颜料的色漆漆膜的20°、60°和85°镜面光泽的测定》

续表

试　验　种　类	测　试　标　准
色差	GB/T 11186.2—89《漆膜颜色的测量方法　第二部分：颜色测量》， GB/T 11186.3—89《漆膜颜色的测量方法　第三部分：色差计算》
粉化、脱落、剥离、锈蚀	ISO 4628：2～7—2003《色漆和清漆　涂层老化的评定： 起泡、生锈、开裂、剥落、粉化》

注：引自《中国电器科学研究院有限公司技术服务报告》。

　　此外，项目实施过程中，还将对海上风电机组法兰、高强螺栓、外部散热件等关键结构件的腐蚀问题进行现场腐蚀调查，并对腐蚀部位进行拍照记录，并结合双馈型、直驱型、半直驱型海上风电机组特征，对不同机型特殊结构件进行现场腐蚀调查，对比分析其防腐能力。

　　最终，结合海上风电厂家提供关键结构件及其涂层体系环境试验实验室测试结果，综合对比分析不同海上风电结构件及其涂层体系在实际过程的防护能力。

B.4.4　电器设备环境失效现场评估

　　参考 ISA-71.04—2013，采用电器设备腐蚀环境表征测试片（附图 B.1）对变流器、控制系统等关键电器设备服役环境进行量化表征分析，电器设备结构精密，元器件多采用高纯铜材，所以监测测试片应采用高纯度、高导电性的无氧铜，铜（Cu）含量应大于 99.99%，氧（O）含量应小于 0.0005%。监测铜测试片尺寸为 90mm×12mm×0.5mm，将测试片放在变流器、主控制系统等关键电器设备周围进行腐蚀性评估，测试周期为每 3 个月一次，每次试验时间为 30d。试验结束后，通过采用电化学还原方式来分析腐蚀产物膜的主要成分和厚度，腐蚀膜厚理论测试精度可以达到 1Å，从而解决了传统失重法对于微量腐蚀测量误差大的问题。

附图 B.1　电器设备腐蚀环境表征测试片
（引自《中国电器科学研究院有限公司技术服务报告》）

　　监测测试片需保存在不透光的真空密封袋中，或用惰性气体进行保护，并避免靠近热源。当要进行环境腐蚀性表征分析时，才能取出测试片。监测测试片一般应垂直地置于需要监测的区域，并采用试样架进行固定。监测测试片表面要完全暴露在空气中，监测过程避免触碰测试片，避免测试片受到污染。测试片在现场试验 30d 后，采用 ISA-71.04—2013 标准中方法得到电器设备服役环境腐蚀风险性，如附表 B.3 所示。

　　各等级对应的腐蚀性风险如下：

　　G1——轻微，腐蚀环境不会影响设备正常运行；

G2——中等，电器设备存在腐蚀风险；

G3——严重，电器设备腐蚀风险较大，应对设备进行定制或采用环境净化控制；

GX——苛刻，电器设备腐蚀风险极大，必须对设备进行定制或采用环境净化控制。

附表 B.3　　　　　　　　　　　环境腐蚀性的评级标准

腐蚀产物膜厚	＜300Å/月	300～1000Å/月	1000～2000Å/月	＞2000Å/月
环境腐蚀性等级	G1	G2	G3	GX

注：引自《中国电器科学研究院有限公司技术服务报告》。

此外，项目实施过程中，还将对变流器、主控制系统等关键电器设备进行环境失效调查分析，检查其外壳、密封件、电子元器件腐蚀老化情况，同时，将参考《风力发电设备　海上特殊环境条件与技术要求》（NB/T 31094—2016），采用绝缘电阻测量仪对变流器、主控制系统等关键电器设备的绝缘电阻进行测量，考虑测试过程中环境温湿度对测量结果具有影响，测量过程中还应记录被测电器设备周围的环境温度、湿度值。

最终，结合海上风电厂家提供电器设备环境试验实验室测试结果，综合对比分析不同海上风电涂层体系在实际过程的防护能力。

B.4.5　其他测试

各风电机组在雨水、雷电、霉菌、太阳辐射等外部环境条件的适应性测试评估，主要参考机组供应商提供的相关技术资料，并结合现场检查情况和机组运行状态进行。

B.5　安全事项

参考风力发电机组现场测试安全规程，此处略。

附录 C

运行考核期结束后机组大部件检测
及分系统检查大纲

C.1　概述

本大纲适用于福清兴化湾样机试验风电场风电机组科研测试评价项目中风电机组运行考核期结束后大部件检测及分系统检查。

C.2　测试标准

遵循的主要现行标准，但不仅限于下列标准的要求，所有设备都符合相应的标准、规范或法规的最新版本或其修正本的要求。

IEC 61400 - 11：2012《风力发电机组　噪音测量技术》

IEC 61400 - 12 - 1：2017《风力发电机组　功率特性测试》

GB/T 20319—2017《风力发电机组　验收规范》

GB/T 20320—2013《风力发电机组　电能质量测量和评估方法》

DL/T 666—2012《风力发电场运行规程》

DL/T 796—2012《风力发电场安全规程》

DL/T 797—2012《风力发电场检修规程》

DL/T 5191—2004《风力发电场项目建设工程验收规程》

GB/T 19963—2011《风电场接入电网技术规定》

CGC/GF 030：2013《风力发电机组质量保证期验收技术规范》

NB/T 31004—2011《风力发电机组振动状态监测导则》

C.3　检查要求

（1）要使用经有技术鉴定资质的机构检测合格的工器具（液压站、手动力矩扳手、万用表、绝缘表、直流电桥等专用工具），对现场风电机组进行检测、检查，了解风力发电机组的运行状态，明确机组目前健康状况和未来运行风险。

（2）检查人员结合整机厂商和业主方技术资料，制定完整的检测方案，至少包含：人员配置情况、工器具清单、详细工作进度时间表、详细检测方案、安全措施、技术措施、组织措施等。

（3）检测/检查完毕后，应出具完整的检测/检查报告。报告中有测试图、缺陷照片、缺陷分析过程和维修建议等，做到"有图有真相、有建议有方法"，增强报告的权威性和对主机厂的说服力。

（4）对于检测或检查中发现的缺陷及问题，检查人员应及时告知业主方和整机厂商，以便对缺陷和问题进行确认，并对危险缺陷进行妥善解决。

C.4 大部件检查内容

C.4.1 机组一致性及合规性

机组一致性及合规性检查主要通过文档审查和现场核对的方式进行，主要检查项目参见附表 C.1 所示，但不限于该表的要求。

附表 C.1　　　　　　　　　　机组一致性及合规性检查项目

评估项目	评估内容	评估要求		
		合格证及检测报告	认证证书	合同要求
机组配置	叶片			
	变桨轴承			
	轮毂			
	主轴承			
	主轴			
	齿轮箱			
	联轴器			
	发电机			
	液压站			
	偏航电机			
	偏航齿轮箱			
	变桨电机			
	变桨齿轮箱			
	变桨蓄电池/超级电容			
	偏航制动器			
	高速轴制动器			
	偏航轴承			
	变频器			

注：引自《北京鉴衡认证中心有限公司技术服务报告》。

C.4.2　齿轮油、液压油分析

具备润滑油检测鉴定资质的检测机构对齿轮箱油样进行检测、化验和鉴定分析，主要检测外观、色度、40度和100度运动黏度、黏度指数、抗磨性、水分、总酸值、颗粒度、元素分析中的磨损成分、污染成分、添加剂成分等，并给出结论。

C.4.3　振动测试

通过在主轴、齿轮箱和发电机等相关测点上布置若干振动加速度传感器（一般为6~7个）和1只转速传感器，采集振动和转速信号。通过专用的振动分析软件进行振动分析，从而判断各个测点的工作状态。

C.4.4　齿轮箱内窥镜检查

对齿轮箱冷却系统、传感器、弹性支撑、加热器、过滤器、齿轮箱内部等部件进行检查。主要是齿轮箱内部，需要采用工业内窥镜对疑似故障点进行重点检查，以获得直观而准确的检查结果，以发现齿轮表面的点蚀、磨损、裂纹、剥落等缺陷。

C.4.5　发电机对中检查

采用国际知名品牌激光对中仪，精度和稳定性高，操作便捷。操作方法是分别将两个激光探头固定在齿轮箱输出轴和发电机输入轴上，并将探头间距离等作为输入条件，再通过轴向旋转的方式，测量270°夹角内的三点位置，以便确认对中数值。

C.4.6　发电机绝缘检测

采用摇表进行发电机绝缘测试，测试发电机各相间绝缘情况，测试每相对地绝缘情况；测试发电机定、转子直阻；检查发电机前后接地情况。

C.4.7　叶片外部及内部检查

叶片系统检查主要对风电机组每支叶片外表面、内部进行检查（限人工可达位置），记录异常情况及数据，形成检测报告。外部采用长焦相机或无人机可满足对叶片的前缘和后缘以及从叶尖到叶根的整体检查要求。

风电机组3只桨叶分三次，每次将一只桨叶转到水平位置，由专业技术人员从轮毂进入到叶片内部对叶片内部结构进行检查，对缺陷部位拍照存档。对所有发现的问题、缺陷和照片进行整理归档，对缺陷进行评估，出具检查报告。

C.4.8　塔架垂直度检查（视情选做）

利用电子全站仪，检查塔筒垂直度、倾斜距离及倾斜角度。

C.5　风电机组分系统检查项目

风电机组分系统检查项目及内容参见附表 C.2~附表 C.13。

附表 C.2 塔 架 检 查 记 录 表

风电机组编号			部件名称					
检验人			检验时间					
部件厂家								

序号	检验项目		检验标准	方法	检验记录	判定	备注
1	整体检查	内外表面	1. 漆膜无破损 2. 表面无锈蚀	望远镜＋目测			
2	内部照明	开关、电缆、灯具	1. 开关正常 2. 灯具完好 3. 电缆连接牢固	目测			
3	爬梯系统	防坠绳、助爬器、平台	1. 爬梯紧固牢靠 2. 助爬器功能正常 3. 平台固定牢靠、无油污	目测			
4	焊缝检查	焊缝外观	焊缝无裂纹	目测			
5	防雷线	外观、紧固	1. 无锈蚀 2. 螺栓紧固牢靠	目测			
6	基础	外观	1. 无积水 2. 无油污、杂物	目测			
7	电缆及附件	外观、固定	1. 电缆桥架固定牢靠 2. 电缆外表及绝缘无破损 3. 接线端子无氧化	目测			
检验结论							

注: 引自《北京鉴衡认证中心有限公司技术服务报告》。

附表 C.3 电气控制系统检查记录表

风电机组编号		部件名称	
检验人		检验时间	
部件厂家			

序号	检验项目		检验标准	方法	检验记录	判定	备注
1	整体检查	内外表面	1. 漆膜无破损 2. 表面无锈蚀	目测			
2	控制柜	控制柜、连接电缆及其照明	1. 照明完好 2. 电缆连接牢固	目测+万用表			
3	操作面板	操作面板外观、通信、按钮	1. 外观无损坏 2. 各开关按钮无损坏 3. 操作面板功能正常	目测			
4	反馈信号	检查软件各种信号	1. 软件故障码状态 2. 保证无屏蔽报警信号现象	目测			
5	SCADA系统、中央监控系统功能	软件版本、数据存储情况	按《使用手册》要求	目测			
6	控制柜通风散热、加热、密封及控制柜接地等	按《维护检修手册》要求	1. 电缆桥架固定牢靠 2. 电缆外表及绝缘无破损 3. 接线端子无氧化	目测，SCADA故障记录			
7	通信系统	通信状态	1. 线路连接牢靠 2. 走线规范，绑扎牢固 3. 无磨损，标识清晰	目测			
8	控制软件	机组的控制软件版本号，升级记录及结果	1. 控制软件版本是否一致 2. 软件升级或更改记录和书面报告 3. 报告中应说明升级原因及所解决问题 4. 验收时应检查是否达到升级的目的和有没有影响其他功能	目测			
检验结论							

注：引自《北京鉴衡认证中心有限公司技术服务报告》。

附表 C.4　　　　　　　　　　　偏航系统检查记录表

风电机组编号			部件名称		
检验人			检验时间		
部件厂家					

序号	检验项目		检验标准	方法	检验记录	判定	备注
1	外观	齿面、摩擦盘	1. 齿面无破损 2. 表面无锈蚀 3. 摩擦盘无油污及其他损伤	目测			
2	偏航电机	转动测试	1. 刹车正常开启 2. 转动灵活、无异响 3. 电缆连接牢固	测试			
3	齿轮	外观检查	1. 齿面无破损 2. 齿面润滑正常	目测			
4	制动器	外观	1. 表面无破损 2. 功能正常 3. 管路连接无漏油	目测			
5	传感器	外观、紧固、功能	1. 电缆无损坏 2. 功能正常	目测＋测试			
6	齿面	齿面检查	1. 润滑正常 2. 咬合痕迹正常 3. 无锈蚀及其他损伤	目测＋测试			
7	振动及噪声	振动及噪声	1. 偏航运行平稳 2. 运行无异常响声	测试			
8	对风及解缆	风电机组对风和偏航解缆	1. 风电机组自动对风正常 2. 要求角度内自动解缆	测试			
检验结论							

注：引自《北京鉴衡认证中心有限公司技术服务报告》。

附表 C.5　　　　　　　　　　　　叶片与变桨系统检查记录表

风电机组编号			部件名称		
检验人			检验时间		
部件厂家					

序号	检验项目		检验标准	方法	检验记录	判定	备注
1	电池	外观、电压	1. 电池无破损、漏液 2. 电压满足要求	目测＋万用表			
2	制动	空气制动	急停按下时，叶片能够自动收桨	测试			
3	控制	变桨控制系统	1. 电缆连接良好 2. 外观无破损 3. 各元件完好 4. 各功能运行正常	测试			
4	润滑	润滑系统检查	润滑系统功能是否正常	目测			
5	变桨齿圈	变桨齿圈检查	1. 齿面无锈迹 2. 齿圈润滑状况 3. 齿面啮合正常	目测			
6	变桨驱动	变桨驱动检查	1. 电机与减速机连接是否紧固 2. 运行是否正常	目测＋测试			
7	叶片	叶片盖板检查	盖板固定是否良好	目测			
检验结论							

注：引自《北京鉴衡认证中心有限公司技术服务报告》。

附表 C.6 轮 毂 检 查 记 录 表

风电机组编号			部件名称		
检验人			检验时间		
部件厂家					

序号	检验项目		检验标准	方法	检验记录	判定	备注
1	整体检查	内外表面	1. 漆膜无破损 2. 表面无锈蚀 3. 卫生检查	目测			
2	导流罩	内外表面、密封、连接	1. 表面无破损 2. 密封严密 3. 连接牢固	目测			
检验结论							

注: 引自《北京鉴衡认证中心有限公司技术服务报告》。

附表 C.7　　　　　　　　　　主 轴 检 查 记 录 表

风电机组编号			部件名称		
检验人			检验时间		
部件厂家					

序号	检验项目		检验标准	方法	检验记录	判定	备注
1	整体检查	内外表面	1. 漆膜无破损 2. 表面无锈蚀	目测			
2	润滑	润滑状况	1. 润滑脂充足 2. 润滑均匀 3. 渗漏正常	目测			
3	主轴	主轴检查	1. 运行平稳，无异常 2. 轴承密封检查 3. 主轴承座连接状态检查 4. 主轴与齿轮箱连接检查 5. 主轴防护罩固定牢靠	目测＋测试			
检验结论							

注： 引自《北京鉴衡认证中心有限公司技术服务报告》。

附表 C.8 齿 轮 箱 检 查 记 录 表

风电机组编号		部件名称	
检验人		检验时间	
部件厂家			

序号	检验项目		检验标准	方法	检验记录	判定	备注
1	整体检查	内外表面	1. 漆膜无破损 2. 表面无锈蚀	目测			
2	密封	箱体密封	箱体密封完好，无渗漏	目测			
3	冷却系统	阀门、管路、油温油压	1. 各阀门完好，开关位置正确 2. 管路无破损、连接牢固 3. 冷却系统功能正常 4. 润滑油温度正常	测试＋目测			
4	传感器	传感器检查	1. PT100任意两相电阻相等 2. 油位传感器功能正常 3. 压力传感器功能正常	测试			
5	弹性支撑	外观、紧固	1. 外观是否破损 2. 橡胶是否老化 3. 防松标记未移动 4. 未发生窜动	目测			
6	加热器	加热器电缆连接功能是否正常	1. 电缆连接牢固 2. 功能是否正常	目测＋测试			
7	过滤器	滤芯、压差传感器	1. 压差报警无异常 2. 管路连接完好 3. 滤芯表面无污物	目测			
检验结论							

注：引自《北京鉴衡认证中心有限公司技术服务报告》。

附表 C. 9   联轴器检查记录表

风电机组编号				部件名称				
检验人				检验时间				
部件厂家								

序号	检验项目		检验标准	方法	检验记录	判定	备注
1	整体检查	内外表面	1. 漆膜无破损 2. 表面无锈蚀	目测			
2	中间体	表面、力矩限制器	1. 表面无裂纹 2. 力矩限制器标记无错位	目测			
3	连接元件	橡胶缓冲部位 弹簧膜片	1. 橡胶无老化 2. 连杆无裂纹 3. 膜片无变形、裂纹	目测			
检验结论							

注：引自《北京鉴衡认证中心有限公司技术服务报告》。

附表 C.10　　　　　　　　制 动 器 检 查 记 录 表

风电机组编号			部件名称		
检验人			检验时间		
部件厂家					

序号	检验项目		检验标准	方法	检验记录	判定	备注
1	整体检查	内外表面	1. 漆膜无破损 2. 表面无锈蚀	目测			
2	制动盘	表面、厚度、裂纹	1. 表面无锈蚀、油污 2. 表面无凸起、毛刺 3. 表面无裂纹	目测			
3	摩擦片	厚度、摩擦痕迹	1. 厚度满足要求 2. 摩擦痕迹均匀 3. 摩擦片无破损 4. 无油污	目测			
4	制动间隙	间隙测量	制动间隙满足要求	塞尺			
5	传感器	传感器	1. 电缆无破损 2. 紧固牢靠 3. 反馈信号正常	目测＋测试			
检验结论							

注：引自《北京鉴衡认证中心有限公司技术服务报告》。

附表 C.11　　　　　　　　　发 电 机 检 查 记 录 表

风电机组编号				部件名称		
检验人				检验时间		
部件厂家						

序号	检验项目		检验标准	方法	检验记录	判定	备注
1	整体检查	内外表面	1. 漆膜无破损 2. 表面无锈蚀	目测			
2	弹性支撑	外观	1. 外观完好、无破损 2. 橡胶无老化	目测			
3	电缆	外观、连接	1. 外观无破损 2. 连接紧固 3. 端子无氧化、短路痕迹	目测			
检验结论							

注：引自《北京鉴衡认证中心有限公司技术服务报告》。

附表 C.12　　　　　　　　　液压系统检查记录表

风电机组编号			部件名称				
检验人			检验时间				
部件厂家							

序号	检验项目		检验标准	方法	检验记录	判定	备注
1	电缆	外观、紧固	1. 电缆无破损 2. 连接牢固 3. 端子无氧化、短路痕迹	目测			
2	液压阀件	阀体	各阀体功能正常	测试			
3	参数	参数设定	参数设定符合要求	系统参数检查			
4	箱体	外观、泄漏	1. 外观无破损 2. 箱体无泄漏	目测			
5	油管	外观、连接、紧固	1. 外观无破损 2. 油管连接完好、无泄漏 3. 油管紧固牢靠	目测			
6	油位	液压油位检查	液压油位正常	目测			
检验结论							

注：引自《北京鉴衡认证中心有限公司技术服务报告》。

附表 C. 13　　　　　　　整机外观检查记录表

风电机组编号					部件名称		
检验人					检验时间		
部件厂家							

序号	检验项目		检验标准	方法	检验记录	判定	备注
1	标识	提示标识、警告标识、禁止标识	1. 防滑 2. 防坠落 3. 穿戴安装装备 4. 灭火器 5. 注意 6. 禁止吸烟 7. 关键操作等标识应完整无缺失、粘贴位置应醒目	目测			
2	清洁	塔架、机舱、风轮	1. 无油污 2. 无杂物 3. 电缆连接牢固	目测			
检验结论							

注：引自《北京鉴衡认证中心有限公司技术服务报告》。

C. 6　安全事项

参考风力发电机组现场测试安全规程，此处略。

附录 D

考核期运行数据分析大纲

D.1 概述

本大纲适用于福清兴化湾样机试验风电场风电机组科研测试评价项目中风电机组考核期运行数据的分析。

D.2 参考标准

遵循的主要现行标准，但不仅限于下列标准的要求，所有设备都符合相应的标准、规范或法规的最新版本或其修正本的要求。

GB/T 18451.1—2012《风力发电机组　设计要求》

GB/T 20319—2006《风力发电机组　验收规范》

IEC 61400-25-1《风力发电厂的监测和控制用通信系统　原理和模型的总描述》

NB/T 31004—2011《风力发电机组振动状态监测导则》

NB/T 31071—2015《风力发电场远程监控系统技术规程》

GB/T 32128—2015《海上风电场运行维护规程》

NB/T 31085—2016《风电场项目经济评价规范》

CWEA:《风力发电机组运行质量综合评价办法（试行）》

IEC/TS 61400-26-1：2011《风力风电机组　时间可利用率》

D.3 考核期运行数据分析评价要素

D.3.1 SCADA 系统及 CMS 系统数据

（1）评估 SCADA 系统的操作界面、输出报表、监测及控制功能、数据存储功能、数据统计分析功能、参数设置及日志记录功能、报警功能。

（2）评估 CMS 系统的操作界面、采集信息量、输出报表、图形分析功能、风电机组状态评估功能、故障分析及预测功能、报警功能、轴承数据库以及对 TA 和 ISO 10816

标准的支持。

（3）SCADA/CMS 系统提供数据输出的方便性以及是否能够提供满足考核期数据分析所需的所有数据参量。

D.3.2　可利用率

可利用率是反映风电机组在已运行期间的故障水平及服务和备件供应的及时性以及环境和电网条件满足机组运行范围的程度的综合性指标，包括基于时间的可利用率和基于发电量的可利用率，其中，基于时间的可利用率是指在一定的考核时间内风力发电机组无故障可使用时间占考核时间的百分比，考核期可利用率分析主要针对基于时间的利用率进行。按照 IEC/TS 61400-26-1：2011 标准，其计算方法如下：

时间可利用率 $TBA = $［可用小时数/（可用小时数＋不可用小时数）］$\times 100\%$

注：日历时间包括统计时间和无效数据时间，统计时间又区分为可用小时数和不可用小时数。

根据《福清兴化湾海上风电样机试验风电场主机技术经济合同》约定的算法，风力发电机组可利用率计算采用风电机组控制器中的状态列附表数据，时间周期为 1 年（8760h），如 2 月为 29 天，则为 8784h。计算方法如下：

风电机组的可利用率 = （8760 - 由于卖方设备原因故障停机时间）/8760 $\times 100\%$

注：由于卖方设备原因故障停机时间为在运行中由于卖方设备原因导致停机的 1 年累计时间，单位为 h。不包括如下外部条件导致的停机时间：

（1）电网故障（电网参数在技术规范之外）：包括电压、频率超出机组运行允许范围、箱变及外部线路故障。

（2）气象条件（包括风况和环境温度）超出技术规范规定的运行范围。

（3）定期维护及检修。

（4）远程停机、远程锁定偏航（不包括设备故障产生的远程停机和远程锁定偏航）。

（5）运行时买方手动停机（由于风电机组安全存在重大隐患除外）使机组停机的时间。

（6）不可抗力。

（7）因任何原因，买方或根据买方的要求或者他人代附表买方暂停或取消风电机组的使用。

（8）因任何原因，买方或根据买方的要求或者他人代附表买方取消使用运行所必需的风电场组件。

（9）买卖双方同意的任何运行限制。

D.3.3　故障情况统计和分析

综合 SCADA 系统及故障维修记录信息，对故障频次、平均检修间隔时间和平均检修耗时进行评估。

1. 故障频次（FTAF）

故障频次 FTAF 定义为风电机组在统计周期内单台机组平均发生故障的次数，按下式进行计算：

$$故障频次＝主故障次数/机组数量（台数）/统计时长（年）$$

其中，主故障次数指机组主控系统报出的造成停机的首故障，统计时长不应短于半年，宜达到1年。

2. 平均检修间隔时间（MTBI）

平均检修间隔时间MTBI是两次定期或非定期检修之间间隔的时间，按下式进行计算：

$$MTBI＝统计周期内小时数×统计机组台数/检修次数$$

注：如果检修次数为0，则需要扩大统计周期或者样本范围直至检修次数不为0，才能进行计算。

3. 平均检修耗时（MTTI）

平均检修耗时MTTI是指一定时期内风电机组的检修总耗时（即检修停机时间总和）与风电机组的检修次数之比，按下式进行计算：

$$MTTI＝统计范围内检修造成的机组停机时间总和/检修次数$$

注：如果检修次数为0，则需要扩大统计周期或者样本范围直至故障次数不为0，才能进行计算。

D.3.4 部件更换情况及影响分析

综合评价所更换零部件对风电机组运行造成的影响，并对所更换零部件的重要性进行评估。

1. 风电机组大部件更换情况统计及影响分析

包括现场不能排除，需进行部件整体更换的故障，大部件主要指叶片、齿轮箱、发电机、偏航轴承/变桨轴承/主轴承、变流器、机组变压器（如有）、轮毂、主轴、主机架、塔架等，或其他需吊装船入场的大部件更换情况。

2. 风电机组一般部件更换情况统计及影响分析

包括除大部件外的其他零部件更换造成的影响。

注：如发生大部件更换，厂家需提供详实的原因分析报告。

D.3.5 度电成本分析

1. 考核期度电维修成本

主要包括考核期内备件成本和维修成本两部分，按下式进行计算：

$$考核期度电维修成本＝（考核期备件成本＋考核期维修成本）/考核期实际上网电量$$

式中 考核期备件成本——在考核期内,风电机组的备品备件成本的总和；

考核期维修成本——在考核期内，风电机组维护维修过程中人力和物力的投入，重点是人工成本、设备和运输（车辆和船只）成本，但不包括备件成本部分；

考核期实际上网电量——在考核期内，风电机组实际的上网输出电量。

2. 度电成本

在 1. 基础上，结合业主提供的项目建设成本，并考虑折旧、考核时间等因素，估算各机组在同一计算条件下的度电成本，并进行比较分析。

D.3.6　台风期间的等效满负荷发电小时数

综合评估风电机组在台风期间各风速工况的控制策略及对应工况的发电表现。

1. 直接比较法

同一台风条件下，统计各待测机组在台风期间的发电量，并进行比较。用于所有待测风电机组在相同台风工况下发电表现的直接比较分析。

2. 间接比较法

优先采用直接比较法，如考核期内因机组吊装或故障等原因造成无法采集同一台风条件下的发电数据，则可采用间接比较法。间接比较法主要步骤如下：

（1）采集台风期间风速等气象参数的时间序列数据和发电量。

（2）通过机组仿真模型计算对应的理论发电量，通过对比理论发电量和实际发电量，验证仿真模型。

（3）选取大部分机组经历过的台风，对于未经历该台风的机组，基于验证过的仿真模型，进行台风期间理论发电量计算，并进行比较。

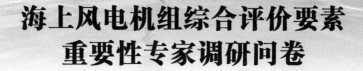

附录 E

海上风电机组综合评价要素
重要性专家调研问卷

专家所属单位：															专家姓名：			联系方式：		
比较要素（i）	1	2	1/2	3	1/3	4	1/4	5	1/5	6	1/6	7	1/7	8	1/8	9	1/9	被比较要素（j）
1. 海上风电机组综合评价第一准则层——各要素重要性两两比较																		
机组文件资料审核																		机组现场测试验证
机组文件资料审核																		考核期运行数据分析
机组文件资料审核																		企业及机组概况评价
机组现场测试验证																		考核期运行数据分析
机组现场测试验证																		企业及机组概况评价
考核期运行数据分析																		企业及机组概况评价
2. 第二准则层——风电机组文件资料审核评估各要素（指标）重要性两两比较																		
机组型式认证证书及所依据的评估报告																		机组载荷计算报告
机组型式认证证书及所依据的评估报告																		特定场址载荷计算报告
机组型式认证证书及所依据的评估报告																		特定场址塔架强度计算报告

比较要素（i）	1	2	1/2	3	1/3	4	1/4	5	1/5	6	1/6	7	1/7	8	1/8	9	1/9	被比较要素（j）
机组型式认证证书及所依据的评估报告																		机组及主要部件特定场址环境条件匹配性说明
机组型式认证证书及所依据的评估报告																		机组抗台风策略说明
机组型式认证证书及所依据的评估报告																		载荷测试及比对报告
机组型式认证证书及所依据的评估报告																		功率曲线测试报告
机组型式认证证书及所依据的评估报告																		安全与功能测试报告
机组型式认证证书及所依据的评估报告																		叶片型式试验报告
机组型式认证证书及所依据的评估报告																		齿轮箱或传动链试验检测报告
机组型式认证证书及所依据的评估报告																		机组可靠性设计说明
机组载荷计算报告																		特定场址载荷计算报告
机组载荷计算报告																		特定场址塔架强度计算报告
机组载荷计算报告																		机组及主要部件特定场址环境条件匹配性说明
机组载荷计算报告																		机组抗台风策略说明
机组载荷计算报告																		载荷测试及比对报告
机组载荷计算报告																		功率曲线测试报告
机组载荷计算报告																		安全与功能测试报告
机组载荷计算报告																		叶片型式试验报告
机组载荷计算报告																		齿轮箱或传动链试验检测报告

比较要素（i）	1	2	1/2	3	1/3	4	1/4	5	1/5	6	1/6	7	1/7	8	1/8	9	1/9	被比较要素（j）
机组载荷计算报告																		机组可靠性设计说明
特定场址载荷计算报告																		特定场址塔架强度计算报告
特定场址载荷计算报告																		机组及主要部件特定场址环境条件匹配性说明
特定场址载荷计算报告																		机组抗台风策略说明
特定场址载荷计算报告																		载荷测试及比对报告
特定场址载荷计算报告																		功率曲线测试报告
特定场址载荷计算报告																		安全与功能测试报告
特定场址载荷计算报告																		叶片型式试验报告
特定场址载荷计算报告																		齿轮箱或传动链试验检测报告
特定场址载荷计算报告																		机组可靠性设计说明
特定场址塔架强度计算报告																		机组及主要部件特定场址环境条件匹配性说明
特定场址塔架强度计算报告																		机组抗台风策略说明
特定场址塔架强度计算报告																		载荷测试及比对报告
特定场址塔架强度计算报告																		功率曲线测试报告
特定场址塔架强度计算报告																		安全与功能测试报告
特定场址塔架强度计算报告																		叶片型式试验报告
特定场址塔架强度计算报告																		齿轮箱或传动链试验检测报告

续表

比较要素（i）	1	2	1/2	3	1/3	4	1/4	5	1/5	6	1/6	7	1/7	8	1/8	9	1/9	被比较要素（j）
特定场址塔架强度计算报告																		机组可靠性设计说明
机组及主要部件特定场址环境条件匹配性说明																		机组抗台风策略说明
机组及主要部件特定场址环境条件匹配性说明																		载荷测试及比对报告
机组及主要部件特定场址环境条件匹配性说明																		功率曲线测试报告
机组及主要部件特定场址环境条件匹配性说明																		安全与功能测试报告
机组及主要部件特定场址环境条件匹配性说明																		叶片型式试验报告
机组及主要部件特定场址环境条件匹配性说明																		齿轮箱或传动链试验检测报告
机组及主要部件特定场址环境条件匹配性说明																		机组可靠性设计说明
机组抗台风策略说明																		载荷测试及比对报告
机组抗台风策略说明																		功率曲线测试报告
机组抗台风策略说明																		安全与功能测试报告
机组抗台风策略说明																		叶片型式试验报告
机组抗台风策略说明																		齿轮箱或传动链试验检测报告
机组抗台风策略说明																		机组可靠性设计说明
载荷测试及比对报告																		功率曲线测试报告

续表

比较要素（i）	1	2	1/2	3	1/3	4	1/4	5	1/5	6	1/6	7	1/7	8	1/8	9	1/9	被比较要素（j）
载荷测试及比对报告																		安全与功能测试报告
载荷测试及比对报告																		叶片型式试验报告
载荷测试及比对报告																		齿轮箱或传动链试验检测报告
载荷测试及比对报告																		机组可靠性设计说明
功率曲线测试报告																		安全与功能测试报告
功率曲线测试报告																		叶片型式试验报告
功率曲线测试报告																		齿轮箱或传动链试验检测报告
功率曲线测试报告																		机组可靠性设计说明
安全与功能测试报告																		叶片型式试验报告
安全与功能测试报告																		齿轮箱或传动链试验检测报告
安全与功能测试报告																		机组可靠性设计说明
叶片型式试验报告																		齿轮箱或传动链试验检测报告
叶片型式试验报告																		机组可靠性设计说明
齿轮箱或传动链试验检测报告																		机组可靠性设计说明
3. 第二准则层——机组现场测试验证各要素（指标）重要性两两比较																		
功率曲线测试验证																		机组抗台风控制策略现场验证
功率曲线测试验证																		机组环境适应性测试验证

续表

比较要素（i）	1	2	1/2	3	1/3	4	1/4	5	1/5	6	1/6	7	1/7	8	1/8	9	1/9	被比较要素（j）
功率曲线测试验证																		台风期间机组载荷测试及比对
功率曲线测试验证																		运行考核期结束后分系统检查
功率曲线测试验证																		运行考核期结束后大部件检测
机组抗台风控制策略现场验证																		机组环境适应性测试验证
机组抗台风控制策略现场验证																		台风期间机组载荷测试及比对
机组抗台风控制策略现场验证																		运行考核期结束后分系统检查
机组抗台风控制策略现场验证																		运行考核期结束后大部件检测
机组环境适应性测试验证																		台风期间机组载荷测试及比对
机组环境适应性测试验证																		运行考核期结束后分系统检查
机组环境适应性测试验证																		运行考核期结束后大部件检测
台风期间机组载荷测试及比对																		运行考核期结束后分系统检查
台风期间机组载荷测试及比对																		运行考核期结束后大部件检测
运行考核期结束后分系统检查																		运行考核期结束后大部件检测

比较要素（*i*）	1	2	1/2	3	1/3	4	1/4	5	1/5	6	1/6	7	1/7	8	1/8	9	1/9	被比较要素（*j*）
4. 第二准则层——考核期运行数据分析各要素（指标）重要性两两比较																		
SCADA/CMS 系统评价																		可利用率分析
SCADA/CMS 系统评价																		故障情况统计和分析
SCADA/CMS 系统评价																		部件更换情况及影响分析
SCADA/CMS 系统评价																		度电成本分析
SCADA/CMS 系统评价																		台风期间的等效满负荷发电小时数
可利用率分析																		故障情况统计和分析
可利用率分析																		部件更换情况及影响分析
可利用率分析																		度电成本分析
可利用率分析																		台风期间的等效满负荷发电小时数
故障情况统计和分析																		部件更换情况及影响分析
故障情况统计和分析																		度电成本分析
故障情况统计和分析																		台风期间的等效满负荷发电小时数
部件更换情况及影响分析																		度电成本分析
部件更换情况及影响分析																		台风期间的等效满负荷发电小时数
度电成本分析																		台风期间的等效满负荷发电小时数
5. 第二准则层——企业及机组概况评价各要素（指标）重要性两两比较																		
企业基本情况																		风电机组技术成熟度

比较要素（i）	1	2	1/2	3	1/3	4	1/4	5	1/5	6	1/6	7	1/7	8	1/8	9	1/9	被比较要素（j）
企业基本情况																		风电机组市场表现评价
企业基本情况																		风电机组历史运行情况
风电机组技术成熟度																		风电机组市场表现
风电机组技术成熟度																		风电机组历史运行情况
风电机组市场表现																		风电机组历史运行情况